信息科学与技术丛书

星地一体化遥感数据处理技术

——委内瑞拉一号/二号遥感卫星实践

邹同元　丁火平　肖　倩

王玮哲　刘　莉　汪红强　编著

袁广辉　王　博　李翔翔

机械工业出版社

本书面向卫星遥感星地一体化仿真分析、设计和处理能力提升需求，从天地一体化角度出发，重点介绍星地一体化遥感成像全链路仿真、地面遥感应用处理相关技术和业务系统研制等内容，并结合委内瑞拉一号/二号遥感卫星及地面系统的设计、技术开发和业务应用系统研制需求开展分析和验证。目的是促进天基系统与地面系统统筹协调发展，提升卫星遥感星地一体化论证与综合应用能力与水平。

本书可作为地理、遥感、测绘、地质、地理信息系统等专业本科生和研究生的专业用书，也可以作为相关专业科学研究和遥感实际应用的参考书。

图书在版编目（CIP）数据

星地一体化遥感数据处理技术：委内瑞拉一号 / 二号遥感卫星实践 / 邹同元
等编著. —北京：机械工业出版社，2020.2
（信息科学与技术丛书）
ISBN 978-7-111-65648-7

Ⅰ.①星…　Ⅱ.①邹…　Ⅲ.①卫星遥感-遥感数据-数据处理-研究
Ⅳ.①TP72

中国版本图书馆 CIP 数据核字（2020）第 088416 号

机械工业出版社（北京市百万庄大街 22 号　邮政编码 100037）
策划编辑：车　忱　　责任编辑：车　忱
责任校对：张艳霞　　责任印制：郜　敏

北京中兴印刷有限公司印刷

2020 年 8 月·第 1 版第 1 次印刷
184mm×260mm·22.25 印张·551 千字
0001—2000 册
标准书号：ISBN 978-7-111-65648-7
定价：129.00 元

电话服务　　　　　　　　　网络服务
客服电话：010-88361066　　机 工 官 网：www.cmpbook.com
　　　　　010-88379833　　机 工 官 博：weibo.com/cmp1952
　　　　　010-68326294　　金 书 网：www.golden-book.com
封底无防伪标均为盗版　机工教育服务网：www.cmpedu.com

出 版 说 明

　　随着信息科学与技术的迅速发展，人类每时每刻都会面对层出不穷的新技术和新概念。毫无疑问，在节奏越来越快的工作和生活中，人们需要通过阅读和学习大量信息丰富、具备实践指导意义的图书来获取新知识和新技能，从而不断提高自身素质，紧跟信息化时代发展的步伐。

　　众所周知，在计算机硬件方面，高性价比的解决方案和新型技术的应用一直备受青睐；在软件技术方面，随着计算机软件的规模和复杂性与日俱增，软件技术不断地受到挑战，人们一直在为寻求更先进的软件技术而奋斗不止。目前，计算机和互联网在社会生活中日益普及，掌握计算机网络技术和理论已成为大众的文化需求。由于信息科学与技术在电工、电子、通信、工业控制、智能建筑、工业产品设计与制造等专业领域中已经得到充分、广泛的应用，所以这些专业领域中的研究人员和工程技术人员越来越迫切地需要汲取自身领域信息化所带来的新理念和新方法。

　　针对人们了解和掌握新知识、新技能的热切期待，以及由此促成的人们对语言简洁、内容充实、融合实践经验的图书迫切需要的现状，机械工业出版社适时推出了"信息科学与技术丛书"。这套丛书涉及计算机软件、硬件、网络和工程应用等内容，注重理论与实践的结合，内容实用、层次分明、语言流畅，是信息科学与技术领域专业人员不可或缺的参考书。

　　目前，信息科学与技术的发展可谓一日千里，机械工业出版社欢迎从事信息技术方面工作的科研人员、工作技术人员积极参与我们的工作，为推进我国的信息化建设做出贡献。

机械工业出版社

序

　　卫星遥感技术作为目前人类快速获取全球和大区域空间信息的唯一手段，能提供连续、稳定、多视角的对地观测数据与信息服务，可极大地满足国家安全、国民经济和社会发展等对空间信息的应用需求。

　　当前，随着卫星遥感技术的快速发展和日益广泛的应用，越来越多的国家进入卫星研制和运行的行列，全球已经发射或计划发射的遥感卫星数量日益增加，对地观测从单颗星向星座组网发展，传感器从中高分辨率向高分辨率延伸，从空间维向光谱维拓宽，从单角度观测向多角度、立体测量跨越，现代卫星遥感技术已经进入一个能动态、快速、多平台、多时相、高分辨率地提供对地观测数据的新阶段，遥感领域的国际竞争与合作正在加强。

　　我国正在努力建设世界航天强国和科技强国，随着"一带一路"倡议的实施，我国正以更加积极开放的姿态，在"一带一路"空间信息走廊、金砖国家遥感卫星星座建设等方面广泛地开展国际空间交流与合作。遥感数据处理、分析和应用技术研究将更为深入，遥感卫星及地面应用系统建设需求将迎来爆发式增长。

　　遥感卫星系统的研制与应用是一项系统性工程，卫星立项研制阶段需要开展星地一体化全链路系统仿真分析，对星地系统指标进行分解，优化系统设计、算法设计；地面应用系统建设涉及辐射处理、几何处理、数据分析和行业应用等多个方面，需要成体系完成业务系统建设并提供高精度数据和应用服务。本书正是为满足这些需求而编写的。本书在总结航天恒星科技有限公司（503 所）长期从事卫星遥感技术研究和地面应用系统建设工作的基础上，融入作者的理解，体系完整，工程指导性强，是学术价值和工程实用性较高的著作。

中国地质学会数学地质与地学信息专委会主任

俄罗斯自然科学院院士

2019 年 3 月

前　言

卫星遥感作为一种对地观测手段，是 3S（RS、GIS、GPS）技术的主要组成部分，可以为涉及地球科学的各门类学科和技术种类提供信息支撑，在政治、经济、军事和社会等众多领域发挥了重要的作用。近年来，卫星遥感领域发展日渐活跃，已成为国家重要战略资源与核心基础设施，成为改变现有生产和生活方式、创造新产业、推动现代化建设的有力手段。

航天恒星科技有限公司（503 所）是中国航天科技集团公司卫星应用的总体单位、宇航协会卫星应用专业委员会的支撑单位、国家遥感卫星系统规划论证的主要支撑单位，参与了我国环境系列、资源系列、高分系列、天绘系列、遥感系列等卫星地面系统建设，建设有国内领先的遥感全链路仿真设计平台，掌握高精度辐射定标与处理、高精度几何检校与处理、星地误差溯源与像质提升等核心技术，拥有图像处理、数据管理、数据服务、典型行业应用等系统产品，可为国际、军民用户提供遥感卫星数据接收、处理、应用全产业链的解决方案。全书结合航天恒星在遥感领域近 40 年的研究成果，对遥感卫星仿真分析、数据预处理、分析处理和应用技术进行了归纳总结，力求技术先进、体系完整，能够对技术研究和地面系统建设起到支撑作用。

2012 年 9 月发射的委内瑞拉遥感卫星一号（VRSS-1）是我国向国际用户提供遥感卫星整星出口和在轨交付服务的首颗星，标志着我国实施遥感卫星"走出去"战略的新突破。2017 年 9 月发射的委内瑞拉遥感卫星二号（VRSS-2）是继 VRSS-1 后出口的另一颗高分辨率遥感卫星，进一步带动了我国遥感卫星、运载火箭、地面应用、数据和图像处理等领域相关产业的联动发展。VRSS-1 和 VRSS-2 卫星地面系统建设按照"交钥匙"工程的设计理念，采用遥感星地一体化全链路仿真设计手段，并集成国内先进的数据处理、行业应用技术，系统解决了遥感卫星数据质量和应用效能等问题，不仅对两颗卫星本身的产业化应用具有重要意义，还对其他遥感卫星技术研究和系统建设有重要参考价值。

全书共八章。第 1 章为绪论，重点论述了开展星地一体化遥感数据处理技术研究的必要性，分析了当前卫星遥感应用处理存在的问题，介绍了 VRSS-1 和 VRSS-2 卫星工程项目概况、卫星载荷、数据特点和主要应用方向等内容。第 2 章为星地一体化遥感成像全链路仿真，系统介绍了目标特性仿真、大气辐射传输仿真、卫星平台仿真、卫星载荷仿真等的光学遥感全链路成像仿真技术和流程，并结合 VRSS-1 和 VRSS-2 卫星设计指标，对其波段配准精度、无控定位精度等进行了实验分析。第 3 章为辐射定标与高精度辐射校正，从技术原理和试验分析角度，分别介绍了相对辐射定标、相对辐射校正、绝对辐射定标和绝对辐射校正技术原理和试验情况，并结合退化参数量测、补偿等技术介绍了影像质量复原技术。第 4 章为几何定标与高精度几何校正，主要介绍了遥感图像几何校正关键技术、几何定标和处理流程，并对 VRSS 卫星的几何定位精度进行了分析。第 5 章为影像高级加工处理，重点结合遥感图像加工处理需求，介绍了格式转换、投影转换、大气校正、融合、拼接镶嵌、匀光匀色等影像通用处理技术以及光谱分析、坡度分析、三维分析的影像分析技术。第 6 章为卫星遥感智能分发服务，重点介绍了遥感数据智能分发需求理解与服务模式、智能分发体系架构和基于用户特性的按需智能分发技术等内容。第 7 章为 VRSS-1/2 卫星地面系统，主要介绍了系统的功能、性能、组成、工作模式和业务流程等，也是前述各项技术应用的承载平台。第 8 章为委内瑞拉遥感项目建设成果，重点展示了系统建设成果、影像处理成果以及应用成果。

本书由邹同元、丁火平完成全书总体设计、修改与定稿，航天恒星科技有限公司（503 所）遥感研究室主要技术研究人员负责整理和撰写。本书介绍的成果是在航天恒星科技有限公司（503 所）VRSS-1、VRSS-2 地面系统项目和民用航天"十三五"技术预先研究项目（课题号：B0301 和 D040403）等资助下完成的，在此对航天恒星科技有限公司（503 所）领导的高度重视和各相关部门的支持表示衷心感谢！本书的编写还参考了大量国内外专家学者的研究成果，对此也表示衷心感谢！

由于作者水平有限，书中不足之处在所难免，恳请读者批评指正。

作者
2019 年 3 月

目 录

出版说明
序
前言
第1章 绪论 ……………………………… 1
  1.1 背景概述 ……………………… 1
  1.2 需求与必要性分析 …………… 2
  1.3 委内瑞拉遥感卫星简介 ……… 4
    1.3.1 VRSS-1/2 工程概述 ……… 5
    1.3.2 VRSS-1/2 技术指标 ……… 7
    1.3.3 卫星数据产品 …………… 10
  1.4 本章小节 ……………………… 12
第2章 星地一体化遥感成像全链路
      仿真 …………………………… 13
  2.1 光学卫星遥感成像全链路仿真
     建模 …………………………… 13
  2.2 光学卫星遥感成像全链路仿真
     技术 …………………………… 16
    2.2.1 目标特性仿真技术 ……… 16
    2.2.2 大气辐射传输仿真技术 … 18
    2.2.3 卫星平台仿真技术 ……… 25
    2.2.4 卫星载荷仿真技术 ……… 45
  2.3 VRSS-1/2 卫星全链路仿真
     应用 …………………………… 54
    2.3.1 VRSS-2 红外相机多光谱仿真 … 54
    2.3.2 VRSS-2 卫星红外相机波段配准
       精度仿真 ………………… 56
    2.3.3 VRSS-1 无控定位精度仿真与
       提升 ……………………… 60
  2.4 本章小结 ……………………… 68
第3章 辐射定标与高精度辐射校正 … 69
  3.1 辐射失真原理 ………………… 69

  3.2 相对辐射处理 ………………… 70
    3.2.1 实验室相对辐射定标 …… 71
    3.2.2 在轨统计相对辐射定标 … 72
    3.2.3 相对辐射校正 …………… 76
    3.2.4 VRSS-1/2 相对辐射校正精度
       实验 ……………………… 76
  3.3 绝对辐射处理 ………………… 82
    3.3.1 实验室绝对辐射定标 …… 82
    3.3.2 在轨场地绝对辐射定标 … 84
    3.3.3 绝对辐射校正 …………… 90
    3.3.4 VRSS-1/2 在轨绝对辐射定标
       实验 ……………………… 91
  3.4 影像质量复原 ………………… 108
    3.4.1 遥感成像质量退化及其描述
       模型 ……………………… 109
    3.4.2 质量退化参数量测 ……… 111
    3.4.3 质量退化复原补偿 ……… 113
    3.4.4 在轨 MTF 复原实验 …… 115
  3.5 本章小结 ……………………… 119
第4章 几何定标与高精度几何
      校正 …………………………… 120
  4.1 基本数学模型 ………………… 120
    4.1.1 线阵推扫式传感器 ……… 120
    4.1.2 严格物理成像模型 ……… 121
    4.1.3 有理多项式函数模型（RFM）… 129
  4.2 几何校正处理 ………………… 134
    4.2.1 传感器校正 ……………… 135
    4.2.2 波段配准 ………………… 138

4.2.3 系统几何校正 ·········· 140
4.3 几何定标处理 ·········· 142
4.3.1 几何定标 ·········· 142
4.3.2 几何定标处理流程 ·········· 146
4.4 VRSS 卫星几何定位精度分析 ·········· 147
4.4.1 VRSS 卫星产品精度指标 ·········· 147
4.4.2 波段配准精度评价 ·········· 147
4.4.3 无控几何定位精度评价 ·········· 149
4.4.4 有控几何定位精度评价 ·········· 151
4.5 本章小结 ·········· 152
第5章 影像高级加工处理 ·········· 153
5.1 影像通用工具 ·········· 153
5.1.1 格式转换 ·········· 154
5.1.2 投影转换 ·········· 155
5.1.3 色彩空间变换 ·········· 155
5.1.4 影像裁剪 ·········· 156
5.1.5 影像增强 ·········· 157
5.1.6 影像滤波 ·········· 166
5.2 影像处理工具 ·········· 170
5.2.1 大气校正 ·········· 171
5.2.2 影像融合 ·········· 175
5.2.3 几何校正 ·········· 186
5.2.4 影像匹配 ·········· 198
5.2.5 影像镶嵌 ·········· 211
5.2.6 匀光匀色 ·········· 215
5.2.7 影像分类 ·········· 217
5.2.8 控制数据管理 ·········· 233
5.3 影像分析工具 ·········· 236
5.3.1 纹理分析 ·········· 238
5.3.2 端元提取 ·········· 240
5.3.3 降维处理 ·········· 240
5.3.4 混合像元分解 ·········· 240
5.3.5 坡度分析 ·········· 241
5.3.6 坡向分析 ·········· 242
5.3.7 高程分析 ·········· 243
5.3.8 地形阴影图生成 ·········· 244
5.3.9 栅格等高线生成 ·········· 246
5.3.10 三维分析 ·········· 247
5.3.11 几何精度分析 ·········· 249
5.3.12 分类精度评价 ·········· 255
5.4 本章小结 ·········· 257
第6章 卫星遥感智能分发服务 ·········· 258
6.1 卫星遥感智能分发需求理解与新型服务模式 ·········· 258
6.1.1 卫星信息智能分发的需求分析与语义理解 ·········· 259
6.1.2 卫星信息分发产品体系和卫星信息分发等级规范 ·········· 264
6.1.3 卫星信息新型服务模式 ·········· 265
6.2 "云+端"卫星信息智能分发体系架构 ·········· 266
6.2.1 基于"云+端"开放式微服务架构设计 ·········· 267
6.2.2 能力自适应的卫星信息分发终端 ·········· 269
6.3 卫星数据智能处理在线定制与分析服务 ·········· 272
6.3.1 融合深度学习技术的图像场景理解 ·········· 272
6.3.2 基于智能服务架构的目标在线定制 ·········· 274
6.3.3 全分辨率影像实时发布 ·········· 278
6.4 基于用户特性的卫星信息按需智能分发 ·········· 279
6.5 本章小结 ·········· 281
第7章 VRSS-1/2 地面系统 ·········· 282
7.1 VRSS-1 地面应用系统 ·········· 282
7.1.1 系统功能 ·········· 282
7.1.2 系统性能 ·········· 282
7.1.3 系统组成 ·········· 283
7.1.4 工作模式 ·········· 284
7.1.5 系统架构 ·········· 284
7.1.6 业务流程 ·········· 291

7.2 VRSS-2 地面应用系统 ············ 295
　7.2.1 系统功能 ················ 295
　7.2.2 系统性能 ················ 303
　7.2.3 系统组成 ················ 305
　7.2.4 工作模式 ················ 310
　7.2.5 系统架构 ················ 313
　7.2.6 业务流程 ················ 314
7.3 本章小结 ················· 328

第 8 章　委内瑞拉遥感项目建设
　　　　成果 ·················· 329
8.1 系统建设成果 ·············· 329
8.2 遥感图像处理成果 ············ 330
8.3 遥感业务应用成果 ············ 333
附录　术语/缩略语 ·············· 340
参考文献 ···················· 344

第1章 绪 论

卫星遥感等对地观测基础设施已经成为国家重要战略资源和核心基础设施，成为新兴国家进入航天领域的第一站。目前，我国正在统筹实施"一带一路"空间信息走廊工程、金砖国家虚拟卫星星座、亚太空间合作组织多任务小卫星星座、全球综合地球观测系统（GEOSS）等多项任务，通过总体布局和开展多层次的航天国际合作，并结合我国"一带一路"倡议的大背景，打造"中国航天"名片，在应用领域形成类似于高铁、核能等的市场效果，开展数据、信息、知识各层次的国际服务，提升我国遥感产业在国际上的影响力，培育更多的国际服务需求，促进我国遥感产业的加速发展。

1.1 背景概述

卫星遥感以其宏观大面积覆盖能力、全天候全天时连续观测方式，在资源管理、城市规划、农业调查、土地利用、灾害预报、环境监测、地图测绘、气象、海洋、建筑、交通、采矿、考古、新闻报道和地理信息服务等方面体现出了广阔的应用潜力。

近年来，卫星遥感领域发展日渐活跃，遥感应用向深度化、综合化发展，产业规模逐年增大，未来发展前景广阔。我国政府非常重视卫星遥感应用产业的发展。《高分辨率对地观测系统重大专项》和《国家民用空间基础设施中长期发展规划（2015-2025年）》等国家级规划的出台，为我国遥感事业的发展提供了新的机遇和挑战，是国家重大战略目标和重大政策的体现，具有顶层性、全局性和指引性。这些规划的实施将全面促使我国遥感应用整体上从科研型、工程型向业务型、产业型方向发展，并进一步推动我国遥感事业进入快速发展新时期。

经过国家近些年的持续关注和重点投入，卫星遥感发展迅速，至2017年底，我国已经发射且在轨的民用遥感卫星40余颗，初步形成规模化的遥感对地观测体系，实现了卫星遥感从概念普及阶段到技术成长阶段，再到产业化成长阶段的过程。但与美国等世界发达国家相比，我国遥感应用与产业化在发展规模、技术水平等方面还存在比较大的差距。我国在遥感星地一体化科学论证与顶层设计、遥感卫星研制和遥感应用天地融合、遥感系统综合应用等方面的能力需要进一步提升，只有这样才能满足我国遥感产业化快速发展对遥感应用技术研究提出的新要求。

（1）由重视载荷能力研发转变为以应用为牵引，强调遥感信息服务的星地一体化应用。以前，遥感卫星的研制主要从载荷研制能力出发，对行业部门的应用需求考虑不够，卫星和载荷研制与应用存在脱节。

（2）注重卫星前期论证的应用能力培养。在卫星立项前开展系统性论证研究，有效进行技术创新与应用潜力分析，提前做好卫星遥感应用能力的培养。

（3）由对空间数据数量的需求转向对空间数据质量的需求。地面遥感应用从传统的定性分析转向定量化遥感应用，各领域用户对遥感数据和产品应用的高精度、多样化、即时性和深度挖掘要求越来越高，卫星数据的使用用户对卫星成像质量提出了越来越严格的要求，已经由原来的强调对高空间分辨率的需求转入对高光谱、高时间、高空间、高辐射等的多方面需求。

（4）注重加强遥感数据产品的标准化建设。遥感技术经过几十年的发展积累，迫切需要提高自身的自组织性，从分散、个别研究转向集成、综合研究，形成规模化的生产能力，这就要求加强标准化的建设。

因此，要尽快实现我国卫星遥感应用由试验应用型向业务服务型的转变，促进卫星遥感产业化跨越式发展，必须坚持面向应用需求，开展星地一体化高精度处理技术研究，形成星地各环节一体化仿真分析、设计和处理能力，促进天基系统与地面系统统筹协调发展，提升卫星遥感星地一体化论证与综合应用能力及水平。

另一方面，"一带一路"倡议对我国的现代化建设和中华民族的伟大复兴具有重要推动作用。"一带一路"沿线大多为发展中国家，在基础设施建设方面相对滞后，严重影响到当地区域经济建设速度和社会发展水平。我国国产遥感卫星将在"一带一路"建设的生态环境动态监测与影响评估、资源调查与规划等方面发挥重要的作用。当然，国际用户对卫星遥感数据的时效性、处理的高精度、应用的针对性、系统的友好性等有更高的要求，这就要求我们必须站在星地一体化应用的角度，统筹航天遥感卫星、地面系统和应用系统研制等国内优势技术和工程经验，开展星地一体化遥感处理与融合应用研究，通过项目合作，从先进技术突破和系统工程建设两个维度，推动卫星遥感系统建设，进一步深化"走出去"战略，拓展全球化服务能力，提升国际竞争力，并向新的历史发展高度迈进。

本书将重点针对委内瑞拉遥感卫星一号（以下简称 VRSS-1，Venezuelan Remote Sensing Satellite-1）、委内瑞拉遥感卫星二号（以下简称 VRSS-2，Venezuelan Remote Sensing Satellite-2）的实际建设需求，站在遥感天地一体化应用的角度，探讨星地一体化遥感数据处理和应用的关键技术和问题，以及相应的解决方案。

1.2 需求与必要性分析

星地一体化遥感数据处理技术的研究，是从体系优化设计的角度研究解决我国卫星应用"天大地小"的问题，为我国当前积累的卫星应用技术和空间基础设施铺路搭桥，利用天地系统仿真设计能力，对卫星平台、载荷、卫星成像过程以及地面处理和应用环节进行仿真，提升星地系统天地一体化顶层论证与评估能力，提升遥感领域产品技术水平和产业化水平，满足各行业用户、区域用户、国际用户卫星立项研制、地面系统建设需求，搭建理论与技术研究、验证平台，发挥科技创新的引领驱动效应，支持空间基础设施运行服务的新手段、新途径、新模式研究，为相关技术发展、应用和产业带动打基础。

1. 构建星地系统一体化顶层论证与评估能力，服务国家发展战略的需要

卫星遥感等空间信息资源已成为各个国家的重要战略资源，如何充分利用关系到国防安全、国土安全、经济安全和公共安全的根本利益。星地一体化遥感数据处理技术以应用为牵引，通过仿真分析和设计，提供卫星立项设计、地面系统研制及信息服务的一体化应用服务能力，是优化星地系统设计的重要手段，是进一步提升我国作为世界强国地位的基本保证。

我国各行各业正在加大空间信息系统的规划与建设力度。中国气象局制订了《2011-2020 年我国气象卫星及应用发展规划》，包括高轨、低轨 14～15 颗业务星及应用系统的发展计划，并涉及降水雷达、高轨微波星等新类型业务卫星；为了整合民用空间基础设施发展，国家发展改革委牵头联合国家国防科工局和各部委开展了《国家民用空间基础设施中长期发展规划》论证，提出了我国"十三五"甚至更长时间的空间信息系统发展愿景，其中遥感卫星 66 颗。我国空间基础设施发展亟需改变追赶航天强国发展模式的现状，结合自主业务需求，解决好规划落地问题，解决好空间系统建设与应用协调发展的问题，实现空间信息应用由"试验应用型"向"业务服务型"转变。

星地一体化高遥感数据处理技术研究以应用需求为牵引，立足于解决卫星立项和地面系统协调发展的问题，从天地一体的视角优化星地系统设计，统筹分析各类终端用户的广泛需要，建立从天基平台、应用载荷、信息传输链路、数据接收到终端应用等各环节模型，研究各环节影响卫星应用效能提升的关键因素及作用机理，为我国高分辨率对地观测、民用空间基础设施等重大专项的立项和实施提供系统优化设计手段，提升系统整体效能，服务国家战略。

2. 开展天地一体化遥感应用技术研究，促进遥感应用科学发展的需要

随着空间对地观测手段不断发展，行业用户对卫星遥感信息的处理、应用精度要求越来越高，呈现高空间分辨率、高光谱分辨率、高时间分辨率和高辐射分辨率的发展趋势，紧密结合各行业卫星遥感应用需求，需要开展星地一体化遥感处理技术研究，突破影响卫星应用效能各环节瓶颈问题，实现卫星遥感向"好用""易用"发展。

高分辨率对地观测系统重大专项作为《国家中长期科学与技术发展规划纲要（2006-2020 年）》中确定的 16 个重大专项之一，重点发展基于卫星、飞机等的高分辨率先进观测系统，服务农业、防灾减灾、资源、环境、公安等战略领域宏观决策，满足国家、区域多个行业和综合部门，以及社会大众及产业服务性行业不同层次用户的需求，提供跨部门、综合性、标准化、多层次与多领域的信息服务。党的十九大报告指出的要加快转变经济发展方式、加快战略性新兴产业、新型工业化、信息化、城镇化、农业现代化、现代服务业、生态文明、美丽中国建设，都离不开卫星应用的支持。2014 年以来，国务院、国家发展改革委、国家测绘地理信息局等相继发布《国务院办公厅关于促进地理信息产业发展的意见》和《关于创新重点领域投融资机制鼓励社会投资的指导意见》等政策，强调要推动重点领域快速发展，提升遥感数据获取和处理能力，加快建设航空航天对地观测数据获取设施，振兴地理信息装备制造，提高地理信息软件研发和产业化水平，发展地理信息与导航定位融合服务，促进地理信息深层次应用，培育大型龙头企业，并把上述工作内容作为我国卫星应用产业发展的重点领域和主要任务。

星地一体化遥感处理技术作为卫星应用的核心问题，不断得到国家政策的扶持和引导。开展天地一体化遥感全链路仿真、空间信息高精度处理、定量化遥感应用等技术研究，并提供基础理论研究、仿真分析和产业孵化环境，可有效地从空间信息系统的基础、系统和应用层面，整体推动卫星遥感应用科学发展。

3. 开展遥感全链路全生命周期整体优化，提升信息服务水平的需要

随着高分辨率对地观测重大专项的启动，国内遥感卫星得到飞速发展，尤其是高分二号等卫星上天，获取了满足甚至优于设计指标的影像数据，得到了各行业用户的认可，然而与国外相比，在波段配准精度、彩色融合效果等方面尚有差距，图像质量制约卫星遥感应用行业的发展。

通过开展星地一体化遥感数据处理技术的研究，建立涵盖卫星平台、成像载荷、地面接收处理、行业应用等各个环节的星地一体化遥感成像全链路仿真平台，联合遥感产业中的卫星设计、相机制造、地面处理和行业用户等各方面的优势单位，从全链路出发建立各环节中影响成像质量的关键因素及其物理机理和误差传播规律，分析图像质量无法满足行业用户应用需求的根本原因，从卫星设计出发，重点关注预处理、地面处理、在轨检校和标定，为卫星和载荷设计、地面处理算法优化提供可靠的理论模型和验证支持，从根本上解决图像质量问题，提升国产卫星图像质量和应用水平，对卫星遥感信息应用将起到至关重要的作用。

针对卫星遥感应用系统的设计、研制、在轨测试、业务运行等各个阶段，覆盖卫星全生命周期，开展质量预估和质量提升研究，尤其是针对在轨卫星开展常态化几何检校和辐射定标，构建国产遥感卫星图像质量保障和提升的长效机制。

1.3 委内瑞拉遥感卫星简介

VRSS-1/VRSS-2 遥感卫星是在我国"一带一路"倡议背景下，实施遥感卫星"走出去"战略的新突破，也是我国以"在轨交付"方式向委内瑞拉出口的两颗遥感卫星，包括提供配套的地面测控、数据接收、数据处理和应用设备以及相关的培训。这两颗遥感卫星的成

功发射和应用，将进一步带动我国遥感卫星、运载火箭、遥感地面应用、遥感数据和图像服务等国际化产业联动发展。同时，中委双方深度合作的方式也为我国航天创新合作模式提供了良好借鉴。

1.3.1 VRSS-1/2 工程概述

VRSS-1 卫星由中国航天科技集团公司所属航天东方红卫星有限公司研制，于 2012 年 9 月 29 日在酒泉卫星发射中心升空，如图 1-1 所示。这是我国首次向国际用户提供遥感卫星整星出口和在轨交付服务。○

图 1-1　VRSS-1 卫星发射现场图

VRSS-1 卫星采用 CAST2000 卫星平台，卫星具有 ±35° 侧摆机动能力，共装载 4 台全色、多光谱和宽幅相机，卫星质量约 860kg，卫星将运行在高度为 639km 的太阳同步轨道，绕地球运行一周的时间为 97min，卫星的服务寿命为 5 年，采用一箭一星方式发射。○

VRSS-1 高分相机拍摄示意图如图 1-2 所示。

○ 中国成功发射"委内瑞拉遥感卫星一号"，中国网，http://www.china.com.cn/newphoto/2012-09/29/content_26676444.htm
○ 百度百科：委内瑞拉遥感卫星一号，https://baike.baidu.com/item/委内瑞拉遥感卫星一号

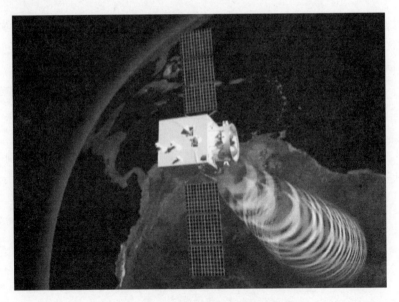

图 1-2　VRSS-1 高分相机拍摄示意图

VRSS-1 宽幅相机拍摄示意图如图 1-3 所示。

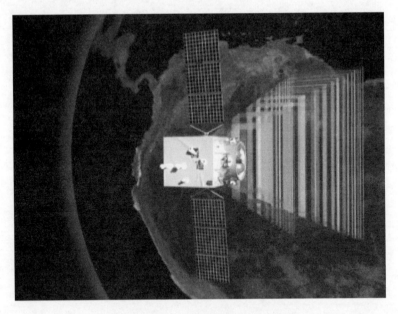

图 1-3　VRSS-1 宽幅相机拍摄示意图

中方除研制并发射 VRSS-1 卫星外,还在巴马里和加拉加斯建设 VRSS-1 卫星地面测控系统和地面应用系统,并对委内瑞拉工程师进行理论和操作培训。VRSS-1 地面应用系统经过现场部署试运行后,于 2013 年 9 月 22 日正式交付给用户。

VRSS-2 卫星工程是在 VRSS-1 工程的基础上,新研制了一颗空间分辨率优于 1m 的光学遥感卫星,同时,升级改造卫星地面测控系统和地面应用系统,使其支持 VRSS-1 卫星、

VRSS-2 卫星、高分一号和高分二号四颗卫星数据的接收、处理和应用。VRSS-2 卫星已经于 2017 年 10 月 9 日在酒泉卫星发射中心顺利升空。

　　截至目前,系统运行稳定,所生产的遥感卫星数据和产品,广泛服务于环保、减灾、国土资源、农业等行业。例如,VRSS-1/VRSS-2 卫星曾持续观测巴伦西亚湖地区,获取的遥感影像为政府有关部门及时制定防灾救灾方案提供了有力支撑,提升了委内瑞拉遥感应用水平。如图 1-4 所示。

巴伦西亚湖周边地区遥感影像

奥里诺哥河与芬图瓦里河遥感影像

拉斯拉希塔斯遥感影像

洛斯塞利多斯遥感影像

图 1-4　VRSS-1 卫星委内瑞拉部分地区的卫星遥感应用示例

1.3.2　VRSS-1/2 技术指标

　　VRSS-1 卫星配置了两台高分辨率全色多光谱 TDICCD 相机(以下简称高分相机)和两台宽幅相机。高分相机全色分辨率优于 2.5m,多光谱分辨率优于 10m,幅宽大于 57.5km(两台)。宽幅相机分辨率 16m,幅宽大于 370km。相机谱段覆盖了全色和近红外谱段(0.45～0.9μm),可实现可见光和近红外谱段的探测。

　　VRSS-2 卫星上搭载了 1 台高分相机和 1 台红外相机。高分相机全色分辨率优于 1m,多光谱分辨率 3m,幅宽大于 30km。红外相机短波红外谱段覆盖范围为 0.9～1.7μm,长波红外谱段覆盖范围为 10.3～12.5μm,可广泛用于农业、林业、水利、气象、防灾减灾等行业。

1．VRSS-1 高分相机

VRSS-1 卫星高分相机主要技术指标见表 1-1。

7

表 1-1　VRSS-1 高分相机主要性能指标

项目名称	参　数				
相机类型	TDICCD 推扫式				
谱段范围 （归一化系统 50% 响应度 对应的光谱范围）	全色谱段（P）：0.45～0.90μm 蓝谱段（B1）：0.45～0.52μm 绿谱段（B2）：0.52～0.59μm 红谱段（B3）：0.63～0.69μm 近红外谱段（B4）：0.77～0.89μm				
多色器件	Pan（nm）	B1（nm）	B2（nm）	B3（nm）	B4（nm）
中心波长	670	485	555	660	830
光谱带宽	440	70	70	60	120
带外响应	≤5%				
分辨率	对应星下点地面像元分辨率：全色优于 2.5m； 多光谱优于 10m				
幅宽	对应星下点幅宽：单台大于 29.5km； 两台大于 57.5km				
光学系统参数	三反同轴非球面光学系统 焦距 2600mm				
TDICCD 级数	P 谱段：6、12、24、48、72、96 B1/B2 谱段：2、4、8、16、24 B3/B4 谱段：1、2、4、8、12 积分级数可调				
像元尺寸及像元数	P（全色）：10μm×10μm，6144 像元×2 片 全色总像元数≥12097（不含重叠像元） B1\B2\B3\B4（多光谱）：40μm×40μm，1536 像元×2 片 B1\B2\B3\B4 单一谱段总像元数>3024（不含重叠像元）				
量化等级	10bit				
响应一致性	两片 CCD 相同谱段之间响应不一致性≤5%				

2. VRSS-1 宽幅相机

VRSS-1 卫星宽幅相机的主要技术指标见表 1-2。

表 1-2　VRSS-1 宽幅相机主要性能指标

项目名称	参　数			
相机类型	线阵 CCD 推扫式			
谱段范围 （归一化系统 50% 响应度 对应的光谱范围）	蓝谱段（B1）：0.45～0.52μm 绿谱段（B2）：0.52～0.59μm 红谱段（B3）：0.63～0.69μm 近红外谱段（B4）：0.77～0.89μm			
波段名称	B1（nm）	B2（nm）	B3（nm）	B4（nm）
中心波长	485	555	660	830
光谱带宽	70	70	60	120
带外响应	≤5%			
分辨率	对应星下点地面像元分辨率:小于 16m			
幅宽	单台相机视场角：≥16.44°；两台相机：≥32.2° 对应幅宽（两台）：大于 370km			
光学系统参数	焦距：270mm			
CCD 像元尺寸	6.5μm			

（续）

项目名称	参　数
多光谱配准精度	≤0.3 像元
量化等级	10bit

3．VRSS-2 高分相机

VRSS-2 卫星高分相机主要技术指标见表 1-3。

表 1-3　VRSS-2 高分相机主要性能指标

项目名称	参　数
相机类型	TDICCD 推扫式
谱段范围 （归一化系统50%透光率 对应的范围）	全色谱段（P）：0.5±0.02μm～0.8±0.02μm 蓝谱段（B1）：0.45±0.02μm～0.52±0.02μm 绿谱段（B2）：0.52±0.02μm～0.59±0.02μm 红谱段（B3）：0.63±0.02μm～0.69±0.02μm 近红外谱段（B4）：0.77±0.02μm～0.89±0.02μm
带外响应	≤5%
分辨率	全色：对应星下点地面像元分辨率≤1m 多光谱：对应星下点地面像元分辨率≤4m
幅宽	幅宽：≥30km
光学系统参数	焦距：≥4.6m
TDICCD 级数	积分级数各谱段要求独立分档可调 PAN：7 档，分别为 8、12、24、32、48、64、80 B1/B2：5 档，分别为 4、8、16、32、48 B3/B4：5 档，分别为 2、4、8、16、24
像元尺寸及像元数	全色：像元尺寸 7μm×7μm，8192 像元/片，含 4 片 CCD 多光谱：像元尺寸 20μm，3072 像元/谱段/片，4 个谱段/片，含 4 片 CCD
全色谱段与多光谱谱段配准精度	一景内，相机自身因素引起的配准精度 多光谱谱段间：优于 0.3 个多光谱像元 全色谱段与多光谱谱段间：优于 1 个全色像元（全色与多光谱中心像元偏差）
量化等级	10bit

4．VRSS-2 红外相机

VRSS-2 卫星红外相机主要技术指标见表 1-4。

表 1-4　VRSS-2 红外相机主要性能指标

项目名称	参　数
相机类型	线阵推扫式
谱段范围 （归一化系统50%透光率 对应的范围）	短波红外谱段（B1）：0.9±0.05μm～1.1±0.05μm 短波红外谱段（B2）：1.18±0.05μm～1.3±0.05μm 短波红外谱段（B3）：1.55±0.05μm～1.7±0.05μm 长波红外谱段（B4）：10.3±0.1μm～11.3±0.1μm 长波红外谱段（B5）：11.5±0.1μm～12.5±0.1μm
分辨率	短波红外谱段： 对应星下点地面像元分辨率 30m，误差（-3%，+5‰） 长波红外谱段： 对应星下点地面像元分辨率 60m，误差（-3%，+5‰）
幅宽	大于 30km

（续）

项目名称	参　数
光学系统参数	焦距543mm（短波红外谱段）/434mm（长波红外谱段）
像元尺寸及像元数	短波红外谱段：像元尺寸25μm×25μm，1024像元/谱段，总计3谱段 长波红外谱段：像元尺寸40μm×40μm，512像元/谱段，2个谱段/片，总计1片探测器
谱段配准精度	一景（30km×30km）内，相机自身因素引起的配准精度 短波红外多光谱谱段间：优于0.3个短波红外探测器像元 长波红外多光谱谱段间：优于0.3个长波红外探测器像元 短波红外多光谱谱段与长波红外谱段间：中心像元对准精度优于3个长波红外探测器像元（暂定）
量化等级	12bit
实验室辐射定标精度	短波红外谱段：绝对定标精度≤7% 相对定标精度≤3% 长波红外谱段：绝对定标精度：1.5K@300K 相对定标精度：≤3%
黑体测量精度	黑体温度测量精度：0.2K
增益	短波红外谱段：1、3、4、10共4档可调 长波红外谱段：1、3、4、10共4档可调

1.3.3　卫星数据产品

1．数据产品分级

VRSS-1/VRSS-2卫星数据产品包括各相机的原始数据、0级条带数据、0～4级产品等。两颗卫星的产品分级方式一致，只是在各级别上的处理略有不同，见表1-5。

表1-5　数据产品分级说明

产品级别		级别说明	使用说明
原始数据		指卫星下行接收得到的原始码流数据文件	内部数据，不分发
0级条带数据		指经过帧同步、解压缩、格式化处理后的条带数据	内部数据，不分发
Level-0	0级产品	指0级条带数据经分幅处理后得到的标准景数据产品	内部数据，不分发
Level-1	辐射校正产品	指进行辐射校正后的产品	内部数据，不分发，辐射定标分析时使用
Level-2A	传感器校正产品	在level-1的基础上，进行传感器校正包括波段配准后的产品。包括影像和RPC	对外发布的主要产品。用户可在此基础上基于控制点和DEM进行正射校正。进而得到高精度产品
Level-2B	系统几何校正产品	在Level-2A的基础上基于RPC，以图像区域平均高程或0高程进行系统几何校正，并将校正后的图像映射到指定的地图投影坐标下的产品数据	对外发布。可在无控制点和DEM情况下生产该产品。用户可以在该产品基础上基于控制点进行精校正。但不能进行正射校正

（续）

产品级别		级别说明	使用说明
Level-3A（RPC 模式）	几何精校正产品	在 Level-2A 的基础上利用控制点对 RPC 参数进行精度优化处理，包括 2A 级影像与优化后的 RPC 参数	对外发布。本产品是用控制点对 LEVEL-2A 产品的 RPC 参数进行精度提升处理，用户可在此基础上利用自有 DEM 数据处理得到正射产品
Level-3B（重采样模式）		在 level-2A 的基础上，使用经地面控制点优化的 RPC 参数，对图像进行地图投影与重采样的产品数据	对外发布。可在有控制点无 DEM 时，进行该级别产品生产。产品仅在地势平坦区域满足一般精度要求
Level-4	正射校正产品	在 level-2A 的基础上，利用地面控制点优化 RPC，并使用数字高程模型（DEM）纠正了地势起伏造成的视差的产品数据	对外发布。系统可生产的精度最高的产品，产品的平面精度与高程精度取决于所使用的控制点精度与 DEM 精度

2. 数据产品规格

VRSS-1 与 VRSS-2 卫星各载荷的数据标准景定义见表 1-6 与表 1-7。

表 1-6　VRSS-1 卫星数据产品标准景定义

相机类型	有效载荷	分辨率	幅宽	量化/存储比特	原始像元数	0-1 级产品大小	0-1 级产品存储说明	2A/3A 级产品大小	2B/3B/4 级产品大小
高分相机 1/2	全色	2.5m	约 30km	10/16	（6144×2）×（6144×2）=12288×12288	288MB	2 片 CCD 单独存放，单个为 6144×12288	约 288MB	约 432MB
	多光谱	10m	约 30km	10/16	（1536×2）×（1536×2）=3072×3072	72MB	4 波段 2 片 CCD 单独存放，单个为 1536×3072	约 72MB（4 波段单独存放，每个波段 18MB）	约 108MB（4 波段单独存放，每个波段 27MB）
两台高分相机拼接	全色	2.5m	约 58km	10/16	24576×24576	—	—	约 1152MB	约 1728MB
	多光谱	10m	约 58km	10/16	6144×6144	—	—	约 288MB（4 波段单独存放，每个波段 72MB）	约 432MB（4 波段单独存放，每个波段 108MB）
宽幅相机 1/2	多光谱	16m	约 185km	10/16	12000×12000	1098MB	4 个波段单独存放，单个为 12000×12000	约 1098MB（4 波段单独存放，每个波段 275MB）	约 1647MB（4 波段单独存放，每个波段 412MB）
两台宽幅相机拼接	多光谱	16m	约 373km	10/16	24000×24000	—	—	约 4394MB（4 波段单独存放，每个波段 1098MB）	约 6591MB（4 波段单独存放，每个波段 1648MB）

表 1-7　VRSS-2 卫星数据产品标准景定义

相机类型	有效载荷	分辨率	幅宽	量化/存储比特	原始像元数	0-1 级产品大小	0-1 级产品存储说明	2A/3A 级产品大小	2B/3B/4 级产品大小
高分相机	全色	1m	约 30km	10/16	（8192×4）×（8192×4）=32768×32768	2048MB	4 片 CCD 单独存放，单个为 8192×32768	约 2048MB	约 3072MB

（续）

相机类型	有效载荷	分辨率	幅宽	量化/存储比特	原始像元数	0-1级产品大小	0-1级产品存储说明	2A/3A级产品大小	2B/3B/4级产品大小
高分相机	多光谱	4m	约30km	10/16	(3072×4)×(3072×4)=12288×12288	1152MB	4波段4片CCD单独存放，单个为3072×12288	约1152MB（4波段单独存放，每个波段288MB）	约1728MB（4波段单独存放，每个波段432MB）
红外相机	短波红外	30m	约30km	12/16	1024×1024	6MB	3个波段单独存放，单个为1024×1024	约6MB（3波段单独存放，每个波段2MB）	约9MB（3波段单独存放，每个波段3MB）
红外相机	长波红外	60m	约30km	12/16	512×512	1MB	2个波段单独存放，单个为512×512	约1MB（4波段单独存放，每个波段0.5MB）	约1.5MB（2波段单独存放，每个波段0.75MB）

1.4　本章小节

　　本章简单介绍了"一带一路"倡议背景下我国遥感应用与产业化发展阶段特点及对星地一体化遥感数据处理技术的新要求，在此基础上分析了星地一体化遥感数据处理技术研究的必要性。最后，针对星地一体化遥感数据处理技术研究的主要对象——VRSS-1/VRSS-2遥感卫星工程进行了介绍，内容包括工程概述、技术指标、遥感数据产品特点等，为后面各章节的星地一体化遥感数据处理技术的论述提供基础支撑。

第2章 星地一体化遥感成像全链路仿真

星地一体化遥感成像全链路仿真技术以卫星遥感星地系统为研究对象，从遥感卫星实际成像过程出发，进行目标特性仿真、大气传输仿真、卫星平台仿真、卫星载荷仿真等技术研究，搭建其全链路的仿真平台，并针对卫星遥感图像质量问题，通过构建各种平台使用场景，从全链路角度出发分析各环节中影响卫星成像质量的关键因素，通过模型分析和模型优化定位，实现卫星遥感图像质量的提升，同时通过全链路仿真平台的建设为后续遥感卫星的立项论证、设计研制、运行服务等提供支持。

2.1 光学卫星遥感成像全链路仿真建模

卫星遥感应用是一个复杂而庞大的过程，涉及成像、传输、地面接收、预处理和应用处理等多个环节。一直以来由于各相关研究单位职责分工不同，卫星设计、标验和评价过程与其他各应用环节缺乏统一的论证设计沟通，卫星设计过程缺乏面向应用的仿真结果支持，载荷探测器等设计指标缺少应用需求引导下的优化设计，没有能够将卫星应用的星地全链路中的各个环节串联起来，从面向应用的角度指导卫星综合设计、评价与应用。这使得卫星设计方面指标要求难以满足实际应用需求，造成了一定程度的卫星资源浪费，而在卫星应用方面应用效能无法达到，影响了应用的效果和质量。

面向应用对卫星进行天地一体化综合优化需要对实际成果过程的各个环节进行仿真模拟，并根据实际应用需求进行优化，反馈到卫星载荷探测器的设计中，最终达到对载荷指标的优化目的。

本节以光学卫星遥感为例，从遥感卫星实际成像过程出发，进行目标特性仿真、大气传输仿真、卫星平台仿真、卫星载荷仿真等遥感成像全链路仿真技术研究，搭建其全链路的仿真平台，并针对卫星遥感图像质量问题，通过构建各种平台使用场景，从星地一体、全链路角度出发分析各环节中影响卫星成像质量的关键因素，通过模型分析和模型优化定位，实现卫星遥感图像质量的提升，同时通过全链路仿真平台的建设为后续遥感卫星的立项论证、设计研制、运行服务等提供支持。

卫星立项阶段，全链路仿真可根据用户需求提供卫星平台、载荷和地面应用系统综合设计方案，给出不同设计方案下的仿真图像，模拟卫星的工作谱段、幅宽、几何分辨率、辐射分辨率、几何定位精度等参数，并结合仿真图像产品和应用方向，向用户展示不同设计方案对应用需求的满足能力，实现卫星平台载荷及地面系统设计方案最优化选择，辅助卫星立项工作。

设计研制阶段，结合用户对卫星图像数据应用的具体指标要求，通过图像质量预估和影响图像质量的参数分析，提供卫星平台、载荷和地面应用系统综合能力论证和指标建议，指导卫星平台、载荷设计及相应地面系统的建设。

运行服务阶段，可针对卫星在轨测试中出现的图像质量问题，通过构建各种平台使用场景，从全链路角度出发，分析成像各环节中影响卫星成像质量的关键因素，通过模型分析和模型优化定位、解决卫星实际在轨出现的图像质量问题，同时对卫星在轨测试和运行期间进行地面标定、参数检校和定期监测，优化模型参数，提升地面处理产品的精度。

图 2-1 为遥感卫星成像物理过程及数据分发应用流程。

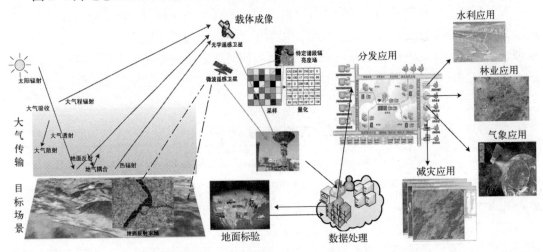

图 2-1　遥感卫星成像物理过程及数据分发应用流程

遥感卫星最终的输出成果和应用效果都反映在遥感数据上，主要表现在几何和辐射质量两个方面。图像几何质量主要受卫星平台颤振、轨道、姿态、行时参数、相机内部畸变参数以及相应参数的观测误差的影响；图像的辐射质量主要受大气传输、光学系统、电子学系统造成的能量衰减的影响，包括大气传输过程中的大气对电磁波的吸收、散射、透射、折射、反射模型的影响，光线在通过相机光学系统时受到的像差模型的影响，地物在 CCD 焦面成像时受相机电子学系统的采样量化模型及噪声模型的影响；在数据传输过程中，原始数据的压缩解压缩模型、信道传输模型的影响。

为了通过全链路仿真获取遥感数据，并反映图像的几何和辐射信息，需要根据目标场景、大气传输、卫星平台、卫星载荷等模型进行建模，进而结合图像分析信息传输过程中模型及模型参数对卫星几何和辐射质量的影响，同时提出对应的质量提升策略。

从信息流角度，完整的星地一体化遥感成像全链路仿真平台包括任务规划系统、目标特性仿真系统、卫星平台仿真系统、卫星载荷仿真系统、大气传输仿真系统、卫星数传仿真系统、数据处理系统、定标系统和真实性检验系统，如图2-2所示。

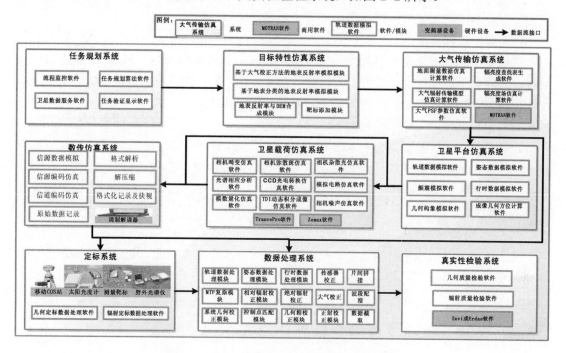

图 2-2　星地一体化遥感成像全链路仿真建模

（1）卫星平台仿真建模

卫星平台仿真模型主要由轨道数据模拟、振动模拟、姿态数据模拟、行时数据模拟、几何构像模拟、成像几何方位计算模型等组成。

（2）卫星载荷仿真建模

卫星载荷仿真建模根据卫星的相机载荷类型进行仿真，主要包含相机畸变仿真、相机弥散斑仿真、相机杂散光仿真、光谱响应分析、CCD 光电转换仿真、模拟电路仿真、模数量化仿真、TDI 动态积分成像仿真和相机噪声仿真等模型。

（3）大气传输仿真建模

大气辐射传输仿真模型主要由地面测量数据仿真、大气辐射传输模型仿真、入瞳辐亮度查找表生成、大气 PSF 参数仿真和入瞳辐亮度场仿真等模型组成。

（4）目标特性仿真建模

目标特性仿真建模主要负责卫星拍摄目标区域场景及靶标的仿真。主要包含基于大气校正方法的地表反射率模拟、基于地表分类的地表反射率模拟、靶标添加、地表反射率与 DEM 合成等内容。

（5）任务规划系统

任务规划系统负责卫星任务规划的仿真，主要由流程监控、任务规划算法、卫星数据服务和任务验证显示等组成。

（6）卫星数传系统

卫星数传系统主要由信源数据模拟、信源编码仿真、信道编码仿真、调制器、解调器、原始数据记录、格式解析、解压缩、格式化记录及快视等组成。

（7）数据处理系统

数据处理系统由轨道数据处理、姿态数据处理、行时数据处理、MTF 复原、相对辐射校正处理、绝对辐射校正处理、大气校正处理、传感器校正、片间拼接、波段配准、系统几何校正、控制点匹配、几何精校正、正射校正等构成。

（8）定标系统

定标系统主要包括辐射定标和几何定标，主要由辐射/几何定标基础保障设施、测量设备和辐射定标数据处理软件及几何定标数据处理软件构成。辐射定标数据处理软件主要完成 MTF 测量和绝对辐射定标处理，几何定标数据处理软件主要完成控制点提取和内外方位元素解算。

（9）真实性检验系统

真实性检验系统由辐射质量检验软件、几何质量检查软件组成，完成图像辐射质量和几何质量的评价。

2.2　光学卫星遥感成像全链路仿真技术

光学遥感卫星成像仿真流程主要包括任务规划系统、目标特性仿真系统、卫星平台仿真系统、卫星载荷仿真系统、大气传输仿真系统、卫星数传仿真系统、数据处理系统、定标系统和真实性检验系统。其中任务规划系统、卫星数传仿真系统、数据处理系统、定标系统和真实性检验系统五部分不仅用于成像全链路仿真，也属于遥感卫星地面系统建设范畴，在其他章节有涉及的技术和系统介绍，本节重点介绍目标特性仿真、大气辐射传输仿真、卫星平台仿真和卫星载荷仿真四个方面的仿真原理和仿真流程等内容。

2.2.1　目标特性仿真技术

目标特性仿真是遥感全链路仿真的初始环节和仿真输入源，决定了后续各项仿真系统和整个仿真过程的正确性和准确性。目标特性仿真在本质上是对卫星传感器载荷工作谱段内，地球表面真实目标场景的高精度仿真模拟，用于模拟仿真可见光、近红外谱段的地面反射率场，包括土壤、植物、矿石、水体、城市、冰雪和荒漠等各类典型地物，并可以加载人为规定的各种目标，为后续仿真提供高精度的地面目标几何特性、辐射特性、光谱特性等目标特征数据。

目标特性仿真获取地面反射率场的方法有两种，一是基于已知影像进行地物分类，结合地物光谱先验信息库进行光谱映射，加载地物光谱信息获取地面反射率场；二是对遥感图像进行大气校正得到地面反射率场数据。获得地面反射率场数据后通过高精度 DEM 数据叠加高程信息，模拟目标特性的三维坐标信息、辐射特性和光谱特性数据，包括目标的位置信息、高程信息、光谱反射率特性等，为后续仿真提供基础目标信息。如图 2-3 所示。

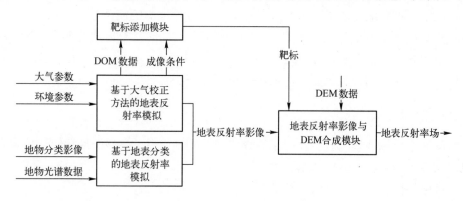

图 2-3 目标特性仿真示意图

1. 地表反射率模拟

地面反射率场获取方法包含以下两种：

（1）基于大气校正方法的地表反射率模拟

以待仿真区域的遥感数据为基础，开展大气校正，消除大气参数、环境参数影响，获得真实的地表反射率数据。该方法通常基于 6S 辐射传输模型建立查找表对遥感数据进行大气校正，由于数据源的不准确和 6S 辐射传输模型的误差，该方法得到的地表反射率与理想情况的反射率存在较大差距。

（2）基于地表分类和光谱映射的地表反射率模拟

该方法以高分辨率航天/航空遥感数据为基础，采用监督或非监督分类方法，对地物类型进行分类，获得图像中的不同地物类型，针对每一类数据完成对地物光谱库的映射，得到理想真实的地表反射率数据。这种方法获取的地物反射率依赖于分类准确性和地物光谱库的准确性，精度较高，是当前目标特性仿真中最常用的方法。

地物光谱库是由高光谱成像光谱仪在一定条件下测得的各类地物反射光谱数据的集合。地物光谱库可以通过地面实测不断积累和建立，也可以从公开的渠道获取国内外已经建立的地物光谱库。目前典型的地物光谱库是美国地质调查局（USGS）在结合 JPL 标准波谱数据库基础上面向矿产资源遥感勘探的需要而建立的波谱数据库。该波谱库具备了相当强的管理和分析功能，且支持网上完全在线搜索，并能下载每种地物波谱数据值。波谱数据包括了 444 种矿物和对矿产资源有指示性的典型植被及混合材料样品，共达 498 条波谱反射数据，并以 16 进制和 ASCII 码两种格式存储。所有波谱数据都是在一个定标过的 Beckman 5270 分光计上完成测量的，它的光谱范围是 0.2～3.0μm，所有波谱反射数据都校正到绝对反射率。波谱范围为 0.4～2.5μm，波谱分辨率在 4nm（0.2～0.8pro）和 10nm（0.8～2.35μm）。该波谱库下设有实验室波谱库、地面波谱库和高光谱遥感波谱库三个子库。航空波谱库的数据通过对地面波谱数据进行重采样功能得到，如 AVIRIS、MIVIS、

ASTETR、HYDICE、TM 等，主要面向成像光谱遥感数据立体三维分析。用户也可以用波谱重采样功能针对航天（空）遥感器进行波谱采样，制定需要的波谱分辨率。波谱管理软件可满足用户查看地物波谱特征和理化参数等，每种地物的波谱对应一系列辅助信息，如 X 光衍射、电子显微镜等观测数据及矿物分子式等，同时具有方便的搜索功能，用来搜索数据库中的各种样品数据。美国地质调查局已经拟订进一步发展地物波谱库的第 6 版本，除扩充该库的地物目标类型外，还将波谱涵盖范围延伸到远红外区。

2. 目标场景特性仿真

地面反射率模拟获取的数据反映了地物光谱和辐射特性，完整的目标特性仿真中还需要模拟地物高程和目标特性的影响。

（1）目标特性仿真

主要是在地面反射率模拟数据基础上，添加目标信息，设定目标的反射率信息和平面二维坐标信息，将目标覆盖在背景反射率图像上。

（2）地物高程影射建模

基于地面反射率数据和 DEM 数据根据地物坐标信息建立地面目标光谱特性与地面目标三维坐标信息的映射关系，得到地面反射率场数据。

$$Data_{i,j} = DEM_{i,j} + DOM_{i,j} + \rho_{i,j} \qquad (2\text{-}1)$$

式中，$Data$ 表示反射率场数据，DEM 表示高程数据，DOM 表示正射数据，ρ 表示反射率数据，i，j 表示图像上的行列对应映射关系。

2.2.2　大气辐射传输仿真技术

大气层是遥感信息传输的必经介质，光辐射在大气传输过程中会与大气发生一系列的相互作用，包括大气折射、吸收与散射、湍流效应等，从而导致其传输特性的改变。遥感信息在不同程度上受到遥感传输介质光学特性及环境背景辐射特性的影响，造成光学成像系统分辨力的降低、遥感信息的失真、有效观测时间和区域的减小等。通过对大气光学、物理特性参数的观测研究以及对目标/背景/大气辐射传输综合表征的研究，就可以对大气的影响做出准确的计算。

1. 大气辐射传输定律

大气辐射传输过程中，把整层大气看成一种介质，太阳光穿过大气层经地面发射向卫星遥感器，由于大气的存在，会发生吸收衰减与辐射增强。图 2-4 表示遥感过程中的辐射类型和大气的作用。

由于大气吸收和散射作用，所有经过大气的上下行辐射都会衰减，只有一部分能量能通过，而且不同波长处的辐射，吸收散射特性不同，这就是选择卫星遥感波段时必须考虑的大气窗口，如图 2-5 所示。

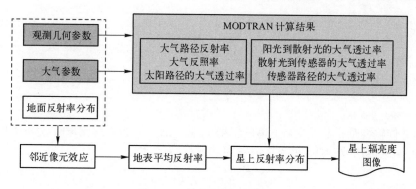

图 2-4　大气辐射链路模型

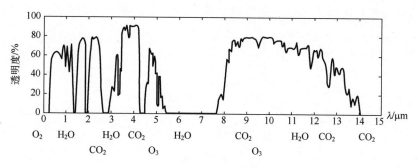

图 2-5　大气窗口及影响组分

大气组分由于分子组成和分子结构不同，能量吸收带也不相同。表 2-1 所列内容是常见的造成辐射衰减的大气组分及其吸收带。组成大气的主要成分是 N_2 和 O_2，由于它们是对称分子，振动时不吸收 15μm 以下的红外线。引起强烈红外吸收的分子有 H_2O，CO_2，O_3，CH_4，NO_2，CO 等，其中吸收最强的是 H_2O（潮湿空气）和 CO_2。

表 2-1　大气组分的光谱吸收带分布

大气成分	强吸收带/μm	较强吸收带/μm
H_2O	2.7，6.3	0.54，0.72，0.81，0.85，0.94，1.1，1.38，1.87，3.2
CO_2	4.3，15	0.78~1.24，1.4，1.6，2.0，2.7，4.8，5.2，9.4，10.4
O_3	9.6	2.7，3.28，3.57，4.75，5.75，9.1，14
NO_2	4.5，7.8	—
CH_4	3.2，7.6	—
CO	4.8	—

结合大气窗口曲线，可以发现有剧烈下陷的位置都对应着某一种大气成分的吸收带，不同波段的辐射需要重点考虑其对应的影响组分。可见光近红外遥感成像过程包括了辐射源-大气层-地球表面-大气层-探测器的复杂的传输过程。对于红外波段，除以上过程外，还有地表辐射和大气上行辐射达到探测器的贡献，这一部分辐射也受大气的衰减影响。

大气的散射和吸收综合作用导致辐射能衰减，称为消光作用。

辐射能在大气中传播，通过距离 ds 后变化量为 dI_1，辐射能变化的计算公式为：

$$dI_1 = dI_1 + dI_2 \qquad (2\text{-}2)$$

其中 d_{I_1} 是吸收和散射作用导致的辐射能衰减。

$$dI_1 = -k\rho I ds \qquad (2\text{-}3)$$

其中 ρ 是传输介质的密度，k 是单色辐射的质量消光系数，是质量吸收和质量散射的系数之和。d_{I_2} 是因物质发射的同波长辐射和散射导致的增强。

$$dI_2 = j\rho ds \qquad (2\text{-}4)$$

其中 j 为质量发射系数。

在最简单的辐射传输情形下，考虑辐射从 0 到 s_1 的传播过程，如图 2-6 所示。

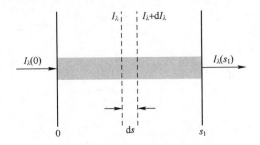

图 2-6　辐射传输衰减示意图

经过介质路径前后的辐射强度有一定关系，如下所示：

$$I(s_1) = I(0) \cdot \exp\left(\int_{}^{s_1} k\rho ds\right) \qquad (2\text{-}5)$$

假设传输介质均匀，则 k 不依赖于距离，因此光学路径长度（光学质量）为：

$$u = \int_{}^{s_1} \rho ds \qquad (2\text{-}6)$$

由此可得到比尔-朗伯定律：

$$I(s_1) = I(0)e^{-ku} \qquad (2\text{-}7)$$

通过均匀介质传播的辐射按照指数函数衰减。实际大气组分复杂多样，随着大气高度变化密度也不同，应取其光学路径长度计算衰减。卫星在不同波段对地成像时，大气对不同波长处的消光系数不同，综合衰减导致对不同波长辐射有不同的透过率。

2．邻近像元效应

邻近像元效应是指经非观测目标反射的光子，再经大气的散射而达到传感器，从而在某种程度上使地物边缘模糊的现象。利用点扩散函数可以对邻近像元的影响进行模拟。

邻近像元对垂直观测和倾斜观测的影响是不同的。垂直观测时，邻近像元的影响只与它和目标像元之间的距离有关；倾斜观测时，邻近像元不仅与它和目标像元之间的距离有关，而且还与它们之间的相对方位有关，邻近像元距离相同时在观测方位上的邻近像元的影响最大。图 2-7 中，V 表示观测点，O 表示目标像元，P 表示邻近像元。a）表示传感器对目标进行观测时的几何关系，传感器视场被近似为以 VO 为轴，$2d$ 为直径的圆柱空间，经由此视场空间到达传感器的辐射最终成像。V 距地面高度为 h，即传感器高度，对于航空遥感，它是飞机的高度；对于卫星遥感，它是大气的平均高度。对于大气分子和气溶胶，大气的平均高度分别是 8km 和 4km。θ 表示观测天顶角，φ 表示相对邻近像元的观测方位角，r 为邻近像元到目标的距离。

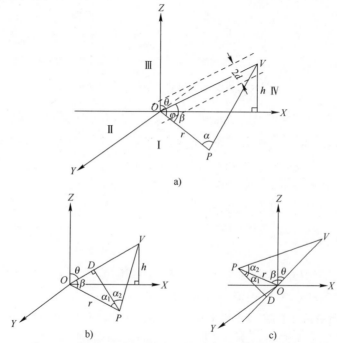

图 2-7　传感器、目标像元和邻近像元构成的空间示意图

a) 传感器对目标的几何关系　b) 邻近像元与传感器相对目标同侧情况　c) 邻近像元与传感器相对目标异侧的情况

图 2-8 是几何求解辐射积分时的辅助图，M 是传输路径上的任意一点，可求解邻近点 P 反射的到达 M 处向 V 方向传输的能量元，再将邻近点 P 能量表达逐次对 OV 路径进行积分即可得到点 P 的能量贡献。再以点 P 为例对邻近区域作积分得到邻近像元的能量贡献。

由于大气的存在，部分经 P 漫反射的光子直接或经大气的散射进入传感器的视场，再经大气一次散射到传感器方向。由于经大气多次散射到传感器的辐射通量对遥感信号的贡献较小，所以我们只考虑大气的一次散射得到的大气点扩散函数的一阶解析近似。

L_0 为经 P 反射到和观测表面法线的夹角 θ' 方向上的辐亮度，如果地表是朗伯体，则：

$$L_0 = E_s / \pi \qquad (2\text{-}8)$$

其中，E_s 是垂直照到地球表面的辐照度。至此，提取了当辐照度为 E_s 的太阳光照射到非均匀的朗伯表面情况下，传感器在 θ 观测角时的辐亮度。点扩散函数为单位脉冲作用于系统时的响应。因此大气的点扩散函数为上式中 $E_s = 1$ 时的结果。

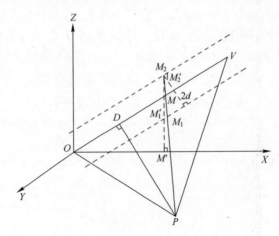

图 2-8 邻近像元辅助分析的几何关系图

得到邻近像元的点扩散函数，按照输入图像大小建立点扩散函数模板 $h(x, y)$。然后分别对输入图像 $g(x, y)$ 和点扩散函数模板 $h(x, y)$ 进行二维 FFT 变换。得到 $G(x, y)$ 和 $H(x, y)$。

$$F(x, y) = G(x, y) * H(x, y) \tag{2-9}$$

对 $F(x, y)$ 进行 FFT 反变换，即得到原图像受邻近像元影响的平均反射率图像 $f(x, y)$，再带入大气模型方程求解星上反射率。

3. 大气传输仿真

在分析了大气辐射传输定律和邻近像元效应的基础上，利用 MODTRAN 进行大气传输建模与仿真。MODTRAN 是由美国地球物理实验室开发的中分辨率大气传输模型软件。它以 20cm^{-1} 的光谱分辨率的单参数带模式计算 $0 \sim 50000\text{cm}^{-1}$ 的大气透过率、大气背景辐射、单次散射的阳光、太阳直射辐照度。在 MODTRAN 的计算基础上可以直接得到程辐射、地面反射辐射等数据；再结合辐射定律计算地面的自发辐射，综合两者可得到完整的星上辐亮度图像。

（1）可见光近红外区

在可见光近红外波段，重点考虑太阳光谱反射，遥感器接收到的辐射信息由三部分组成：

1）大气程辐射，即入射的太阳光未到达地面就被大气散射到遥感器视场内的辐射。

2）来自邻近像元的辐射，即经大气散射而进入遥感器观测立体角内的周围环境的漫反射。

3）来自目标像元的辐射，包括目标对太阳直射光的反射和目标对天空漫射光的反射。

计算太阳辐射分量时，光线在大气中的传输过程，主要受到衰减和散射影响。正是因为存在散射的影响，导致进入传感器单元的光线中，不仅包括目标像元的信息，也包括其邻近像元的信息。据此两点，可以得到大气传输方程为：

$$r_p = \rho_{so} + \frac{\tau_{ss} + \tau_{sd}}{1 - \bar{r}\rho_{dd}}\bar{r}\tau_{do} + \frac{\tau_{sd} + \tau_{ss}\bar{r}\rho_{dd}}{1 - \bar{r}\rho_{dd}}r\tau_{oo} + \tau_{ss}r\tau_{oo} \qquad (2\text{-}10)$$

式中，ρ_{so} 是大气路径反射率；ρ_{dd} 是大气反照率；

τ_{ss} 是太阳路径的大气透过率；τ_{sd} 是大气透过率（阳光到散射光）；

τ_{oo} 是传感器路径的大气透过率；τ_{do} 是大气透过率（散射光到传感器）；

r 是地表反射率；$\bar{r}$ 是地表平均反射率（邻近像元影响）；r_p 是星上反射率。

式中，第一项代表路径程辐射的影响；第二项代表传感器视场外地表反射光线经过散射进入视场的能量，即邻近像元的影响；第三项代表视场内目标点对天空光的反射而进入传感器的部分；第四项表示目标对太阳光的直接反射进入传感器的能量。

前 6 个参数可以基于 MODTRAN 进行大气建模完成求解，地表反射率可由输入近似得到，平均地表反射率 $\bar{r}$ 是地表反射率 r 与大气点扩散函数卷积的结果。解得各参数后，代入方程可得到星上反射率 r_p，得到星上反射率后，利用下列公式：

$$L_0 = \frac{r_p}{\pi}E_s^0\cos\theta_s \qquad (2\text{-}11)$$

式中，E_s^0 为大气外太阳辐照度，θ_s 为太阳的天顶角，即可求解星上辐亮度值 L_0，完成大气模型的仿真。处理流程如图 2-9 所示。

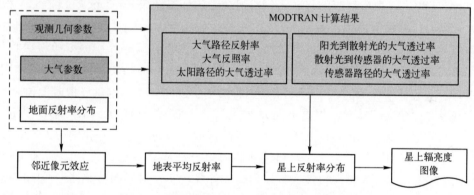

图 2-9　可见光近红外大气传输仿真处理流程

（2）中长波红外区

中长波红外遥感辐射可以分解为 6 个分量：地表自身发射辐射、大气热程辐射、太阳辐射在大气中的散射、太阳直射到地表后的反射、大气下行辐射的反射、太阳漫散射的地表反射，如图 2-10 所示。在长波红外波段，太阳辐射基本可以忽略，技术路线与中波红外相同，只需要把太阳辐射在大气中的散射、太阳直射到地表后的反射、太阳漫散射的地表反射三项设置为 0。

大气辐射传输模型选择与建立。主要基于现有大气辐射传输 MODTRAN 模型，充分考虑大气辐射传输过程中的散射、吸收特性，将它们对于大气辐射的贡献进行分解，并构建出相应的非线性解析模型。由于 MODTRAN 模型的运算量非常巨大，为了加速大气辐射传输模拟，可以通过多次运行 MODTRAN 计算得到大气参数库，利用近似的大气辐射传输模型实现像元级大气效应叠加。

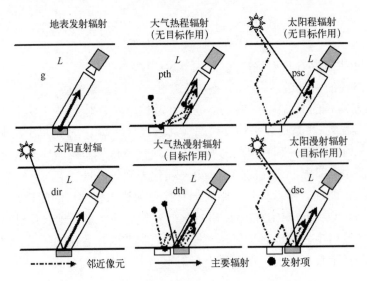

图 2-10　大气辐射传输解析模型各辐射分量示意图

查找表建立过程：1）根据大气辐射传输模拟的需要，选择若干关键的大气参数和观测几何参数，并生成 MODTRAN4 需要输入的参数配置文件——tape5 文件。2）调用 MODTRAN4 程序，生成对应的包含大气辐射贡献的计算结果——tape7 文件。3）根据建立的大气辐射传输解析模型，从 Tape7 文件中提取出不同波长处辐射传输过程中的各个分量，包括波长、透过率、地表发射辐射 L_g、大气热程辐射 L_{pth}、太阳散射路径辐射 L_{psc}、直射反射辐射 L_{dir}、大气红外漫射辐射 L_{dth}、太阳散射漫射辐射 L_{dsc}。4）将上述不同大气参数组合对应条件下计算的结果，按照顺序存储至二进制文件，以供模拟时调用。

大气参数库建立和搜索。根据不同大气模式、大气廓线（H_2O、CO_2、O_3、温度等）、观测几何参数等，利用 MODTRAN 进行非线性解析模型的计算，并存储为大气参数库，用于后续大气辐射传输模拟。考虑到建立的模拟方法应具备通用性，最后采用查表法（Look-Up Table，LUT）实现快速大气辐射传输计算，实现对不同传感器波段响应模式下的大气辐射传输模拟。大气参数组合主要选取大气模式、气溶胶光学厚度、水汽含量、大气温度等；观测几何主要为太阳天顶角、卫星天顶角及二者相对于目标像元的相对方位角。

总体流程如图 2-11 所示。

查表过程采用二叉树法进行，对输入待查的每组参量，依次在 LUT 中根据参量组合顺序查找到所需的左子树和右子树，即与参量组合最接近的两个表，进行插值后得到最终输入参数所对应的结果。在查表时，参数向量中的每个元素都会将 LUT 按照二叉树方式逐级分成两部分。如果有 N 个元素的参数向量输入，在完成查表时所涉及的全部子表数为 $2N$ 个，所遍历的结点数为 $2\times(2N-1)$ 个。所以，在建立 LUT 时确实需要选择关键参量，否则建表和查表过程都会十分烦琐。查表过程包含从上至下的子表检索过程和自下至上的插值过程，具体为：

1）根据输入参量值的大小，在 LUT 中找到与之最接近的相邻子表。

2）由查到的最底端子表逐级向上进行插值，最终获得输入参量对应的结果，并加入波段响应函数，得到积分后的结果。波段响应函数可采用数学方法模拟得到，详见邻近像元效应分析相关内容。采用线性插值方法对各级子表进行插值计算，最后进行波段响应函数积分，得到大气辐射贡献的各个分量。

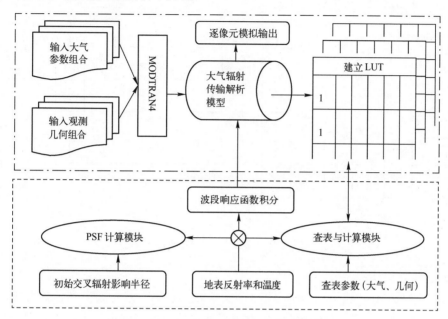

图 2-11　像元级大气辐射传输模拟流程

2.2.3　卫星平台仿真技术

卫星平台仿真的目的主要是通过数学建模的方法模拟卫星平台在轨运行参数以及成像参数，包括运行轨道位置、观测姿态、成像时间，还包括在轨运行过程中受到的颤振影响模型等。卫星平台建模主要对参数产生的理论数学模型进行建模生成理论参数序列，再采用误差建模的方法将卫星平台的参数设计指标进行量化，并根据量化的误差参数将平台理论参数转化为观测参数序列，达到模拟卫星平台在轨实际工作参数的目的，为卫星载荷仿真建模、大气辐射传输仿真建模、数据处理等提供参数输入。在卫星平台仿真的基础上，可根据成像参数进行任务规划及运行控制建模分析、卫星载荷仿真，同时可以通过平台仿真参数分析其对成像质量的影响等。

卫星平台仿真建模包含轨道建模、姿态建模、行时建模、几何构象建模等，各部分之间的相互关系如图 2-12 所示。

1. 轨道建模

轨道建模采用轨道动力学模型进行理论轨道建模，在理论轨道基础上考虑卫星在轨期间受到的各种摄动引起的颤振影响，最后结合卫星在轨测试方式，引入测量误差，仿真得到最终的卫星下传轨道数据。

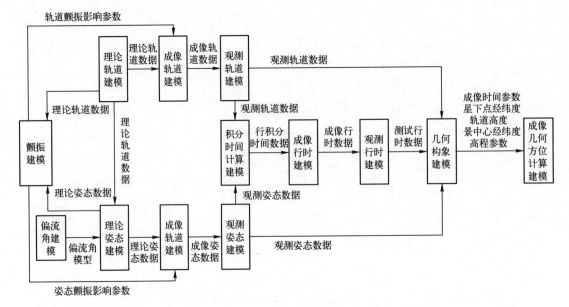

图 2-12 卫星平台模型关系图

（1）理论轨道建模

理论轨道建模基于轨道动力学平滑方法。卫星在轨道上运行要受到各种力的影响，产生的摄动是多方面的。国内外一些学者对卫星轨道的受摄问题进行了详细的研究与分析，尤以澳大利亚的 C. Rizos、A. Stolz 和美国的 H. F. Fliegel 等人为代表。统筹考虑精度的需要和时间耗费，通过大量试算发现，轨道计算主要考虑地球质心引力 F_0、除质心外的地球引力 F_E、太阳和月球引力 F_N、太阳辐射压力 F_A、大气阻力（低卫星轨卫星）、Y 轴偏差 F_Y、地球潮汐附加力 F_T（时间系统采用 TDT 时间系统、坐标系统采用 J2000.0 惯性坐标系）。

$$F = F_0 + F_E + F_N + F_A + F_T + F_Y \tag{2-12}$$

其中地球质心引力 F_0 是最主要的，其次是地球的非质心引力 F_E，称为地球非球形摄动力。如果将地球质心引力视为 1，地球非球形摄动力可达 10^{-3} 量级，而其他摄动力则大多在 10^{-6} 以下。

轨道预报算法模块主要完成重力场摄动改正、太阳光压摄动改正、固体潮摄动改正、N 体摄动改正、极潮摄动改正、大气摄动改正、海潮摄动改正等七个摄动改正和依赖轨道初值的轨道积分等功能。算法模块组成如图 2-13 所示。

1）重力场摄动改正：根据卫星的轨道参数以及海潮、固体潮、极潮等修正结果，利用 EGM2008 超高阶地球重力场模型，对卫星受到的重力加速度进行相应的改正，提高轨道预报的精度。

2）太阳光压摄动改正：通过卫星轨道参数，计算卫星受太阳照射的表面积，并根据反射率、太阳距离、光速等参数，计算由于大阳光入射和反射产生的太阳压力，并修正由此产生的轨道摄动误差，提高轨道预报的精度。

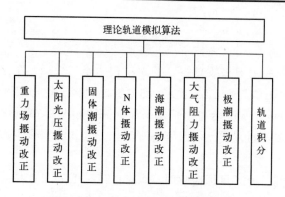

图 2-13　理论轨道建模功能组成图

3）固体潮摄动改正：为消除或减弱地球作为非刚性球体使其形状质量分布不均而受到日、月等万有引力引起的固体地球发生周期性形变这一现象的影响。计算与频率无关的长周期对规格化球谐系数改正及其他潮波对球谐系数的改正，获取固体潮摄动对低轨卫星轨道摄动的改正信息。

4）N 体摄动改正：根据卫星轨道参数以及吸引卫星的天地引力常数，计算由于太阳和月亮引力对卫星加速度的改正。

5）极潮摄动改正：根据极移参数，计算极潮摄动对重力场球谐项系数的改正，从而进一步改正重力场加速度。

6）大气阻力摄动改正：考虑大气压对轨道的影响，通过大气阻力引起的台站位置径向位移变化，采用 DTM94 模型获取大气阻力加速度。

7）海潮摄动改正：根据轨道动力学，并结合重力场模型，获取重力场模型中的球谐系数的改正值，计算海潮加速度。

8）轨道积分：根据初始轨道，通过对位置和速度的偏导数构建的状态转移矩阵，对速度偏导的加速度结合摄动参数进行状态积分和偏导积分，利用数值积分的方法得到一定积分间隔的卫星轨道。

（2）成像轨道建模

理论轨道数据颤振影响叠加方法：主要根据加密的时间参数，对原始的理论轨道数据序列进行加密内插处理，在密集的轨道序列的基础上，叠加轨道颤振大小和方向，累加到轨道的位置坐标 X、Y、Z 值上，得到新的理论轨道数据序列。

（3）观测轨道建模

观测轨道建模主要考虑加入 GPS 对轨道的测量误差，包括系统误差和偶然误差。

1）轨道测量系统误差建模主要考虑在各方向分量参数累加相应的系统误差分量。

2）偶然误差主要通过高斯白噪声模拟，该方法先利用乘同余法产生一组近似符合 0-1 分布的伪随机数，再以此伪随机数列为基础，以给定测量精度的 1+0.01 倍为方差，对其进行标准化，此时将这组随机数分别加到对应的成像轨道上，得到观测轨道数据。

2. 姿态建模

姿态数据仿真首先利用卫星规划得到的卫星初始姿态数据，考虑地球自转等因素仿真得到偏流角数据；在偏流角基础上结合姿态动力学模型和平台稳定度仿真得到理论姿态数据；同时考虑由于太阳翼以及旋转力矩陀螺引起的高频颤振，仿真颤振对卫星姿态的影响；最后结合卫星在轨姿态观测方式，引入姿态观测误差，仿真得到卫星下传的姿态数据。

（1）偏流角建模

卫星上的空间相机对地面目标遥感时，地球自转对 TDICCD 成像会有影响。卫星相对于星下点的速度矢量与地球自转速度矢量的夹角称为偏流角，对偏流角进行计算，用于像移的补偿。偏流角的计算模型分为星下点摄影时、侧摆摄影时和仰俯摄影时三种姿态。详细情况如下。

1）星下点摄影

首先计算卫星的真近点角：

$$\theta = n(t-t_p) + \left(2e - \frac{e^3}{4}\right)\sin(n(t-t_p)) + \frac{5e^2}{4}\sin(2n(t-t_p)) + \frac{13e^3}{12}\sin(3n(t-t_p)) + \ldots \quad （2\text{-}13）$$

其中，$n = \dfrac{2\pi}{T}$，T 为运行周期。

假设 ω_n 表示轨道角速度矢量，μ 表示地球引力常数，a 表示长半轴，e 表示偏心率，θ 表示真近点角，则有以下关系：

$$r = \frac{a(1-e^2)}{1+e\cos\theta} \quad （2\text{-}14）$$

$$\omega_n = \frac{\sqrt{\mu(1-e^2)a}}{r^2} \quad （2\text{-}15）$$

则相机本体在像平面内的两个速度分量是：

$$v_x = R(\cos i \cdot \omega_e - \omega_n) \quad （2\text{-}16）$$

$$v_y = R(\cos u \sin i \cdot \omega_e) \quad （2\text{-}17）$$

R 表示地球的半径，ω_e 表示地球的自转速度矢量，i 表示轨道倾角，ω_n 表示轨道角速度矢量。则星下点摄影状态下，偏流角的计算方法是：

$$\phi_p = \arctan\left(\frac{v_y}{v_x}\right) \quad （2\text{-}18）$$

2）侧摆摄影时

假设侧摆角为 φ，则偏流角如下式所示：

$$\phi_p = \arctan\left(\frac{R\cos u \sin i \cos(\varphi+\beta) \cdot \omega_e + v_r \sin\varphi}{R[(\cos i \cdot \omega_e - \omega_n)\cos\beta - \sin u \sin i \sin\beta \cdot \omega_e]}\right) \quad （2\text{-}19）$$

其中，β 表示地心角，v_r 表示卫星绝对速度的径向矢量，u 表示纬度辐角，它们的计算方法为：

$$\beta = \arcsin\left(\frac{r}{R}\sin\varphi\right) - \varphi \tag{2-20}$$

$$v_r = \sqrt{\frac{\mu}{a(1-e^2)}}\sin\theta \tag{2-21}$$

$$u = \omega + \theta \tag{2-22}$$

φ 表示侧摆角，r 表示地心距，R 是地球的半径；μ 表示地球引力常数，a 表示长半轴，e 表示偏心率，θ 表示真近点角；ω 表示近地点辐角。

3）仰俯摄影时

假设仰俯角为 γ，则偏流角如下式所示：

$$\phi_p = \arctan\left(\frac{R\sin i \cdot \omega_e \cos(u+\beta)}{R[(\cos i \cdot \omega_e - \omega_n)\cos(\gamma+\beta) - v_r\sin\gamma]}\right) \tag{2-23}$$

（2）理论姿态建模

理论姿态建模主要是在姿态动力学模型的基础上考虑平台稳定度，得到加入姿态稳定度后的三轴欧拉角，生成理论姿态数据，并根据星敏感器和陀螺仪安装参数，同步生成星敏感器和陀螺仪理论数据。

1）姿态模拟算法

卫星姿态描述的是卫星本体坐标系与参照坐标系之间的关系，可以用欧拉角、四元数和坐标转换矩阵三种方式描述。欧拉角一般建立在本地坐标系与轨道坐标之间，四元数一般建立在本体坐标系与惯性坐标系之间。

本体坐标系相对于惯性坐标系的姿态用四元数 $\boldsymbol{Q} = q_0 + q_1\boldsymbol{i} + q_2\boldsymbol{j} + q_3\boldsymbol{k}$ 表示，本体坐标系相对于惯性坐标系的角速度 $\boldsymbol{\omega}$ 在本体坐标系的分量为 $[\omega_{xb} \quad \omega_{yb} \quad \omega_{zb}]^T$，姿态的变化用角速度描述成：

$$\begin{pmatrix} \dfrac{dq_0}{dt} \\ \dfrac{dq_1}{dt} \\ \dfrac{dq_2}{dt} \\ \dfrac{dq_3}{dt} \end{pmatrix} = \frac{1}{2}\begin{pmatrix} q_0 & -q_1 & -q_2 & -q_3 \\ q_1 & q_0 & -q_3 & q_2 \\ q_2 & q_3 & q_0 & -q_1 \\ q_3 & -q_2 & q_1 & q_0 \end{pmatrix}\begin{pmatrix} 0 \\ \omega_{xb} \\ \omega_{yb} \\ \omega_{zb} \end{pmatrix} \tag{2-24}$$

刚体的本体坐标系相对于惯性系的角速度为 $\boldsymbol{\omega}$，惯量矩阵为 $(\boldsymbol{I})_b$，受到的绕质心的外力矩为 $\boldsymbol{M}$，$\boldsymbol{\omega}$ 的变化描述成：

$$(I)_b\frac{d(\boldsymbol{\omega})_b}{dt} + (\boldsymbol{\omega})_b^T(\boldsymbol{I})_b(\boldsymbol{\omega})_b = (\boldsymbol{M})_b \tag{2-25}$$

式中 $(\boldsymbol{\omega})_b$ 是角速度 $\boldsymbol{\omega}$ 在本体坐标系的分量；$(\boldsymbol{M})_b$ 是外力矩 $\boldsymbol{M}$ 在本体坐标系的分量。$(\boldsymbol{\omega})_b$ 的变化率为：

$$
\begin{pmatrix}
\dfrac{\mathrm{d}\omega_x}{\mathrm{d}t} \\[2mm]
\dfrac{\mathrm{d}\omega_y}{\mathrm{d}t} \\[2mm]
\dfrac{\mathrm{d}\omega_z}{\mathrm{d}t}
\end{pmatrix}
= (\boldsymbol{I})_b^{-1}[(\boldsymbol{M})_b - (\boldsymbol{\omega})_b^{\mathrm{T}}(\boldsymbol{I})_b(\boldsymbol{\omega})_b]
\tag{2-26}
$$

受到的绕质心的外力矩为 $\boldsymbol{M}$ 时：

$$
\boldsymbol{M} = \boldsymbol{M}_{gg} + \boldsymbol{M}_A + \boldsymbol{M}_P
\tag{2-27}
$$

式中 $\boldsymbol{M}_{gg}$ 为卫星受到的重力梯度力矩；$\boldsymbol{M}_A$ 为气动力矩；$\boldsymbol{M}_P$ 为光压力矩。

已知卫星位置矢量 $\boldsymbol{r}$，速度 $\boldsymbol{v}$，本体惯性矩阵 $(\boldsymbol{I})_b$，则重力梯度力矩为：

$$
\boldsymbol{M}_{gg} = \frac{3\mu}{r^5}\boldsymbol{r} \times (\boldsymbol{I} \cdot \boldsymbol{r})
\tag{2-28}
$$

卫星在惯性空间中运动的绝对速度为 $\boldsymbol{v}$，大气随地球旋转而具有的速度为 $\boldsymbol{v}_W$，则卫星质心相对于空气的速度是：

$$
\boldsymbol{v}_a = \boldsymbol{v} - \boldsymbol{v}_W
\tag{2-29}
$$

卫星所受到的空气阻力为：

$$
\boldsymbol{F}_A = -\frac{1}{2}\rho v_a C_d S \boldsymbol{n}
\tag{2-30}
$$

$\boldsymbol{n}$ 为卫星表面法线单位矢量，S 为有效迎风面积，C_d 为阻力系数。

因此，卫星所受的气动力矩为：

$$
\boldsymbol{M}_A = \boldsymbol{r}_A \times \boldsymbol{F}_A
\tag{2-31}
$$

$\boldsymbol{r}_A$ 为卫星质心到压心的矢量。

若太阳至地球的矢径为 $\boldsymbol{r}_S$，则太阳光压产生的力为：

$$
\boldsymbol{F}_P = KpS\frac{\boldsymbol{r} - \boldsymbol{r}_s}{\boldsymbol{r} - \boldsymbol{r}_s}
\tag{2-32}
$$

式中，p 为太阳辐射压强，K 为表面状况系数，S 为卫星有效面积。光压力矩为：

$$
\boldsymbol{M}_P = \boldsymbol{r}_p \times \boldsymbol{F}_P
\tag{2-33}
$$

式中 $\boldsymbol{r}_p$ 为卫星质心到光压压心的矢量。

卫星姿态动力学方程可以用一阶微分方程组表示，解微分方程组采用 Gill 法，它通过引进辅助变量抵消在每一步中累积的舍入误差，可以提高精度。

设时间步长为 h，已知 k 时刻状态 $x(k)$，求 $k+h$ 时刻状态 $x(k+h)$，Gill 法一步计算公式为：

$$\begin{cases} x(0) = x(k) \\ k_1 = hf(t_0, x(0)) \\ k_2 = hf\left(t_0 + \dfrac{h}{2}, x(1)\right) \\ k_3 = hf\left(t_0 + \dfrac{h}{2}, x(2)\right) \\ k_4 = hf(t_0 + h, x(3)) \\ x(1) = x(0) + \dfrac{1}{2}(k_1 - 2\delta_0) \\ x(2) = x(1) + \left(1 - \sqrt{\dfrac{1}{2}}\right)(k_2 - \delta_1) \\ x(3) = x(2) + \left(1 + \sqrt{\dfrac{1}{2}}\right)(k_3 - \delta_2) \\ x(4) = x(3) + \dfrac{1}{6}(k_4 - 2\delta_3) \\ \delta_1 = \delta_0 + \dfrac{3}{2}(k_1 - 2\delta_0) - \dfrac{1}{2}k_1 \\ \delta_2 = \delta_1 + 3\left(1 - \sqrt{\dfrac{1}{2}}\right)(k_2 - \delta_1) - \left(1 - \sqrt{\dfrac{1}{2}}\right)k_2 \\ \delta_3 = \delta_2 + 3\left(1 + \sqrt{\dfrac{1}{2}}\right)(k_3 - \delta_2) - \left(1 + \sqrt{\dfrac{1}{2}}\right)k_3 \\ \delta_4 = \delta_3 + \dfrac{3}{6}(k_4 - 2\delta_3) - \dfrac{1}{2}k_4 \\ x(k+1) = x_4 \end{cases} \tag{2-34}$$

其中，$\delta_i(i = 1, 2, 3, 4)$ 是引进的辅助量，它是 $k_i(i = 1, 2, 3, 4)$ 的线性组合，δ_0 初始值为零，假如计算过程用无限位数进行，即无舍入误差，则 δ_4 为零。但实际情况中，δ_4 近似为 x 在一步中累积的舍入误差的 3 倍，为了抵消这个累积误差，δ_4 在下一步中用做 δ_0。

已知初始状态 x_0，步长 h，初始时间 $t = t_0$，Gill 法解微分方程的步骤如下：

首先定义常量：

$$\begin{aligned} a_1 &= \frac{1}{2}, & b_1 &= 2, & c_1 &= \frac{1}{2} \\ a_2 &= 1 - \sqrt{\frac{1}{2}}, & b_2 &= 1, & c_2 &= 1 - \sqrt{\frac{1}{2}} \\ a_3 &= 1 + \sqrt{\frac{1}{2}}, & b_3 &= 1, & c_3 &= 1 + \sqrt{\frac{1}{2}} \\ a_4 &= \frac{1}{6}, & b_4 &= 2, & c_4 &= \frac{1}{2} \end{aligned} \tag{2-35}$$

然后赋初值 $t=t_0$, $\delta_0=0$, x_0。

进行第一步的计算，循环 j 从 1 到 4，计算 $\dot{x}_{j-1}$, x_j, δ_j 如下所示：

$$\begin{cases} \dot{x}_{j-1} = f(t, x_{j-1}) \\ x_j = x_{j-1} + h[a_j(\dot{x}_{j-1} - b_j\delta_{j-1})] \\ \delta_j = \delta_{j-1} + 3[a_j(\dot{x}_{j-1} - b_j\delta_{j-1})] - c_j\dot{x}_j \end{cases} \tag{2-36}$$

按时间递增，赋初值 $t=t_0+h$, $x_0=x_4$, $\delta_0=\delta_4$, 进行下一步计算。

这里，x 和 δ 看作向量，x 的维数即状态变量的个数，δ 的维数与 x 相同。

2）姿态平台稳定度算法

假设姿态稳定度为 $\dot{\alpha}_{t-\Delta t}$，$\alpha_{t-\Delta t}$ 为前一时刻的三轴欧拉姿态角，$\alpha_t(t)$ 为当前时刻的三轴欧拉角，则可以根据三轴欧拉姿态角速度和假定景中心时刻的三轴欧拉角的物理关系建立如下公式所示的姿态稳定度积分模型：

$$\alpha_t(t) = \int \dot{\alpha}_{t-\Delta t} \mathrm{d}t + \alpha_{t-\Delta t} \tag{2-37}$$

这里需要说明的是，姿态稳定度有一个限值，当累加的姿态超过限值时可以被姿态测量设备检测出来，此时采用的策略是将累加后的值减去 2 倍的欧拉角速度累加值：

$$\alpha_t(t) = \alpha_{t-\Delta t} - 2 \cdot \int \dot{\alpha}_{t-\Delta t} \mathrm{d}t \tag{2-38}$$

（3）成像姿态建模

采用理论姿态数据颤振建模参数分解与叠加方法，即将这些颤振源叠加起来计算出来的颤振大小，最终累加到相应的姿态数据上。

主要根据加密时间参数，对原始的理论姿态数据序列进行加密内插处理，在密集姿态数据的基础上，根据颤振大小和方向进行分解，分别累加到姿态欧拉角（在俯仰、侧摆、偏航角）上，得到新的姿态数据序列。

（4）观测姿态建模

卫星平台测量误差算法的误差由高斯白噪声模拟，该方法先利用乘同余法产生一组近似符合[0,1]分布的伪随机数，再以此伪随机数列为基础，根据给定测量精度的 1+0.01 倍作为方差，对其进行标准化，此时将这组随机数分别加到对应的欧拉角上，得到观测姿态数据。

3. 行时建模

行时仿真利用仿真的卫星在轨真实轨道和姿态数据以及卫星载荷参数，进行积分时间计算；同时考虑卫星成像时间段，计算得到平均行积分时间和成像行时数据；最后考虑时间观测系统误差，仿真得到卫星下传的观测行时数据。

（1）积分时间模型

1）积分时间

积分时间 t 定义为相机像元尺寸 d 与像速 v_x 的比值，如图 2-14 所示。像速由下列公式计算：

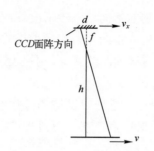

图 2-14 积分时间算法示意图

$$v_x = \frac{v}{h}f \qquad\qquad (2\text{-}39)$$

其中，$\frac{v}{h}$ 表示速高比。

积分时间计算公式如下：

$$t = \frac{d}{v_x} = \frac{d}{f}\cdot\frac{h}{v} \qquad\qquad (2\text{-}40)$$

其中，f 为相机的焦距。

2）速高比

速高比如图 2-15 所示。

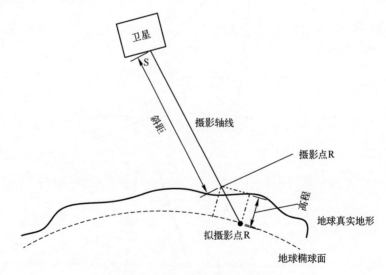

图 2-15 速高比算法中的点线概念

摄影点斜距 h 为卫星相机到摄影点的距离 $h = |SR|$。

速高比就是摄影点地速 v 的模与斜距 h 的比值 $|v|/h$。

3）积分时间模型中点线概念。有以下概念：

相机光轴：通过卫星相机焦平面中心的垂线，指向地球的方向。

相机视轴：相机实际拍摄地物的指向，一般情况下，与相机光轴重合。

摄影轴线：卫星相机焦平面中心指向相机实际拍摄的地物。

拟摄影点：摄影线与地球旋转椭球面的交点，不考虑数字地图；或在考虑数字高程图时寻找摄影点迭代过程中的过渡点。

摄影点：摄影线与地表的交点，考虑数字地图；在不使用数字地图修正地表高程的计算过程中，不区分拟摄影点与摄影点；在计算过程中，摄影轴线与摄影点的速度与卫星关联。

摄影点地速：简称地速，是地表摄影点相对于相机焦平面中心的运动速度在平行于焦平面内（相机系 XOY 面）的分量，该矢量的方向在过摄影点平行于焦平面的平面内。

摄影点斜距：简称斜距，在摄影轴线上，从卫星相机焦平面中心到摄影点之间的距离。

4）摄影轴线

a）斜距图示

摄影线定义为卫星相机焦平面中心指向相机实际拍摄的地物。斜距为摄影线上从卫星相机焦平面中心到摄影点之间的距离。如图 2-16 所示。

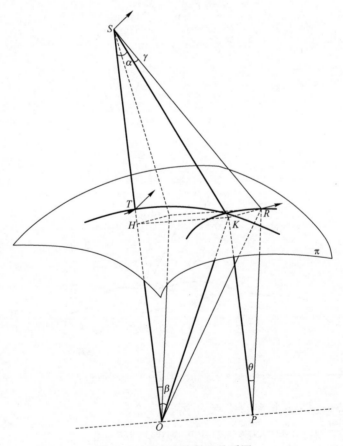

图 2-16　速高比的斜距关系图

如上图所示，地心 O 与卫星 S 交地表曲面 π 于星下点 T，过卫星 S 的摄影线 SR 交 π 于摄影点 R；根据卫星在轨速度方向确定过地心 O 的卫星轨道面法矢量 OP，$PR \perp OP$ 并交 OP 于点 P；过 R 作垂线 RK 垂直于平面 OSP，交于点 K，连接 SK、OK、PK，作 $KH \perp OS$，交 OS 于点 H。

b）卫星姿轨点位

已知在地固系（WGS84）下的卫星的位置 $\boldsymbol{p}_W$ 和速度 $\boldsymbol{v}_W$，通过坐标转换获得在惯性系（J2000）下的卫星的位置 $\boldsymbol{p}_J$ 和速度 $\boldsymbol{v}_J$。

根据定义，在惯性系中卫星的本地坐标系 $O-X_LY_LZ_L$ 的三轴单位矢量为：

$$z_L = \frac{-\boldsymbol{p}_J}{|\boldsymbol{p}_J|}, \quad \bar{y}_L = \frac{-\boldsymbol{p}_J \times \boldsymbol{v}_J}{|\boldsymbol{p}_J \times \boldsymbol{v}_J|}, \quad \bar{x}_L = \frac{(\boldsymbol{p}_J \times \boldsymbol{v}_J) \times \boldsymbol{p}_J}{|(\boldsymbol{p}_J \times \boldsymbol{v}_J) \times \boldsymbol{p}_J|} \tag{2-41}$$

可以构建单位正交转换矩阵：

$$M_L = \begin{pmatrix} \boldsymbol{x}_L & \boldsymbol{y}_L & \boldsymbol{z}_L \end{pmatrix} \tag{2-42}$$

其中设矢量 $\boldsymbol{p} = \begin{pmatrix} p_x & p_y & p_z \end{pmatrix}^T$、$\boldsymbol{y} = \begin{pmatrix} y_x & y_y & y_z \end{pmatrix}^T$、$\boldsymbol{z} = \begin{pmatrix} z_x & z_y & z_z \end{pmatrix}^T$，有：

$$|\boldsymbol{p}| = \sqrt{p_x^2 + p_y^2 + p_z^2}; \quad \boldsymbol{y} \times \boldsymbol{z} = \begin{vmatrix} \boldsymbol{i} & \boldsymbol{j} & \boldsymbol{k} \\ y_x & y_y & y_z \\ z_x & z_y & z_z \end{vmatrix} = \begin{pmatrix} y_y \cdot z_z - y_z \cdot z_y \\ y_z \cdot z_x - y_x \cdot z_z \\ y_x \cdot z_y - y_y \cdot z_x \end{pmatrix} \tag{2-43}$$

c）摄影轴线矢量

计算摄影轴线在 J2000 惯性坐标系中的矢量，分为两步：首先计算摄影轴线在卫星本体坐标系中的矢量；再由本体系相对于 J2000 坐标系的转移矩阵，计算得到摄影轴线在 J2000 坐标系中的矢量。

d）摄影轴线在卫星本体坐标系中的矢量

摄影轴线与本体坐标系的夹角见表 2-2。

表 2-2　卫星相机安装角度

卫星本体坐标系	x 轴	y 轴	z 轴
摄影轴线	α_1	α_2	α_3

摄影轴线在相机本体坐标系中的矢量为：

$$\begin{aligned} \boldsymbol{SR}_b &= \cos\alpha_1 \cdot \boldsymbol{x}_b + \cos\alpha_2 \cdot \boldsymbol{y}_b + \cos\alpha_3 \cdot \boldsymbol{z}_b \\ &= \begin{pmatrix} \cos\alpha_1 & 0 & 0 \\ 0 & \cos\alpha_2 & 0 \\ 0 & 0 & \cos\alpha_3 \end{pmatrix} \begin{pmatrix} \boldsymbol{x}_b \\ \boldsymbol{y}_b \\ \boldsymbol{z}_b \end{pmatrix} \\ &= \boldsymbol{M}_b \cdot \begin{pmatrix} \boldsymbol{x}_b \\ \boldsymbol{y}_b \\ \boldsymbol{z}_b \end{pmatrix} \end{aligned} \tag{2-44}$$

当 $\alpha_1 = 90°$ 且 $\alpha_2 = 90°$ 且 $\alpha_3 = 0°$ 时，SR_b 与 z_b 重合。其中 M_b 称为相机安装矩阵。

e）摄影轴线在 J2000 坐标系中的矢量

设摄影轴线在 J2000 坐标系下表示为 SR_J，则 $SR_J = M_{bJ}^{-1} \cdot SR_b$，其中 M_{bJ} 为卫星本体系到 J2000 的转移矩阵。

$$M_{bJ} = \begin{pmatrix} q_0^2 + q_1^2 - q_2^2 - q_3^2 & 2q_0q_3 + 2q_1q_2 & -2q_0q_2 + 2q_1q_3 \\ -2q_0q_3 + 2q_1q_2 & q_0^2 - q_1^2 + q_2^2 - q_3^2 & 2q_0q_1 + 2q_2q_3 \\ 2q_0q_2 + 2q_1q_3 & -2q_0q_1 + 2q_2q_3 & q_0^2 - q_1^2 - q_2^2 + q_3^2 \end{pmatrix} \tag{2-45}$$

5）拟摄影点和摄影点

a）拟摄影点

不考虑地球全球数字高程地图的影响，拟摄影点定义为摄影线与地球旋转椭球面的交点。在惯性系中，摄影线 SR 与地球的旋转椭球面 π 的交点为拟摄影点 R。在此，对拟摄影点和摄影点采用相同的符号。使用数字高程图对拟摄影点进行修正，即可以得到摄影点。

设地球的旋转椭球面 π 的方程为：

$$\frac{x^2 + y^2}{R_a^2} + \frac{z^2}{R_b^2} = 1 \tag{2-46}$$

其定义在地固系（WGS84）的参数为：$R_a = 6378137.0\text{m}$，$R_b = 6356752.3142\text{m}$。

设：

$$R = \begin{pmatrix} R_{Jx} \\ R_{Jy} \\ R_{Jz} \end{pmatrix} = \begin{pmatrix} p_x \\ p_y \\ p_z \end{pmatrix}, \quad SR = h \cdot s_J = h \cdot q = \begin{pmatrix} s_{Jx} \\ s_{Jy} \\ s_{Jz} \end{pmatrix} = \begin{pmatrix} h \cdot q_x \\ h \cdot q_y \\ h \cdot q_z \end{pmatrix} \tag{2-47}$$

其中，h 为斜距。

由此建立的摄影线 SR 的方程为：

$$\frac{x - p_x}{q_x} = \frac{y - p_y}{q_y} = \frac{z - p_z}{q_z} \tag{2-48}$$

与椭球面的方程联立：

$$\begin{cases} \dfrac{x - p_x}{q_x} = \dfrac{y - p_y}{q_y} = \dfrac{z - p_z}{q_z} = k \\ \dfrac{x^2 + y^2}{R_a^2} + \dfrac{z^2}{R_b^2} = 1 \end{cases} \tag{2-49}$$

当 $|q| = 1$ 时，有 $k = |SR|$。

将其化简成二元一次方程 $A \cdot k^2 + B \cdot k + C = 0$ 的形式，其中：

$$\begin{cases} A = (q_x^2 + q_y^2) \cdot R_b^2 + q_z^2 \cdot R_a^2 \\ B = 2[(q_x \cdot p_x + q_y \cdot p_y) \cdot R_b^2 + q_z \cdot p_z \cdot R_a^2] \\ C = (p_x^2 + p_y^2) \cdot R_b^2 + p_z^2 \cdot R_a^2 - R_a^2 \cdot R_b^2 \end{cases} \tag{2-50}$$

解得：

$$k_{1,2} = \frac{-B \pm \sqrt{B^2 - 4 \cdot A \cdot C}}{2 \cdot A}，当 B^2 - 4 \cdot A \cdot C \geqslant 0 时有解。$$

当 $B^2 - 4 \cdot A \cdot C > 0$ 时有两解，设两解 $R_{1,2}$ 的中点为 M。卫星 S 在椭球面上的拟摄影点 R 落在 S 与 M 的中间。卫星 S 在椭球面外，则在两解中，S 到真解 R 的距离较小。令：

$$\boldsymbol{R}_{1,2} = \begin{pmatrix} R_x \\ R_y \\ R_z \end{pmatrix}_{1,2} = \begin{pmatrix} q_x \cdot k_{1,2} + p_x \\ q_y \cdot k_{1,2} + p_y \\ q_z \cdot k_{1,2} + p_z \end{pmatrix} \tag{2-51}$$

若：

$$0 < k_i < k_j，（i \neq j，i, j = 1, 2.）$$

则：$\boldsymbol{R}_i$ 为拟摄影点 R 的解。

在解出拟摄影点 $\boldsymbol{R}$ 后，可以直接得到摄影线单位矢量 $\boldsymbol{s}_J$ 和斜距 h：

$$h = |SR| = k，\quad \boldsymbol{s}_J = SR/h \tag{2-52}$$

b）摄影点

引入地球全球数字高程地图，摄影点定义为摄影线与高程修正后的地球旋转椭球面的交点。因此，在拟摄影点的基础上，只需要修正地表数字高程的影响，即可得到摄影点，同时也修正了摄影点斜距和摄影点地速。

地球全球数字高程模型由两部分信息构成：标准数字高程图定义在地球的大地水准面上，其中某点的高度定义为，以地表到其在大地水准面上的垂足的连线的长度；在标准数字高程图的基础上，修正地球大地水准面与 WGS84 定义的地球旋转椭球面之间的差异，将数字高程图定义在地球的旋转椭球面上，高度定义为从该点到该点在旋转椭球面上的垂足的连线长度。

修正了地表数字高程的摄影点定义在地形表面，卫星沿摄影线交到地表的摄影点延长再交到地球的旋转椭球面上所得的交点为拟摄影点。由此可知拟摄影点与摄影点的经纬度存在差异，其在地球全球数字高程地图中的高度存在差异。在实际使用数字高程图的过程中，考虑到受星上数据存储能力的限制，其分辨率为 $0.5°$（赤道附近约为 55km），同时考虑到姿态机动角度的范围为 $[-45°，45°]$，则可以假设在摄影点和拟摄影点的地形高度一致。

在惯性系中，求出与旋转椭球面的相交的拟摄影点 R 后，通过该点建立相对旋转椭球面的切平面为：

$$\frac{R_{Jx} \cdot x + R_{Jy} \cdot y}{R_a^2} + \frac{R_{Jz} \cdot z}{R_b^2} = 1 = \frac{R_{Jx}^2 + R_{Jy}^2}{R_a^2} + \frac{R_{Jz}^2}{R_b^2} \tag{2-53}$$

显然可知，该切平面的法矢量 $\boldsymbol{n}$ 为：

$$\boldsymbol{n} = \begin{pmatrix} n_x \\ n_y \\ n_z \end{pmatrix} = \begin{pmatrix} \dfrac{R_{Jx}}{R_a^2} & \dfrac{R_{Jy}}{R_a^2} & \dfrac{R_{Jz}}{R_b^2} \end{pmatrix}^{\mathrm{T}} \tag{2-54}$$

摄影线 SR 在 R 的切平面内的仰角与 SR 和 $\boldsymbol{n}$ 的夹角 γ 互补，有：

$$\cos\gamma = \frac{RS \cdot \boldsymbol{n}}{|RS| \cdot |\boldsymbol{n}|} \tag{2-55}$$

在惯性系中，将拟摄影点的坐标转换到地固系中，通过数字高程图查出当前的高程 Δh，根据坐标的平移和旋转不改变矢量的长度的特性，直接对摄影点的斜距进行修正：

$$h = |SR| - \frac{\Delta h}{\cos\gamma} \tag{2-56}$$

同时也将拟摄影点 R 修正成摄影点，有：

$$R = R + \frac{\Delta h}{\cos\gamma} \cdot \frac{RS}{|RS|} \tag{2-57}$$

6）地速

先计算地面景物相对于相机焦平面中心的运动速度，再将该速度矢量投影在相机本体系 XOY 面内，得到在像平面内的速度分量，从而得到地速。如图 2-17 所示。

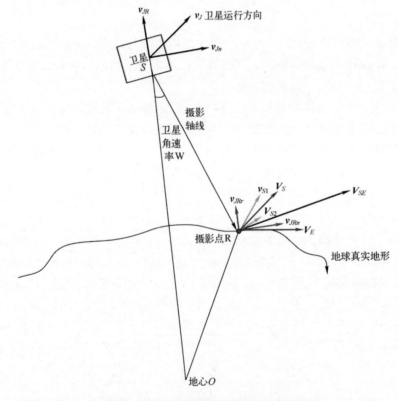

图 2-17　速高比算法中的速度示意图

a）地表摄影点相对于相机焦平面中心的运动速度

根据理论力学原理，相对速度等于绝对速度减去牵连速度，地表摄影点相对于相机焦平面中心的运动速度 V_{SE} 由摄影点的绝对速度 V_E 与摄影点由于卫星运动而引起的牵连速

度 V_S 合成，有：

$$V_{SE} = V_E - V_S \qquad (2\text{-}58)$$

以下都是在惯性系下计算得到 V_{SE}。

b）摄影点绝对速度的计算

在惯性系中的地表摄影点的速度 V_E，可以通过假设地表一点在地固系下的位置为射影点，其速度为零，将其转换到惯性系中，将自动获得。

c）摄影点牵连速度的计算

若考虑卫星旋转的影响，则摄影点的牵连速度由卫星平动而引起的牵连速度和卫星姿态转动而引起的牵连速度合成，有：

$$V_S = V_{S1} + V_{S2} \qquad (2\text{-}59)$$

其中：

V_S 为卫星运动引起的牵连合速度；

V_{S1} 为由于卫星平动而引起的牵连速度；

V_{S2} 为由于姿态转动而引起的牵连速度。

V_{S1} 计算如下：

$$v_{S1} = v_{JRr} + v_{JRn} \qquad (2\text{-}60)$$

在惯性系中的卫星的位置 P_J 和速度 V_J，有 $v_J = v_{Jr} + v_{Jn}$。

根据摄影点径向速度与卫星径向速度相同，有：

$$v_{Jr} = v_{JRr} \qquad (2\text{-}61)$$

根据摄影点切向速度与卫星切向速度具有相同旋转角速度，有：

$$\frac{|v_{Jn}|}{|OS|} = \frac{|v_{JRn}|}{|RP|} \qquad (2\text{-}62)$$

其中 $|OS| = |p_J|$，$|RP| = |y_L \times p_{JR}|$，得：

$$v_{JR} = (v_J \cdot z_L) \cdot z_L - \frac{(v_J \cdot x_L)}{|p_J|} \cdot (y_L \times p_{JR}) \qquad (2\text{-}63)$$

其中 x_L、y_L、z_L 为惯性系中本地系的单位轴，p_{JR} 为惯性系中摄影点位置。

$V_{S2} = \omega \times SR$，为卫星姿态转动而引起的牵连速度，$\omega$ 为卫星转动角速率，SR 为斜距。

d）地速的计算

以上都是在惯性系下计算得到 V_{SE}，把在惯性系下该速度矢量通过相机系相对于惯性系下的转移矩阵，转到相机本体系下，得到在相机本体系下的速度矢量，此速度矢量在像平面内的两个速度分量为 v_x 和 v_y，二者的合速度为：

$$v = \sqrt{(v_x)^2 + (v_y)^2} \qquad (2\text{-}64)$$

（2）成像行时建模

图像的每一行成像时间的计算是根据图像的成像时间段和该时间段内的积分时间生

成的。该方法首先利用成像时间间隔和该段时间内的平均积分时间计算成像行数，然后利用成像开始时间依次累加积分时间得到每一行的成像时间。

（3）观测行时建模

观测行时建模主要考虑加入时间测量误差，误差由高斯白噪声模拟，该方法先利用乘同余法产生一组近似符合[0,1]分布的伪随机数，再以此伪随机数列为基础，以给定测量精度的 1+0.01 倍为方差，对其进行标准化，此时将这组随机数分别加到对应的成像时间上，得到观测时间数据。

4．平台颤振建模

卫星在轨运行中，由于卫星调整姿态、指向控制、太阳帆板调整等运动，使得卫星具有振动源或抖动源，增大了卫星的抖动分量。卫星振动类型主要包括卫星线性运动和简谐运动两种类型。

描述卫星线性振动的离散数学模型可以由多个线性函数叠加表示，公式如下：

$$y = \sum_i (a_i t + b_i) \qquad (t_i < t < t_{i+1}, \; i = 0,1,2,\cdots) \qquad (2\text{-}65)$$

描述卫星简谐振动的离散数学模型可以由多个正弦波的叠加表示，公式如下：

$$y = \sum_i A_i \sin(2\pi f_i t + \varphi_i) \qquad (2\text{-}66)$$

其中，i 表示第 i 个波函数，t 为时间，f 为颤振的频率，A 为颤振振幅，φ 为颤振相位，y 为颤振大小。

根据卫星振动基本模型和实验室测量数据进行平台颤振建模的算法流程如图 2-18 所示。

卫星振动数据处理与分析：主要是根据卫星振动测量数据的特点和规律，按照线性运动和简谐运动特点进行分解，得到近似的线性运动和简谐运动模型参数。

卫星振动模型构建：主要是基于卫星的线性运动参数和简谐运动参数来构建卫星平台振动模型，考虑多种运动模型耦合作用下对卫星轨道和姿态分量的综合影响值。

5．几何构像建模

（1）共线方程

对于线阵 CCD，共线方程作为卫星影像几何处理的基本模型，其实质含义为相机投影中心、像点及对应的物方点三点共线，也可理解为像方矢量与物方矢量共线，其中像方矢量以投影中心为起点、像点为终点；物方矢量以投影中心为起点、物方点为终点。如图 2-19 所示。

以星敏本体到 J2000 坐标系下的姿态为基础构建的严格物理成像模型为：

$$\begin{pmatrix} X_M - X_{GPS}(t) \\ Y_M - Y_{GPS}(t) \\ Z_M - Z_{GPS}(t) \end{pmatrix} = \lambda R_{J2000}^{WGS84}(t) R_{\text{星敏}}^{J2000}(t) R_{Cam}^{\text{星敏}} \begin{pmatrix} x \\ y \\ f \end{pmatrix}_{Cam} \qquad (2\text{-}67)$$

以卫星本体到轨道坐标系下的姿态为基础构建的严格物理成像模型为：

$$\begin{pmatrix} X_M - X_{GPS}(t) \\ Y_M - Y_{GPS}(t) \\ Z_M - Z_{GPS}(t) \end{pmatrix} = \lambda R_{J2000}^{WGS84}(t) R_{orb}^{J2000}(t) R_{body}^{orb}(t) R_{Cam}^{body} \begin{pmatrix} x \\ y \\ f \end{pmatrix}_{Cam} \tag{2-68}$$

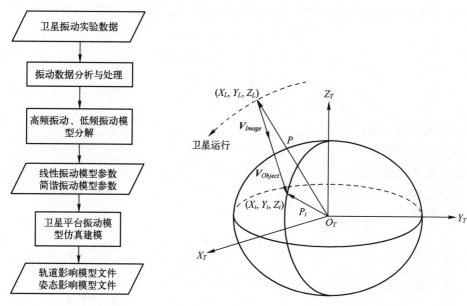

图 2-18　平台颤振建模算法流程　　　　图 2-19　卫星光线矢量共线图

（2）地面点位置确定

$O - X_G Y_G Z_G$ 为协议地心坐标系，S 为卫星位置矢量，E 为地面点位置矢量，Z 为观测矢量，如图 2-20 所示。

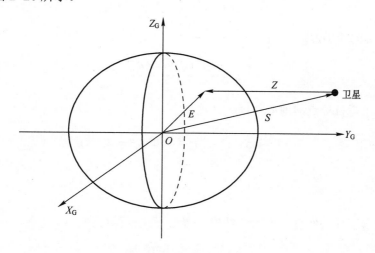

图 2-20　几何关系示意图

设摄影时刻卫星的星历位置（可以根据像元所在行，确定成像时间，由该时刻的轨道根数计算，并经过坐标系变换得到）为：

$$S = \begin{pmatrix} X_s \\ Y_s \\ Z_s \end{pmatrix} \tag{2-69}$$

像元对应的地面目标点在协议地心坐标系中的坐标为（考虑地球为椭球体）：

$$E = \begin{pmatrix} X_G \\ Y_G \\ Z_G \end{pmatrix} = \begin{pmatrix} a_e\cos\lambda\cos\phi \\ a_e\sin\lambda\cos\phi \\ b_e\sin\phi \end{pmatrix} \tag{2-70}$$

式中：

a_e 表示地球长半轴；

b_e 表示地球短半轴；

λ 表示地心经度；

ϕ 表示地心纬度。

根据矢量关系有：

$$E = S + uZ \tag{2-71}$$

式中：

u 表示比例因子，将 E, S, Z 代入上述方程可解得：

$$Au^2 + Bu + C = 0 \tag{2-72}$$

式中：

$$
\begin{aligned}
A &= b_e^2(m_{13}^2 + m_{23}^2) + a_e^2 m_{23}^2 \\
B &= b_e^2(X_s m_{13} + Y_s m_{23}) + a_e^2 Z_s m_{33} \\
C &= b_e^2(X_s^2 + Y_s^2) + a_e^2(Z_s^2 - b_e^2)
\end{aligned} \tag{2-73}
$$

解之，取 u 的最小解：

$$u = \frac{-B - \sqrt{B^2 - 4AC}}{2A} \tag{2-74}$$

进一步可求得目标点的地心经度、纬度：

$$\lambda = \tan^{-1}\frac{Y_G}{X_G} \left(当\frac{Y_G}{X_G} < 0时, \lambda = \lambda + \pi\right)$$

$$\phi = \sin^{-1}\frac{Z_G}{b_e} \tag{2-75}$$

大地经度等于地心经度，而大地纬度可以由下式计算得到。

$$\phi = \tan^{-1}\left(\frac{\tan\phi}{\sqrt{1 - e^2}}\right) \tag{2-76}$$

这样，就由图像上的行列值计算得到了地面上对应点的大地经、纬度。

（3）图像重采样

在仿真影像生成时需对输入原始影像进行空间采样，主要的图像重采样算法有三种。

1）最近邻点法

最近邻点法是将与 (u_0, v_0) 点最近的整数坐标 (u, v) 点的灰度值取为 (u_0, v_0) 点的灰度值，如图 2-21 所示。在 (u_0, v_0) 点各相邻像素间灰度变化较小时，这种方法是一种简单快速的方法，但当 (u_0, v_0) 点各相邻像素间灰度差很大时，会产生较大的误差。

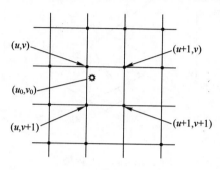

图 2-21　最近邻域法

2）双线性插值法

双线性插值法是对最近邻点法的一种改进，即用线性内插方法，根据 (u_0, v_0) 点的四个相邻点的灰度值，插值计算出 $f(u_0, v_0)$ 值。具体过程如图 2-22 所示。

a. 先根据 $f(u, v)$ 及 $f(u+1, v)$ 插值求 $f(u_0, v)$：

$$f(u_0, v) = f(u, v) + \alpha[f(u+1, v) - f(u, v)] \tag{2-77}$$

b. 再根据 $f(u, v+1)$ 及 $f(u+1, v+1)$ 插值求 $f(u_0, v+1)$：

$$f(u_0, v+1) = f(u, v+1) + \alpha[f(u+1, v+1) - f(u, v+1)] \tag{2-78}$$

c. 最后根据 $f(u_0, v)$ 及 $f(u_0, v+1)$ 插值求 $f(u_0, v_0)$：

$$\begin{aligned} f(u_0, v_0) &= f(u_0, v) + \beta[f(u_0, v+1) - f(u_0, v)] \\ &= (1-\alpha)(1-\beta)f(u, v) + \alpha(1-\beta)f(u+1, v) \\ &\quad + (1-\alpha)\beta f(u, v+1) + \alpha\beta f(u+1, v+1) \end{aligned} \tag{2-79}$$

在实际计算时，若对于任一 s 值，规定 $\lfloor s \rfloor$ 表示其值不超过 s 的最大整数，则上式中 $u = \lfloor u_0 \rfloor$，$v = \lfloor v_0 \rfloor$，$\alpha = u_0 - \lfloor u_0 \rfloor$，$\beta = v_0 - \lfloor v_0 \rfloor$。

上述 $f(u_0, v_0)$ 的计算过程，实际是根据 $f(u, v)$，$f(u+1, v)$，$f(u, v+1)$ 以及 $f(u+1, v+1)$ 四个整数点的灰度值作两次线性插值（即所谓双线性插值）而得到的。上述 $f(u_0, v_0)$ 插值计算方程可改写为：

$$\begin{aligned} f(u_0, v_0) &= [f(u+1, v) - f(u, v)]\alpha + [f(u, v+1) - f(u, v)]\beta + \\ &\quad [f(u+1, v+1) + f(u, v) - f(u, v+1) - f(u+1, v)]\alpha\beta + f(u, v) \end{aligned} \tag{2-80}$$

若把上式中 α，β 看作变量，则上式正是双曲抛物面方程。

双线性灰度插值计算方法由于已经考虑到了 (u_0, v_0) 点的直接邻点对它的影响，因此一般可以得到令人满意的插值效果。但是这种方法具有低通滤波性质，使得高频分量受到损失，图像轮廓模糊。如果要得到更精确的灰度值插值效果，可采用三次内插法。

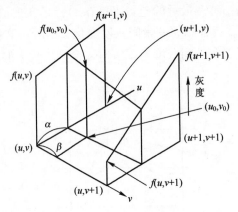

图 2-22　双线性内插法

3）三次卷积法

为得到更精确的 (u_0, v_0) 点的灰度值，不仅需要考虑 (u_0, v_0) 点的直接邻点对它的影响，还需要考虑到该点周围共 16 个邻点的灰度值对它的影响。

由连续信号采样定理可知，若对采样值用插值函数 $S(x) = \sin(\pi x)/(\pi x)$ 插值，则可准确地复原函数，当然也可准确地得到采样点间任意点的值。三次卷积法采用 $\sin(\pi x)/(\pi x)$ 的三次近似多项式：

$$S(x) = \begin{cases} 1 - 2|x|^2 + |x|^3 & |x| < 1 \\ 4 - 8|x| + 5|x|^2 - |x|^3 & 1 \leqslant |x| < 2 \\ 0 & |x| \geqslant 2 \end{cases} \tag{2-81}$$

利用上述插值函数，可采用下述步骤插值算出 $f(u_0, v_0)$。

a．计算 α 和 β

$$\begin{aligned} \alpha &= u_0 - \lfloor u_0 \rfloor \\ \beta &= v_0 - \lfloor v_0 \rfloor \end{aligned} \tag{2-82}$$

则可以得到 $S(1+\alpha)$，$S(\alpha)$，$S(1-\alpha)$，$S(2-\alpha)$ 和 $S(1+\beta)$，$S(\beta)$，$S(1-\beta)$，$S(2-\beta)$。

b．根据 $f(u-1, v)$，$f(u, v)$，$f(u+1, v)$，$f(u+2, v)$ 计算 $f(u_0, v)$：

$$\begin{aligned} f(u_0, v) = {}& S(1+\alpha)f(u-1, v) + S(\alpha)f(u, v) \\ &+ S(1-\alpha)f(u+1, v) + S(2-\alpha)f(u+2, v) \end{aligned} \tag{2-83}$$

同理可得 $f(u_0, v-1)$，$f(u_0, v+1)$，$f(u_0, v+2)$。

c．根据 $f(u_0, v-1)$，$f(u_0, v)$，$f(u_0, v+1)$，$f(u_0, v+2)$ 计算 $f(u_0, v_0)$：

$$f(u_0, v_0) = S(1+\beta)f(u_0, v-1) + S(\beta)f(u_0, v) + \tag{2-84}$$

$$S(1-\beta)f(u_0, v+1) + S(2-\beta)f(u_0, v+2)$$

上述计算过程可紧凑地用矩阵表示为：

$$f(u_0, v_0) = ABC \tag{2-85}$$

$$A = [S(1+\alpha), S(\alpha), S(1-\alpha), S(2-\alpha)] \tag{2-86}$$

$$C = [S(1+\beta), S(\beta), S(1-\beta), S(2-\beta)]^{\mathrm{T}} \tag{2-87}$$

$$B = \begin{pmatrix} f(u-1,v-1) & f(u-1,v) & f(u-1,v+1) & f(u-1,v+2) \\ f(u,v-1) & f(u,v) & f(u,v+1) & f(u,v+2) \\ f(u+1,v-1) & f(u+1,v) & f(u+1,v+1) & f(u+1,v+2) \\ f(u+2,v-1) & f(u+2,v) & f(u+2,v+1) & f(u+2,v+2) \end{pmatrix} \tag{2-88}$$

本方法与前两种方法相比，计算量很大，但精度高，能保持较好的图像边缘。

2.2.4 卫星载荷仿真技术

光学载荷仿真采用物理模型对卫星光学载荷成像过程进行模拟计算，完成卫星载荷相机的在轨成像仿真，针对在轨运行中出现的图像质量问题进行验证分析。光学载荷仿真着重对卫星光学载荷中光学系统、探测器以及电子电路各环节进行仿真建模，并根据已建立的模型，模拟仿真光、电信号的传输过程，精细控制变化因素，输出相应的结果数据，找出影响卫星载荷成像质量的关键影响因素，提出可改进的方法和途径。

卫星载荷建模包括光学系统、CCD 探测器及电子电路建模。各部分之间的相互关系如图 2-23 所示。

1. 光学系统建模

（1）相机畸变仿真模型

当光学系统只存在畸变时，整个物平面能够形成一个清晰的平面像，但像的大小和理想像高不等，整个像发生变形。畸变随着视场减小而迅速减小。

不考虑像散、球差等像差，认为光学系统仅存在一种像差，即畸变，则当光学系统的设计参数给定时，可以很方便地利用 ZEMAX 等光学设计软件得到所需视场范围内的理想像高、实际像高及二者百分比。根据此数据可建立光学系统二维畸变模型，并对图像采用此模型逐点进行计算，得出图像经过光学系统后的畸变状况，得到退化图像，如图 2-24 所示。

（2）相机弥散斑仿真模型

对光学系统的像差主要采用空间域分析，通过 ZEMAX 对光学系统的光线传播追迹来完成。对像面上一点发出的众多光线进行追迹。在实际成像面上，一个物点对应一个弥散斑。ZEMAX 可以对光学系统的弥散斑进行描述，一种方式是以光斑的中心为坐标原点，建立在这个坐标系下总能量与半径的关系曲线；另一种方式是点列图，同样以光斑中心为坐标原点，绘制出物点发出的多条光线在实际物面上落点的位置。如图 2-25 和图 2-26 所示，是一个简单的单透镜光学系统的结果。

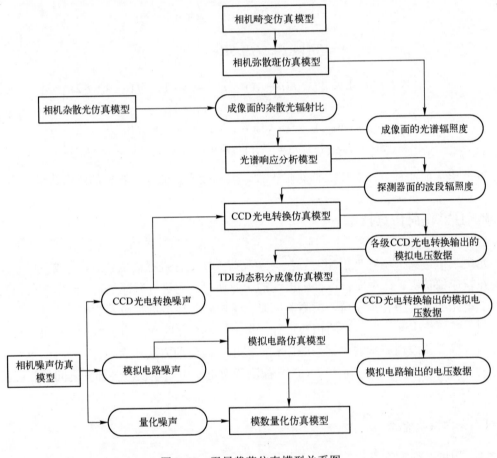

图 2-23　卫星载荷仿真模型关系图

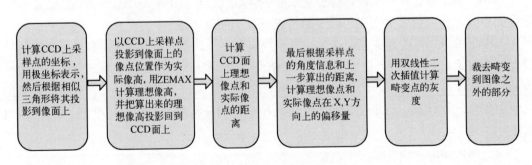

图 2-24　畸变计算流程图

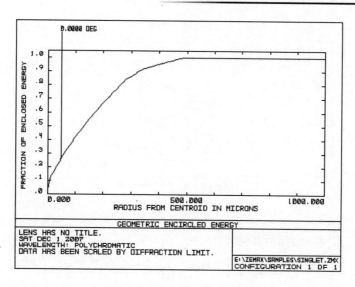

图 2-25　能量的半径分布图

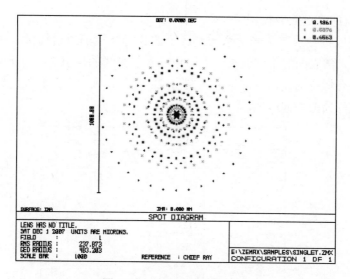

图 2-26　追踪光线的分布图

采用 ZEMAX 光线追迹功能，在入瞳面上建立网格，追踪这些网格点在像面上像点的位置，然后以主光线为原点，建立新的网格，得到的最小能够包含所有像点的正方形即为模板，如图 2-27 所示，图中蓝色的点是入瞳网格上的点在像面上的像点，绿色点是主光线在像面的像点。根据所有像点相对于主光线像点的分布，得到由红色网格划定的弥散模板，为了后续运算的方便，其边长为奇数。通过统计每一个方块内像点的数目除以总的像点数，即得到该模板的归一化参数。

（3）光谱响应分析模型

相机的光谱响应曲线由入瞳到像面的光谱响应特性即光学系统的光谱响应和探测器的光谱响应两部分决定。

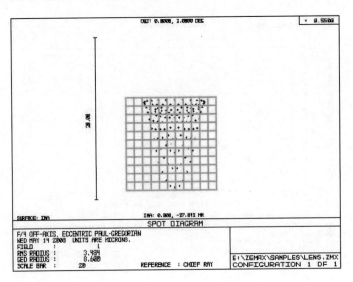

图 2-27　弥散模板和像点

1）光学系统的光谱响应模型

光谱辐射响应特性决定了光学系统对各个波长光能量的透射情况。在反射光学系统中，它取决于各光学表面对不同波长、不同角度入射光线的反射率。对于波长来说，各种反射镜镀膜材料有特定的光谱响应函数。图 2-28 为铝、银、金三种反射镜镀膜材料对不同角度入射光线的反射率曲线图。

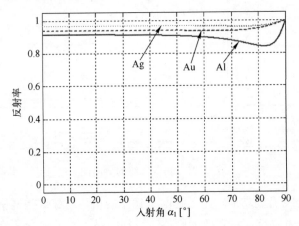

图 2-28　铝、银、金对不同角度入射光线的反射率曲线图

基于光线追踪法建模中光谱响应特性的模型，设光线入射到光学反射表面的入射角为 i，可通过光线追踪法算出；入射波长为 λ，则光线经过光学反射表面后的光谱响应特性为：

$$R(i,\lambda) = r(i)\int \sigma(\lambda)\, \mathrm{d}\lambda \qquad (2\text{-}89)$$

其中 $r(i)$ 为镀膜材料对不同角度入射光线的反射率；$\sigma(\lambda)$ 为镀膜材料的光谱响应函数。设光学系统有 n 个反射表面，则该光线由入瞳到像面的光谱响应特性为：

$$R = \sum_{j}^{n} R_j(i, \lambda) \tag{2-90}$$

2）CCD 的光谱响应模型

光谱响应是指芯片对不同波长光线的响应能力，通常用光谱响应曲线给出。通过光谱响应曲线能够直观看出芯片对不同波长光线的响应能力，与人眼相比，芯片的光谱响应范围要宽很多，对红外、紫外和 X-ray 光子都能够响应。在选择芯片时，要根据具体应用的需求选择光谱响应合适的产品。同样，一旦芯片确定后，其光谱响应曲线也就随之确定了。因此，在建模时，应根据所选芯片手册提供的光谱响应幅值分布曲线进行相应建模参数输入。

图 2-29 为 SPRITE Sensor(IT-EB-4096)的三片 TDI CCD 的光谱响应幅值与波长的关系曲线。

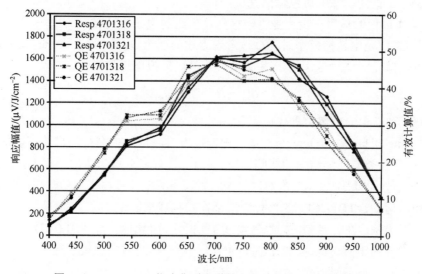

图 2-29　TDI CCD 芯片典型光谱响应曲线及有效量子效率图

每条响应曲线都有一个峰值波长，峰值波长响应度一半处对应的波长称为截止波长，只有波长小于截止波长的光线才能被芯片所感应。

2．电子学系统建模

（1）CCD 光电转换仿真建模

在 CCD 光电转换过程中，CCD 图像传感器可以把投影到上面的光信号转换为电压视频图像。包括电荷生成、电荷包收集、电荷包转移和累加、电荷包转换几个过程，流程如图 2-30 所示。

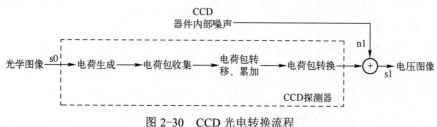

图 2-30　CCD 光电转换流程

CCD 工作过程的第一步是电荷生成，与 CCD 电荷生成过程有关的参数是量子效率（QE）和暗电流。影响量子效率的因素有吸收、反射和穿越等，影响暗电流的因素主要是温度。

CCD 工作过程的第二步是电荷的收集，即将入射光子激励出的电荷收集起来成为信号电荷包的过程。

光子入射到 CCD 中产生电子空穴对，电子向器件中电势最高的地区聚集，并在此形成电荷包，每个电荷包对应一个像元。电荷收集的效率与电势的分布、复合寿命和扩散长度有关。

CCD 工作过程的第三步是电荷包的转移，是将所收集起来的电荷包从一个像元转移到下一个像元，直到全部电荷包输出完成的过程。

CCD 工作过程的最后一步，是将转移到输出级的电子电荷转换为电压信号的过程。

在建立 CCD 光电转换模型时，整体考虑上述的四个过程，假设积分时间为 t_{int}，入射光照度为 H，像元面积为 A_p，响应率为 R，其输出模拟电压信号为：

$$S_{tdi} = H \cdot A_p \cdot R \cdot t_{int} \tag{2-91}$$

（2）TDI 动态积分成像仿真建模

TDI（Time Delay and Integrate）是一种扫描方式，可以提高行扫描传感器的灵敏度。TDI CCD 是一种类似面阵结构的线阵输出 CCD，具有多重积分功能，其工作方式比较特殊，要求同一列上的每个像元依次对同一个目标曝光，电荷转移累加后输出。TDI CCD 与景物间有相对运动，TDI CCD 的每行像素都在扫描成像。

以第一行为例，在 t_1 时刻，扫描景物线 1。积分时间结束后，TDI CCD 沿扫描方向向前运动一个像元的距离，此时 TDI CCD 的第二行开始对应扫描景物线 1，同时第一行中曝光生成的电子电荷通过时钟的控制转移到第二行中，与第二行的曝光生成的电子电荷相加，以此类推，直到 N 级扫描结束，对景物线 1 的 N 次扫描累计的电子电荷在最后一次扫描结束后被转移到水平输出移位寄存器中输出。

TDI 动态积分成像仿真建模在分别计算出单级 CCD 光电转换出的电压图像数据后，对多级 CCD 的电压图像进行叠加处理，并仿真输出经过多级 CCD 积分成像的电压图像数据，如图 2-31 所示。

（3）模拟电路仿真建模

CCD 传感器完成由光信号到电信号的转换后，通常要经过多个模拟电路的预处理，然后由模数转换器进行数字量化采样。这些预处理模拟电路包括预放电路、滤波电路、后置放大器，模拟电压的传输关系，如图 2-32 所示。

1）预放电路模块

由 CCD 传感器输出的模拟电压信号首先经预放器进行阻抗匹配和放大，以驱动传输线。这个过程会引入读出噪声和放大器噪声，分别用 σ_{read} 和 $\sigma_{1/f}$ 表示。

经预放后电压信号值 S_Δ 为：

$$S_\Delta = k_1 S_{CCD} + \sigma_{read} + \sigma_{1/f} \tag{2-92}$$

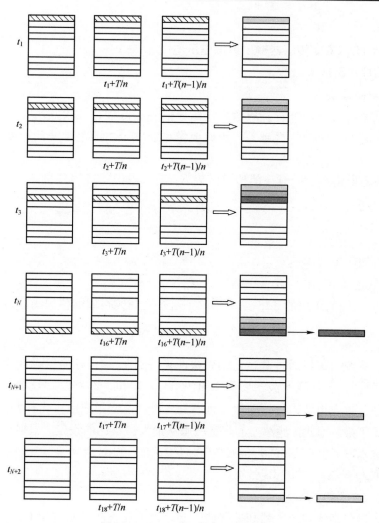

图 2-31　TDICCD 积分成像模型

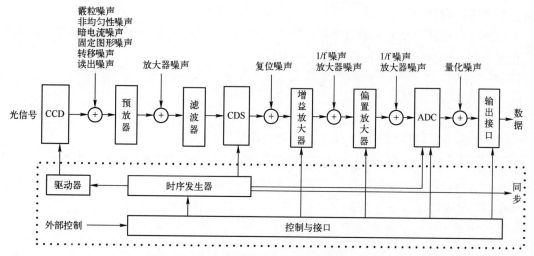

图 2-32　CCD 探测器及预处理模拟电路关系图

其中：

S_{CCD} 表示 TDI CCD 传感器输出模拟电压值；

k_1 表示预放电路放大倍数。

2）滤波电路模块

从空间频率特性分析来看，成像系统图像信号的低频特性较好，噪声信号主要集中在高频。频率越高，响应特性越差，因此成像系统中采用的电子滤波器可用低通滤波器来模拟。

低通滤波器电路在时间频率的传递函数为：

$$MTF = [1 + (f_t / f_{t0})^2]^{-1/2} \qquad (2\text{-}93)$$

其中：

f_t 表示时间频率（Hz）；

f_{t0} 表示低通滤波器的 3dB 频率(Hz)，$f_{t0} = 1/2\pi RC$。

将 f_{t0} 换成空间频率域的 3dB 频率 f_0，则可得空间频率域的传递函数为：

$$MTF = [1 + (f / f_0)^2]^{-1/2} \qquad (2\text{-}94)$$

对于实际系统，可以通过测试其频率特性来得到 f_{t0}，但在系统设计和分析时，需预选设定 f_{t0} 的值，由于低通滤波器要传递图像信号，若电子线路带宽较小，则图像信息损失较大；反之若带宽很宽，虽然图像信息不失真通过，但相应地将伴有大量的噪声通过，使输出信噪比下降。因此，滤波器的带宽应服从最大信噪比的设定。根据信息处理的分析结果，当带宽 Δf 扫描驻留时间 τ_d 满足 $\Delta f \cdot \tau_d = 0.5$ 时，可保证脉冲信号的基频通过。故成像系统中可取 $\Delta f = 2\tau_d$，即 3dB 带宽。

3）后置放大器模块

后置放大器包括增益放大器和偏置放大器。为了在不同光照下使 CCD 信号仍能较好地处在模数转换的量程范围内，从而使图像不至于太暗或太饱和，利用后置放大器对模拟电压信号进行调整。

电压信号经过增益放大器后图像和噪声同时放大 K 倍，而偏置放大器的作用是将某抽头信号增加一个电压量 b，即满足以下关系：

$$S_{amp} = kS_{sample} + b + \sigma_{amp} \qquad (2\text{-}95)$$

其中：

S_{amp} 表示经过后置放大器后输出的模拟电压信号；

S_{sample} 表示相关双采样电路模块输出的电压量，即输入后置放大器的电压量；

k 表示增益放大器放大倍数；

b 表示偏置放大器放大量；

σ_{amp} 表示后置放大器噪声。

（4）模数量化仿真建模

模数量化仿真建模根据模数转换器的量化比特位数，对模拟电压信号 V_S 进行灰度量化，得到系统的输出图像的灰度满足如下关系：

$$gray_i = \frac{DN_{max}}{V_{max} - V_{min}}(V_S - V_{min}) \tag{2-96}$$

其中：

$gray_{max}$ 表示量化后最大的灰度值，如 8bit 量化为 255；

V_{max} 表示最大量化电压；

V_{min} 表示最小量化电压。

（5）相机噪声仿真建模

相机的 CCD 光电转换、预处理模拟电路和模数量化过程中都会伴随各种噪声的产生，为了真实仿真出这些噪声对最终探测器输出图像的影响，采用相机噪声仿真建模对影响较大的集中噪声进行仿真模拟计算，并将这些噪声加入相应的仿真环节中。

1）CCD 光电转换噪声

光注入 CCD 光敏区产生信号电荷的过程可看作是独立、均匀、连续发生的随机过程。单位时间内产生的信号电荷数目并非绝对不变，而是在一个平均值上做微小的波动，这种波动便形成霰粒噪声。它可以近似用离散型泊松分布函数表示：

$$P(n\tau) = \frac{a\tau}{n!}e^{-a\tau} \tag{2-97}$$

其中，τ 为观察的时间间隔，n 为在 τ 秒内发出的粒子数，a 为每秒发出粒子的平均数。光子霰粒噪声等效电荷数为：

$$N_{no} = \sqrt{\bar{n}} = \sqrt{N_S} \tag{2-98}$$

n 为 τ 秒内产生电荷数的平均数。由此可见，霰粒噪声与信号是相关的，它与势阱总电荷数的平方根成正比，是 TDI-CCD 器件所固有的噪声，不能被后续电路所抑制或抵消。

仿真时采用泊松分布模型，其概率密度函数为：

$$p(x = k) = \frac{\lambda^k}{k!}e^{-\lambda} \tag{2-99}$$

其中 λ 取输入信号值的平方根。

2）模拟电路噪声

CCD 电路引入的噪声有很多种，如：暗电流噪声、固定图形噪声、复位噪声和 $1/f$ 噪声等。由于影响这些噪声的因素比较复杂且没有可以用于逐个分析这些噪声的合适的模型，在仿真时将它们等效为一个叠加在电路末端的白噪声。

仿真时采用正态分布模型，其概率密度函数为：

$$p(x) = \frac{1}{\sqrt{2\pi}\sigma}e^{-(x-\mu)^2} \tag{2-100}$$

其中μ和σ均为CCD器件噪声的统计值，其中，μ为等效输出噪声电压的平均值。σ为噪声电压随时间涨落的均方根值。

$$\mu = V_D = \frac{1}{N}\sum_{t=1}^{N} V_{D_i}$$ （2-101）

$$\sigma = V_N = \sqrt{\frac{1}{M}\sum_{t=1}^{M}(V_t - \overline{V_t})^2}$$ （2-102）

3）量化噪声

量化噪声 n_{AD} 主要是由 ADC 在模数转化过程中的数据运算误差引起的。该噪声产生的电荷数可表示为：

$$n_{AD} = \frac{Num_{well}}{2^N \cdot \sqrt{12}}$$ （2-103）

式中：

Num_{well} 表示满阱电荷数；

N 表示 ADC 的量化位数。

仿真时采用正态分布模型，其概率密度函数为：

$$p(x) = \frac{1}{\sqrt{2\pi}\sigma}e^{-(x-\mu)^2}$$ （2-104）

其中μ和σ均为CCD器件噪声的统计值。

2.3　VRSS-1/2卫星全链路仿真应用

2.3.1　VRSS-2红外相机多光谱仿真

1．全色仿真模拟

- 全色波段范围：500～800nm
- 选择相机光谱透过率在500～800nm的范围
- CCD光谱响应数据同样选择400～800nm范围内输入
- 积分时间选择0.15ms
- 太阳高度角选择85°，TDI级数24级，6dB增益

1）选择CCD位置在非重叠区域，如图2-33所示。

2）选择CCD在重叠区域，如图2-34所示。

图 2-33 非重叠区域 TDI CCD 退化图像　　　　图 2-34 重叠区域 TDI CCD 退化图像

2. 多光谱仿真

- 多光谱波段设置为：

  B1：450～520nm；B2：520～590nm；B3：630～690nm；B4：770～890nm；
- 根据波段设置在相机光谱透过率数据中选择光谱透过率参数
- 根据波段设置在归一化 CCD 光谱响应数据中选择 CCD 光谱响应率参数
- 积分时间选择 0.4ms
- 太阳高度角选择 85°
- B1 波段 TDI 级数 32 级，6dB 增益，如图 2-35 所示。
- B2 波段 TDI 级数 16 级，8dB 增益，如图 2-36 所示。
- B3 波段 TDI 级数 16 级，8dB 增益，如图 2-37 所示。
- B4 波段 TDI 级数 8 级，8dB 增益，如图 2-38 所示。

图 2-35 波段 B1 退化图像　　　　　　图 2-36 波段 B2 退化图像

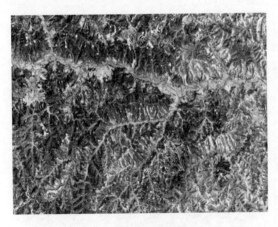
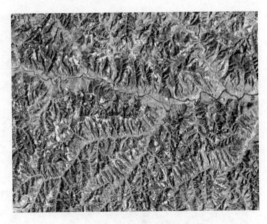

图 2-37　波段 B3 退化图像　　　　　　　　　　　　图 2-38　波段 B4 退化图像

2.3.2　VRSS-2 卫星红外相机波段配准精度仿真

　　波段配准精度是评价多光谱影像质量的重要指标，决定了后续应用效果。通常相机制造方依据卫星应用对波段间配准的需求，精确设计 CCD 阵列的严密几何关系，以保证配准精度。但由于各谱段视轴在俯仰和滚动方向存在一定的夹角，在成像过程中，不同谱段对同一地物成像时存在一定的高程差，使得各谱段上产生不同方向、不同大小的像差，从而降低谱段配准精度。

　　目前，针对多光谱相机中各个谱段间的配准技术已经比较成熟，对于资源三号卫星中多光谱相机各个谱段的配准，蒋永华、张过等人采用了虚拟 CCD 重成像技术，通过将多个谱段重成像到同一虚拟 CCD，实现了谱段间配准，并分析了高程差在垂轨和沿轨方向引起的像差，像差大小与不同谱段视轴光线的物方投影点高程差，以及不同谱段同名光线在垂轨或沿轨方向的夹角相关。Landsat8 卫星 OLI 传感器多光谱包括 9 个谱段，其中全色谱段和卷云谱段间存在夹角 0.5525°，因此，地形起伏引起的像差大小不可忽略。在 Landsat8 影像系统几何校正过程中，为了保证谱段间配准精度，引入数字高程模型（DEM，Digital Elevation Model），消除地形影响后再进行谱段配准。可见，多光谱相机中各个谱段间的夹角对波段配准的影响不可忽略，必要时需改变后续地面数据处理流程或方法来保证配准精度需求。当卫星成像系统谱段间的夹角超过一定阈值，会直接导致后续地面数据处理精度无法满足应用需求，因此，在卫星成像系统设计之初，就有必要通过仿真的方法对成像系统谱段间的夹角设计进行一定的约束，从应用的角度出发，计算星上相机各谱段间夹角的阈值。

　　本节以 VRSS-2 卫星成像系统设计为例，通过几何成像仿真模拟当前载荷设计参数下的仿真图像，分析给出波段间不同视轴夹角情况下后续地面数据处理波段间的配准精度，并着重分析地形起伏对波段配准精度的影响。通过仿真，为 VRSS-2 卫星地面数据处理系统研制提供了真实可靠的模拟数据，以及高精度波段配准算法一体化验证平台。

1. VRSS-2 卫星红外相机波段配准仿真原理

几何成像仿真考虑卫星在轨过程中造成图像畸变的各种因素，按照严格物理模型，建立地物点和像点的一一对应关系。根据载荷设计参数，模拟得到卫星载荷的内参数和外参数。根据卫星平台设计参数，模拟仿真卫星真实在轨情况，得到真实的卫星轨道、姿态和行时数据，从而仿真得到成像时刻真实卫星影像。

基于几何成像仿真分析视差对波段配准精度的影响，基本原理如图 2-39 所示。

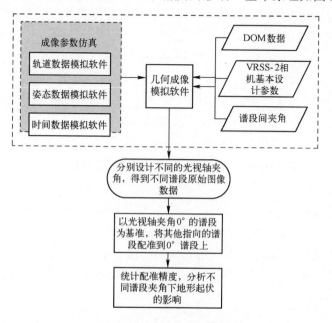

图 2-39　仿真分析原理图

本节旨在分析波段间不同视轴夹角情况下后续地面数据处理波段间的配准精度，主要分析地形起伏对谱段间配准的影响，暂且不考虑安装误差和相机镜头畸变引起的谱段间配准误差。应用的谱段间配准算法已在多颗卫星数据处理系统中得到验证，在控制点数量充足、分布均匀的情况下，谱段间配准精度优于 0.3 个像元。因此，为了保证控制点数量充足、分布均匀，利用网格中心点的方法选取控制点，联合相关系数法和互信息法进行匹配，并剔除粗差后获得充足的控制点对。在选择多项式模型时，选取仿射变换模型，即仅取多项式模型中的一次项进行变换处理，这样既能保证平原地区的变形得到纠正，又能保留地形起伏对图像的变形影响。

基于前面介绍的仿真模型研制几何成像仿真软件，利用高精度 DOM 图像作为仿真数据源，以 VRSS-2 卫星基本设计参数为输入，通过设计不同光视轴夹角，模拟多光谱相机的各个波段，分别得到不同波段原始图像仿真数据。进而以其中一幅图像为基准图像，将其他谱段图像通过配准模型配准到基准图像上，最后统计各波段间配准精度，分析地形起伏对波段间配准精度的影响。

2. 试验验证及分析

针对 VRSS-2 卫星成像系统在设计阶段指标参数确定问题，根据卫星、载荷的初步设计参数，定量模拟红外相机谱段间设计不同夹角时谱段间的配准精度，从而独立地分析验证载荷设计指标是否合理，给出指标合理化建议。

VRSS-2 卫星红外相机系统包含短波红外三个谱段和长波红外两个谱段，短波红外谱段焦距 537mm，像元尺寸 25μm×25μm，每片 1024 个探元，共 3 片；长波红外谱段焦距 432mm，像元尺寸 40μm×40μm，每片 512 个探元，共 1 片。

（1）试验数据

为了研究各波段间的配准精度，以及地形起伏因素的影响，选择 2012 年 10 月 30 日北京地区西北方位 VRSS-1 号宽幅相机影像，影像分辨率 16m，幅宽 371km，目标区域的高程差为 1546m，同时包含平原地区和山地地区，高程数据选择全球 90m 分辨率的 DEM 数据。

（2）基于几何成像仿真分析不同视差对配准精度的影响

首先，根据 VRSS-2 卫星平台载荷设计参数，模拟仿真得到载荷各个探元的指向角以及载荷的安装角。根据轨道动力学和姿态动力学模型模拟仿真轨道、姿态数据，根据积分时间模型计算每行图像的成像时间，从而得到卫星成像时刻的真实轨道、姿态和行时数据。其次，结合 DOM 源图像数据和相关配置参数，分别模拟视轴指向角为 0°、0.5°、1°、3°和 5°共五个波段图像。最后，以视轴指向角为 0°的图像为基准图像，将其他波段配准到基准图像上，并对配准后的图像进行配准精度统计，分析地形起伏对各波段间配准精度的影响。

仿真时间段为 2012 10 30 03:10:06.659753 至 2012 10 30 03:10:19.317283，共计 12.65753s，成像 3000 行数据。

图 2-40 和图 2-41 分别为仿真原始 DOM 影像和 5 个波段的仿真图像截图。

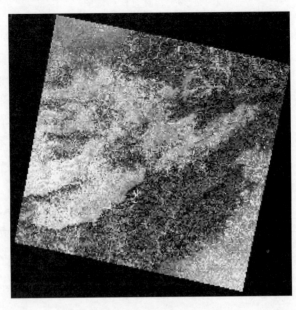

图 2-40 原始 DOM 源图像

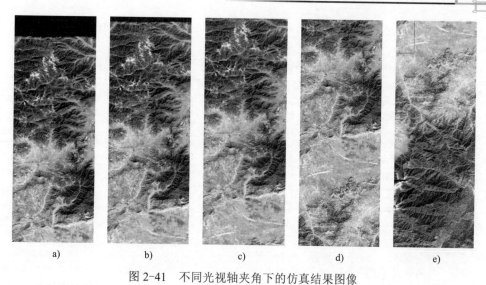

图 2-41　不同光视轴夹角下的仿真结果图像

a) 光视轴夹角 0.0° b) 光视轴夹角 0.5° c) 光视轴夹角 1.0° d) 光视轴夹角 3.0° e) 光视轴夹角 5.0°

图 2-42 为光视轴夹角为 1.0°时垂轨和沿轨方向的配准误差。

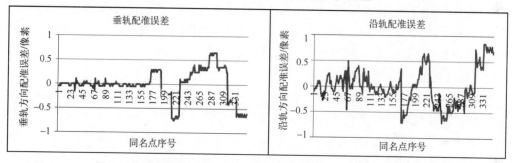

图 2-42　光视轴夹角为 1.0°时垂轨方向和沿轨方向的配准误差

图 2-43、44 表示光视轴夹角为 0.5°和 3.0°时配准误差分布情况。图中箭头表示配准误差的大小和方向，为了提高图像显示效果，对图像配准误差大小做了适量拉伸。

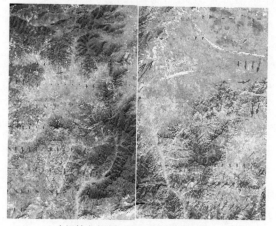

光视轴夹角为 0.5°时配准误差分布　　　光视轴夹角为 3.0°时配准误差分布

图 2-43

将配准后的影像与基准图像进行同名点匹配，并统计配准误差和配准精度，见表2-3。

表2-3　不同光视轴夹角下的仿真图像配准中误差综合统计表（单位：像素）

	沿轨方向			垂轨方向			配准精度
	最大值	最小值	中误差	最大值	最小值	中误差	
光视轴夹角 0.5°	0.25	-0.4	0.0744	0.3	-0.1	0.0552	0.0926
光视轴夹角 1.0°	0.9	-0.7	0.1517	0.6	-0.7	0.0934	0.1782
光视轴夹角 3.0°	1.2	-1	0.4412	0.65	-0.15	0.1193	0.4571
光视轴夹角 5.0°	2.85	-4.05	1.8479	0.5	-0.6	0.2323	1.8519

随着光视轴夹角增大，沿轨和垂轨方向的配准误差逐渐增大，垂轨方向变化幅度较小，沿轨方向变化明显。

同时，可以发现随着光视轴夹角增大，地形视差效应更明显；地形起伏较大的地区，地形视差也较大，配准精度较差；在沿轨方向，地形升高时，配准误差为偏沿轨正向，地形降低时，配准误差为偏沿轨反向。

根据表中的配准统计结果可知，光视轴夹角小于1°时，波段间配准精度可达到0.3个像元；光视轴夹角在1°~3°之间时，受地形起伏影响配准误差增大，配准误差超过0.3个像元；光视轴夹角为5°时，配准精度已超过1个像元。

（3）仿真结论

本次实验仅选取短波红外的参数作为载荷参数，通过设定不同的光视轴夹角模拟不同波段成像，并利用仿射变换方法对仿真图像进行校正配准，最后进行精度分析。实验发现：针对不同载荷的设计特点，需采用不同的波段配准处理流程，波段间夹角较小，地形起伏不大的平原地区可在相对辐射校正后进行波段配准处理，能够在系统几何校正之前实现多波段配准。但当波段间夹角较大，地形起伏明显时，则适宜采用正射校正消除地形影响后进行波段配准。对于大面积的水体、沙漠等地表纹理信息较少的情况，宜采用临近景的多项式系数作为配准模型参数，因此，需要相机方提供稳定的相机内方位参数。

2.3.3　VRSS-1 无控定位精度仿真与提升

为了验证几何定位精度模型的准确性，利用 VRSS-1 号卫星在轨数据进行了充分数据分析，针对姿态测量误差、几何检校残差、时间同步误差等开展初步的定位精度验证分析工作。

为了实现几何定位精度模型验证，本次实验选取平均高程进行成像模型构建，同时采用平均高程进行几何校正，并构建几何定位精度模型。测试数据选择 2012 年 10 月 30 日北京地区 VRSS-1 号卫星的轨道数据、姿态数据和行时数据，高精度 DOM 影像采用 WorldView-2 卫星同区域影像。

VRSS-1 号卫星全色相机参数设定为：两片 CCD，6144 个探元/片，像元尺寸 10μm，相机焦距 2.6m，光视轴夹角设为 0.45°，主探元号为 6104，暂时不考虑相机内畸变，仿真生成相机内参数。

仿真图像如图 2-44 所示，模拟图像大小为 1024×10001 像素，成像时长 3.477s。

参考高精度DOM图像(WorldView-2)　　　　模拟图像(1024×10001)

图 2-44　模拟成像图像

VRSS-1 卫星定位精度验证过程中涉及的关键误差源参数选取见表 2-4。

表 2-4　VRSS-1 卫星定位精度验证过程中涉及的关键误差源参数选取

影响因素		误差分类	高分辨率光学卫星			数据来源
			相对定位精度		绝对定位精度	
			垂轨	沿轨		
内参数检校误差	物镜畸变误差	系统项	次要	次要	次要	采用卫星实际在轨内检校参数，纠正相机内部误差
	CCD 的大小不一致、CCD 不平行于焦面	系统项	主要	次要	次要	
	CCD 安装倾斜/不共线	系统项	次要	主要	次要	
	实验室主点、主距测量误差	系统项	重要	重要	次要	
	内方位元素稳定性	随机项	最主要	最主要	次要	
外方位参数检校误差	相机安装误差	系统项	—	—	主要	在轨定标后参数
	多星敏安装误差	系统项	—	—	主要	在轨定标后参数

（续）

影响因素		误差分类	高分辨率光学卫星			数据来源
			相对定位精度		绝对定位精度	
			垂轨	沿轨		
姿态误差	星敏（+陀螺）测量精度	随机项	次要	次要	最主要	采用标称值 0.001°
	星敏低频漂移误差	随机项+系统项	次要	次要	主要	无标称值和在轨实测值，采用经验值 3～5″
	力环境导致夹角变化	系统项	—	—	主要	无标称值、实验值和在轨定标值，暂不考虑
	在轨热环境导致夹角变化	随机项+系统项	次要	次要	最主要	无标称值、实验值和在轨定标值，采用经验值 8～10″
	高频颤振	随机项	次要	次要	主要	无实验室测量颤振参数和在轨实测值，采用低频颤振模拟，包括 1Hz、0.5Hz、0.2Hz
	姿态稳定度	随机项	次要	次要	主要	标称值 0.0001°/s
轨道误差	GPS 量测中心偏移量误差	系统项	—	—	主要	外检校结果值
	定轨误差	随机项	次要	次要	主要	单频 GPS 定轨精度 10m 左右
时间精度	定轨、定姿、成像时间同步误差	系统项	次要	次要	主要	0.001s
	GPS 时间测量精度	随机项	次要	次要	主要	0.001s

1. 实际在轨检校残差定位精度分析

在 VRSS-1 卫星在轨期间，对影像定位精度进行了在轨测试。测试结果表明，卫星在轨存在较大的系统定位误差，需要通过检校消除。在轨统计情况如图 2-45 所示。

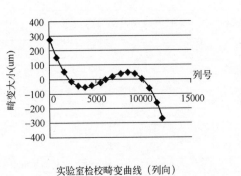

实验室检校畸变曲线（列向）

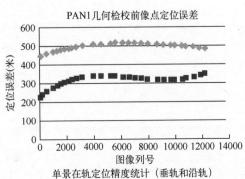

单景在轨定位精度统计（垂轨和沿轨）

图 2-45　实验室检校畸变曲线（列向）和几何检校前像点定位误差

VRSS-1 卫星内检校结果见表 2-5。

表 2-5 VRSS-1 卫星理想成像条件下定位精度统计

PAN1 相机内畸变检校参数	检校内畸变模型系数结果
A_0	0.4457075141587854
A_1	0.00000181869345813
A_2	-0.0000000018859699067379
A_3	0.0000000000000037739095017
B_0	-1.3229209748483193
B_1	0.00021372611606376
B_2	0.000000009234494885509
B_3	-0.0000000000000476011523982

经过在轨内检校后残差分布如图 2-46 所示。

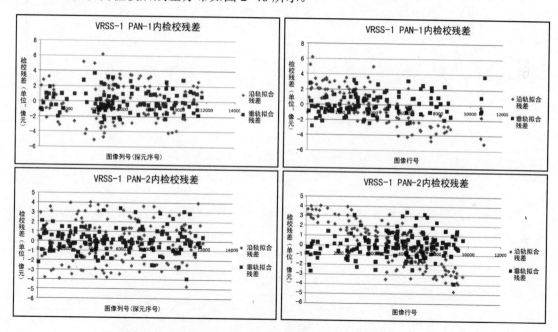

图 2-46 卫星在轨检校后残差分布（单景）

通过对 VRSS-1 两台相机的检校结果对比分析，各相机沿轨以及垂轨方向的内部畸变已经基本消除，残留误差主要由行时、匹配点、非系统误差等导致。

2. 颤振因素误差定位精度分析

实验研究了不同频率和振幅下颤振对姿态的影响，进而影响图像定位精度。根据相关文献说明，航天 501 研究所根据地面试验测得，星上各部件的扰动频率分别为 0.37Hz、0.95Hz、16.02Hz、25.15Hz 和 158.3Hz，因此，实验选取 1.0Hz、0.5Hz 和 0.2Hz，分别模拟该频率下，振幅为 0.0001°情况下的颤振数据，并将该参数输入至定位精度模型中，计算颤振影响下的定位精度。

图 2-47 分别为振幅为 0.0001°不同频率情况下的姿态数据。

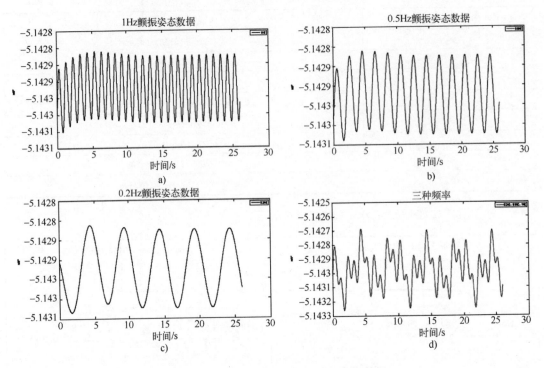

图 2-47　不同频率下的颤振影响的姿态数据

a) 频率 1Hz，振幅 1e-4°　b) 频率 0.5Hz，振幅 1e-4°　c) 频率 0.2Hz，振幅 1e-4°　d) 三种频率综合影响

利用本书定位精度分析评估模型进行不同频率下颤振对定位精度的影响分析，每种情况下选取 121 个特征点，均匀分布于图中，如图 2-48 和图 2-49 所示。

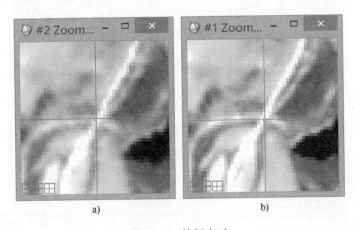

图 2-48　特征点对

a) 仿真图像特征点　b) 原始输入高精度图像特征点

图 2-49　特征点分布

经过统计，得到不同颤振影响下的定位误差分布图如图 2-50 所示。

低频颤振对定位精度的影响大小统计见表 2-6。

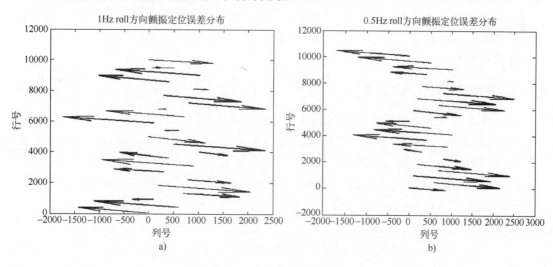

图 2-50　特征点分布示意图

a) 1Hz roll 方向颤振定位误差分布　　b) 0.5Hz roll 方向颤振定位误差分布

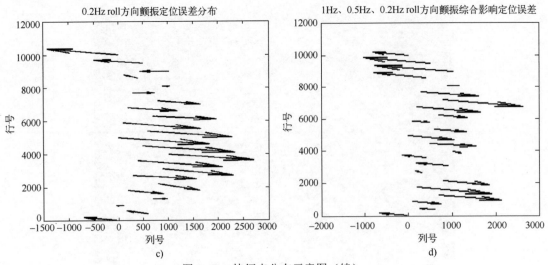

图 2-50 特征点分布示意图（续）

c) 0.2Hz roll 方向颤振定位误差分布 d) 三种频率颤振综合定位误差分布

表 2-6 颤振对定位精度的影响

	频率（Hz）	振幅（°）	定位误差（m）						平面精度
			沿轨方向			垂轨方向			
			最大值	最小值	中误差	最大值	最小值	中误差	
1	1.0	1.00E-04	0.3401	−0.3400	0.1844	1.0879	−1.0883	0.7649	0.7868
2	0.5	1.00E-04	0.3402	−0.3399	0.1917	1.0877	−1.0886	0.7932	0.8160
3	0.2	1.00E-04	0.2275	−0.3398	0.1655	1.0871	−0.8378	0.6849	0.7047
4	综合	1.00E-04	0.5704	−0.5700	0.3267	2.3432	−2.3445	1.3699	1.4083

仿真图像时长 3.477s，因此，在不同的颤振周期中，定位误差分布会存在周期性变化。其次，低频频率颤振情况下，单频率颤振因素对高分辨率卫星几何定位精度的影响低于混合频率颤振的影响，但不是影响的简单累积。

3. 综合误差定位精度分析

对成像定位精度分析评估模型的验证，考虑姿态测量精度指标、轨道测量精度指标、时间同步精度指标、几何检校残差以及颤振因素对定位精度的影响。VRSS-1 精度指标为：GPS 授时精度 1ms，GPS 轨道测量误差 10m(1σ,三轴)，速度测量误差 0.05m/s(1σ,三轴)，姿态测量误差$|\Delta\varphi, \Delta\theta, \Delta\varphi| \leqslant 0.001°(3\sigma,三轴)$，轨道和姿态测量数据采样频率为 0.5Hz。在经过在轨几何内检校的基础上，综合考虑表 2-6 中的三种频率颤振，根据模型构建方法，分析定位误差及其分布情况。

图 2-51 中 a、b、c 分别表示理论姿态数据模拟后，roll、pitch、yaw 三个方向分别引入单轴 0.001732° 测量误差后的资源测量仿真数据，仿真数据采用初始时刻 2012 年 10 月 30 日 03：09：59.00，时间间隔为 0.1s。

图 2-52 为观测行时数据仿真。在积分时间计算基础上，引入 0.001s 时间测量误差，得到行时测量数据仿真结果。

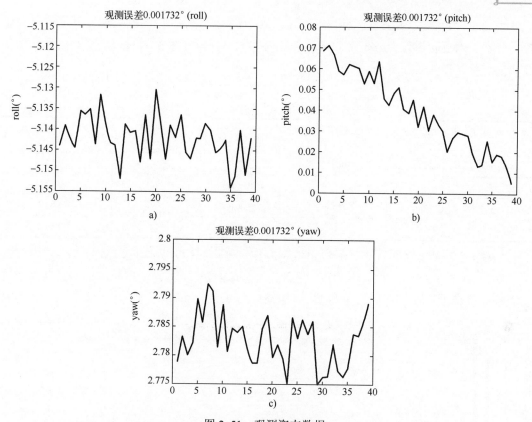

图 2-51　观测姿态数据

a) 姿态数据采样时刻（初始时刻 2012 年 10 月 30 日 03：09：59.00，时间间隔 0.1s）
观测误差 0.001732°（roll）
b) 姿态数据采样时刻（初始时刻 2012 年 10 月 30 日 03：09：59.00，时间间隔 0.1s）
观测误差 0.001732°（pitch）
c) 姿态数据采样时刻（初始时刻 2012 年 10 月 30 日 03：09：59.00，时间间隔 0.1s）
观测误差 0.001732°（yaw）

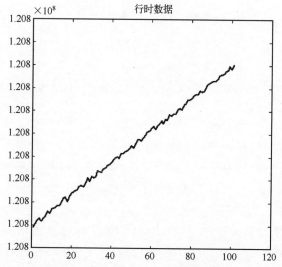

图 2-52　观测行时数据（10001 个行时数据截取第 501～601）

表 2-7 为利用 VRSS-1 卫星载荷设计指标及各测量器件标称测量误差开展的仿真试验。分别引入了轨道误差、姿态测量误差、时间测量误差、颤振因素等。对不同误差组合造成的定位精度进行了评估。

表 2-7　VRSS-1 卫星定位精度分析

	轨道测量精度（单轴 10m）	姿态测量精度（单轴 0.001°）	时间测量精度	颤振因素 A: 0.0001°	平面定位精度（m）（RMS,1σ）
实验 1	17.32m	0.001732°			74.53
实验 2		0.001732°	0.001s	频率 1.0Hz、0.5Hz 和 0.2Hz	60.73
实验 3	17.32m	0.001732°	0.001s		76.89
实验 4	17.32m		0.001s		14.94

VRSS-1 卫星实际在轨统计无控定位精度在星下点成像时为 70m(RMS，1σ)。

图 2-53 为 VRSS-1 在轨测试期间利用分布全球的 39 轨不同侧摆角下的测试数据进行了无控定位精度评估，评估结果为 70m（RMS，1σ）。

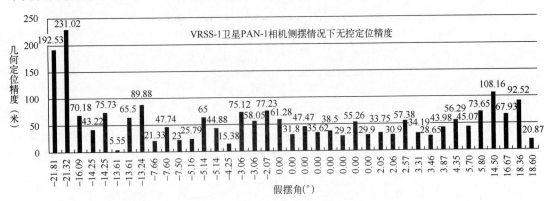

图 2-53　VRSS-1 卫星 PAN-1 相机不同侧摆情况下无控定位精度

因此，定位模型评估误差为 |76.89-70|/70=9.84%，优于 10%。

2.4　本章小结

本章主要介绍了星地一体化遥感成像全链路仿真模型，光学遥感卫星成像仿真过程中的关键算法原理，星地一体化遥感成像全链路仿真流程以及 VRSS-1 在轨运行期间无控定位精度仿真与预估，VRSS-2 卫星在立项论证期间，关于红外相机谱段设计的仿真和多光谱谱段间的配准精度仿真，分析给出波段间不同视轴夹角情况下后续地面数据处理波段间的配准精度，并着重分析地形起伏对波段配准精度的影响。

遥感全链路仿真实验证明星地一体化遥感成像全链路仿真平台可以辅助进行卫星在轨期间的问题复原和精度提升，以及卫星设计阶段的载荷参数设计，但是仿真平台仍需要进行大量的在轨验证和模型优化，是一个长期提升的过程。

第3章 辐射定标与高精度辐射校正

卫星遥感影像在获取时往往会受到传感器响应特性及温度、湿度、气压、气溶胶等大气条件因素的影响，导致同一传感器内部和不同传感器之间的相同目标地物具有较大的辐射差异，不利于影像分析和应用。为了探测出真实的地表景物变化，控制和减少相同目标遥感影像之间的辐射差异，对影像进行辐射校正是不可或缺的过程。

辐射校正主要分为绝对辐射校正和相对辐射校正。相对辐射校正通过实验室辐射定标、在轨90°偏航定标、在轨统计辐射定标等方法，仅利用图像像元灰度值的统计特征，以地物灰度值代替地物辐射亮度或反射率，建立各波段各探元的校正方程，进而实现图像相对辐射校正处理。绝对辐射校正主要利用实验室绝对辐射定标和在轨场地绝对辐射定标，利用传感器定标参数、太阳天顶角、大气校正参数以及相应的校正算法建立辐射转换模型，并通过模型将影像中的地物灰度值转换为地物辐亮度或反射率。在 VRSS-1/2 卫星遥感数据处理过程中，还引入了基于 MTF 的影像恢复，以改善影像的清晰程度。

3.1 辐射失真原理

产生辐射失真的原因包含传感器响应特性，温度、湿度、气压、气溶胶等大气条件因素等多种原因，各个因素对辐射的影响程度也各不相同。由辐射传输方程可知，遥感器的输出 E_λ 为：

$$E_\lambda = K_\lambda \cdot \{[\rho_\lambda \cdot E_0(\lambda)\mathrm{e}^{-T(Z_1,Z_2)\sec\theta} + \varepsilon_\lambda \cdot W_e(\lambda)]\mathrm{e}^{-T(0,H)} + b_\lambda\} \tag{3-1}$$

式中：

K_λ 为遥感器的光谱响应系数；

ρ_λ 为地物的波谱发射系数；

E_0 为太阳辐射照度；

$T(Z_1,Z_2)$ 为 Z_1 到 Z_2 区段大气层的光学厚度；

θ 为太阳天顶角；

ε_λ 为地物的波谱发射率系数；

$W_e(\lambda)$ 为与地物同温度黑体的发射通量密度；

H 为平台高度；

b_λ 为大气辐射所形成的天空辐射照度。

从式（3-1）可以看出：遥感器的输出辐射亮度除了与传感器的光谱响应特性、大气条件、光照情况等因素有关外，还与地物本身的反射和发射波谱特性有关。遥感影像的辐射校正内容主要包括以下三个方面：

（1）传感器的特性引起的辐射误差改正，如光学镜头的非均匀性引起的边缘减光现象的改正、光电变换系统的灵敏度特性引起的辐射畸变校正等。

（2）光照条件的差异引起的辐射误差改正，如太阳高度角不同而引起的辐射畸变校正、地面的倾斜引起的辐射畸变校正等。

（3）大气的散射和吸收引起的辐射误差改正。

3.2　相对辐射处理

相对辐射处理技术是综合实验室/在轨辐射定标手段，精确标定及减少消除遥感器不同成像单元或区域间由于光学系统非均匀传输、探元非均匀光电转换和电子学响应、卫星在轨运行辐射响应衰减等综合的辐射响应不一致性相对误差，是绝对辐射处理和影像质量复原的基础。技术流程如图 3-1 所示。

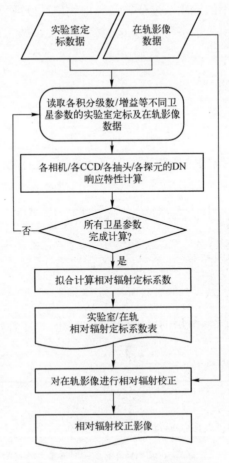

图 3-1　相对辐射处理技术流程图

3.2.1 实验室相对辐射定标

实验室相对辐射定标就是根据实验室/在轨定标数据，找出遥感卫星影像各成像单元及区域（最小单位细化到探元/像元）的辐射响应不一致性，并给出各个探元/像元的相对辐射校正系数。

1. 实验室相对辐射定标

在实验室阶段采用积分球数据进行辐射定标：采用稳定性、均匀性和漫射特性均满足定标要求的积分球作为相机标准光源，为相机提供不同档、已知辐亮度的均匀光源。根据采集的定标图像，用最小二乘法拟合方法，求出相机各个像元的相对辐射校正系数。

2. CCD 相机的线性度分析

首先，对于实验室积分球数据，建立起每个探元的标准输出与实际输出的对应关系，其中对每个级别的积分球数据，采用它们的均值（或中值）作为每个 CCD 探元的实际输出，用所有 CCD 探元的均值（或中值）的均值作为每个 CCD 探测器的标准输出。使用中值而不使用均值的优点是由于中值比均值稳定，不易受噪声的影响。如图 3-2 所示，探测器的线性度良好，符合建立直线拟合的前提条件。

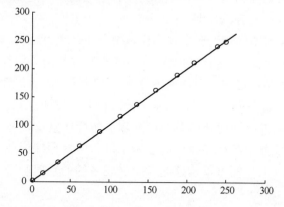

图 3-2　单个探元的标准输出与实际输出的对应关系图

3. 相对辐射定标系数的计算

根据上面分析可知，采用最小二乘法一次拟合计算定标系数即可。设 DN_k 为第 k 级辐亮度级下所有有效探测器的 DN 均值，$DN_{i,k}$ 为第 k 级辐亮度级下第 i 探测器的 DN 均值，最小二乘法一次拟合的方程如下：

$$\begin{cases} DN_1 = a_i \times DN_{i,1} + b_i \\ DN_2 = a_i \times DN_{i,2} + b_i \\ \quad\quad\quad \vdots \\ DN_k = a_i \times DN_{i,k} + b_i \end{cases} \tag{3-2}$$

按最小二乘原理对上式中 k 个一次方程求解，即可得到定标系数 a_i 和 b_i。

通常，相机还会按照不同的增益和积分级数来调整 DN 值，在相对辐射定标的时候会形成多组定标系数，对应于相机不同的增益和积分级数。

3.2.2　在轨统计相对辐射定标

卫星在轨运行一段时间后，实验室积分球相对定标系数不再适用，通过在轨海量影像数据或 90°偏航定标影像数据进行统计分析，消除像元上天后的变化，得到与在轨运行实际状态一致的相对辐射定标系数，用以消除或减少相机的辐射响应不一致性；由于大多数遥感卫星不具备星上定标功能，因此在轨统计相对辐射定标是当实验室相对定标系数不适用的情况下唯一可行的相对辐射定标系数，对于在卫星运行全寿命周期内保障高精度相对辐射定标和校正具有不可或缺的重要意义。

1．基本原理

在轨统计相对辐射定标的基本理论基础是统计学中的大数定律，基本技术方法是遥感影像的灰度响应一致性匹配方法，即：

（1）单个确定探元的影像灰度在小规模样本中主要体现为地物、大气等外界环境条件的影响，具有显著的随机性；但是通过基于在轨海量影像数据的重复、积累而提取出的辐射响应灰度分布统计参数，这种由于外界环境条件影响导致的随机性明显下降，而显著地逼近该确定探元及其所属卫星遥感器自身辐射响应特征的规律性。

（2）在通过海量数据统计而获取各个探元辐射响应的规律性特征的基础上，选取若干探元的辐射响应灰度分布统计参数作为参考基准，将其他探元的辐射响应灰度分布统计参数匹配到参考基准上，便可以构建起各个探元之间的辐射响应关系，从而实现相对辐射定标。

（3）90°偏航影像数据的优势在于通过卫星偏航 90°获取的影像，所有探元获取的是相同的一系列地物影像。利用少数几轨数据即可获得较好的相对辐射校正模型。

2．灰度直方图统计参数及匹配方法

探元的辐射响应灰度分布统计参数具有多种类型，例如均值、方差、矩等，其中最有效、最可靠的统计参数是灰度直方图。

灰度直方图是用于表达影像灰度（DN 值）分布情况的统计图表，其横坐标是 DN 值，纵坐标是出现这一 DN 值的概率值，反映了不同 DN 值的面积或像元在整幅影像中所占的

比例；对于单个探元或探元区域的海量数据灰度直方图，反映的是其辐射响应特性。

灰度直方图匹配是建立构建不同探元/探元区域间（主要是待定标探元/探元区域与参考基准探元/探元区域间）直方图的数学关系的过程，从而反映遥感器内部不同探元/探元区域间的辐射响应相对关系，其结果是直方图查找表。

直方图匹配的基本方法是使匹配处理后的每个抽头的直方图的概率密度函数和期望直方图的概率密度函数相同，直方图匹配过程中查找表生成步骤如下：

（1）首先求取图像每个探元（探元区域）直方图的概率密度和参考直方图的概率密度，第 i 个探元（探元区域）的直方图中像素的 DN 值为 k 的概率密度函数 $p_i(k)$ 为：

$$p_i(k) = \frac{n_k^i}{N_i} \tag{3-3}$$

选取某个设定探元或探元区域的直方图作为参考直方图，其概率密度函数 $P(l)$ 为：

$$P(l) = \frac{m_l}{M} \tag{3-4}$$

其中，$k, l = 0, 1, 2, \cdots, L-1$（当图像采用 10bit 量化时，$L$=1024）；$i$ 为抽头的个数，$i = 1, 2, \ldots, I$，I 为抽头的总个数；n_k^i 为第 i 个探元（探元区域）中 DN 值为 k 的像元数目；N_i 为第 i 个探元（探元区域）的直方图总像元数；m_l 为参考直方图中 DN 值为 l 的像元数目；M 为参考直方图总像元数。

（2）求取每个探元（探元区域）的直方图的累积概率密度和参考直方图的累积概率密度，第 i 个探元（探元区域）的直方图 DN 值为 k 对应的累积概率密度 S_k^i 为：

$$S_k^i = \sum_{j=0}^{k} \frac{n_j^i}{N_i} = \sum_{j=0}^{k} p_i(j) \tag{3-5}$$

参考直方图 DN 值为 l 对应的累积概率密度 V_l 为：

$$V_l = \sum_{j=0}^{l} \frac{m_j}{M} = \sum_{j=0}^{l} P(l) \tag{3-6}$$

对照查找表的生成，对第 i 个探元（探元区域）的任意为 k 的 DN 值来说，在期望直方图上总能找到一个 l，使得 $V_l \leqslant S_k^i \leqslant V_{l+1}$，如果 $\left| V_l - S_k^i \right| - \left| S_k^i - V_{l+1} \right| \leqslant 0$，则用 l 代替 DN 值 k，如果 $\left| V_l - S_k^i \right| - \left| S_k^i - V_{l+1} \right| > 0$，则用 $l+1$ 代替 DN 值 k，用同样的方法处理所有的探元（探元区域），这样便可以获得该遥感器全部探元/探元区域的直方图查找表。

3. 灰度映射查找表的构建与定标系数的生成

直方图匹配的结果是待定标探元（探元区域）直方图映射到参考直方图的查找表。传统的相对辐射定标系数的生成可以采用两种方式：

（1）直接采用查找表作为定标系数。

（2）采用最小二乘法对查找表进行线性拟合后生成增益和偏置量等线性变换系数作为定标系数。

采用第一种方法进行相对辐射校正处理可以准确地反映影像不同 DN 值的分布特性，但是这种方法有可能改变影像原始的灰度分布结构，一方面可能导致个别影像中的地物细节特征丢失，另一方面可能不利于提升绝对辐射定标精度；采用第二种方法进行相对辐射校正处理不会改变影像原始的灰度分布结构，有利于地物细节特征保持和提升绝对定标精度，但是往往难以准确反映影像的非线性灰度分布特性，导致校正精度在高 DN 值或低 DN 值等相机非线性响应特性明显的情况下不足。

为解决这一问题，最好的方法是对不同灰度值的影像采用不同的相对辐射定标系数做分段处理。在实践中一般分别对高、中、低三个灰度值范围各自的实验室定标数据或在轨影像分别进行处理，得到各自的相对辐射定标系数，再对待校正影像不同灰度值的像元分别采用各自的系数进行校正。

4. 在轨统计相对辐射定标处理策略

在轨统计相对辐射定标处理的原理是十分清晰的，但是其处理策略又十分复杂，这既与地物、大气等外界环境的复杂性有关，又与卫星/相机工作状态的多样性有关。

（1）统计数据（样本）量的选择

根据统计学的大数定律，当卫星/相机探元（探元区域）的辐射响应状态稳定时，其各个探元（探元区域）的辐射响应灰度分布在海量数据统计的基础上表现出明显的稳健性，并且统计数据（样本）量愈多，这种稳健性就愈强。因此理论上，参与在轨统计选取的影像数据（样本）量愈多愈好。

但是，卫星/相机探元（探元区域）的辐射响应状态的稳定性本身是存在条件的：卫星长期在轨运行时遥感器辐射响应特性的衰减或变化、卫星/相机工作状态和工作参数的改变等，都会削弱甚至破坏卫星/相机探元（探元区域）的辐射响应状态的稳定性。因此在实践中，参与在轨统计选取的影像数据（样本）量不是可以无限增加的。

（2）不同成像环境条件下的统计策略

由于地物反射率、太阳辐照、大气参量等成像环境条件的变化，卫星相机入瞳处所接受的辐射能量会产生明显差异，导致所成影像的灰度分布区间发生显著变化；影像的灰度分布区间大体上可分为高、中、低三个档次，某一特定灰度分布区间统计得到的定标系数，在用于其他灰度分布区间时往往会出现偏差。为克服这一问题，可以采用以下两种策略：

1）分段统计：按照高、中、低三个灰度分布档次，分段生成在轨统计相对辐射定标系数，并在校正中分类使用各自的系数。

2）均衡统计：在统计样本的选取中，使不同灰度分布档次的影像统计数据量大体均衡，从而提升最终定标系数的普遍适用性。

（3）统计参数对应卫星/相机工作状态的处理策略

卫星/相机在轨长期运行过程中，由于器件老化或失效、空间辐照、器件污染、结构形变等因素的影响，相机的辐射响应状态会发生变化，这种变化一般十分缓慢，但是在长周期过程中往往会表现出明显的变化，导致原本适用的相对辐射定标系数不再适用。此外，卫星/相机积分级数、积分时间、增益、钳位等工作参数和工作状态的变化，也会使相机辐射响应状态变化，原有的相对辐射定标系数不再适用。

因此，为了应对卫星/相机工作状态的变化，应采用以下的统计策略：

1）定期统计更新：密切关注在轨运行状态，定期（一般以几个月至一年为周期）更新在轨统计相对辐射定标系数。

2）针对性统计：针对不同的卫星/相机工作状态和工作参数，分别进行在轨统计，最优的方式是针对每一套工作状态和工作参数，均采用各自的在轨统计相对定标系数。

5. 偏航 90°定标

卫星在轨偏航±90°飞行时，实现相机的扫描方向与线阵的平行，所有探测元通过地面同一目标，获取相同的辐亮度，这样便可以在轨形成一个虚拟的均匀场以提高辐射校正精度（相对定标精度）。拍摄地物越丰富，越有利于进行相对定标系数计算。在进行相对定标系数计算时，采用线性系数生成查找表或者灰度直方图概率生成查找表。具体的公式在前面已经说明。用偏航 90°定标数据生成相对辐射定标系数的最大优点是减少了在轨统计数据的样本数量，并能保证所有像元的输入一致性。偏航定标模式示意图如图 3-3 所示。

图 3-3　偏航定标模式示意图

偏航 90°定标模式实拍图像如图 3-4 所示。

图 3-4　偏航 90°定标模式实拍图像

图中，左图为 VRSS-2 卫星 2017 年 10 月 17 日 126 轨高分相机全色谱段偏航 90°定标模式实拍图像，右图为剔除不完整成像后的图像。

3.2.3 相对辐射校正

1. 基于实验室相对辐射定标系数的相对辐射校正

使用实验室相对辐射定标系数 a_i 和 b_i，对卫星下传的原始影像进行逐探元（探元区域）的灰度线性变换，利用下式进行相对辐射校正：

$$DN_{inew} = a_i \times DN_{iraw} + b_i \tag{3-7}$$

式中 DN_{inew} 为第 i 个探元相对辐射校正后的 DN 值，DN_{iraw} 为第 i 个探元原始数据的 DN 值。

2. 基于在轨统计相对辐射定标系数的相对辐射校正

获取在轨统计相对辐射定标系数的查找表，对卫星下传的原始影像进行逐探元（探元区域）的灰度映射，按下式进行相对辐射校正：

$$DN_{inew} = \mathrm{LUT}(DN_{iraw}) \tag{3-8}$$

式中 DN_{inew} 为第 i 个探元相对辐射校正后的 DN 值，DN_{iraw} 为第 i 个探元原始数据的 DN 值，LUT 为查找表映射函数。

3. 基于单景影像的相对辐射校正

当影像探元（探元区域）的辐射响应不一致性存在特殊状态，无论使用实验室还是在轨统计相对辐射定标系数都难以取得较好的校正效果时，就必须依靠单景影像的自身信息进行相对辐射校正。基于单景影像的相对辐射校正主要适用于以下几种情况：

（1）"死像元"校正。

（2）基于重叠区域影像的 CCD 片间一致性校正。

（3）杂光校正。

基于单景影像的相对辐射校正的主要方法有插值法、矩匹配法、基于重叠区域的直方图匹配法等。

3.2.4 VRSS-1/2 相对辐射校正精度实验

1. 相对辐射校正精度测试原理及方法

利用上述相对辐射校正方法，对 VRSS-1 卫星在轨数据分别利用给予实验室相对辐射定标系数的相对辐射校正结果和基于在轨统计相对辐射定标系数的相对辐射校正方法。在轨期间，利用以下精度测试方法，对相对辐射校正结果进行评价。

（1）相对辐射校正精度测试原理及方法

打开相对辐射校正后具有均匀场景的图像，选择均匀场景区域，计算均匀场景区域的平均值和标准差，测试标准差与平均值比值。具体步骤如下：

1）选择图像中的均匀场景区域，应覆盖所有探元。

2）计算各所选区域的灰度平均值。

3）计算各所选区域的标准偏差。

4）计算各所选区域的相对辐射校正精度，所用公式为：

$$相对辐射校正精度=标准偏差/灰度平均值 \tag{3-9}$$

5）计算总相对辐射校正精度（整景图像覆盖所有探元区间的相对辐射校正精度）。

（2）图像系统信噪比测试原理及方法

取地面均匀目标图像，用前一行减后一行得到差值图像，根据差值图像计算出每列的信噪比，然后求多列的平均值，得出系统信噪比。具体计算过程如下：

1）计算差值图像 d_{ij}：

$$d_{ij} = p_{i(j+1)} - p_{ij} \tag{3-10}$$

式中：p_{ij} 为第 i 列第 j 行的图像灰度值；$p_{i\,(j+1)}$ 为第 i 列第 $j+1$ 行的图像灰度值。

2）计算每列的噪声 σ_i：

$$\sigma_i = \sqrt{\sum_{j=1}^{n-1} (d_{ij})^2 /(2n-3)} \tag{3-11}$$

式中：n 为图像的行数。

3）计算每列的信噪比 SNR_i：

$$SNR_i = s_i / \sigma_i \tag{3-12}$$

$$s_i = \sum_{j=1}^{n} p_{ij} / n \tag{3-13}$$

4）计算多列信噪比的平均值 SNR：

$$SNR = \sum_{i=1}^{m} SNR_i / m \tag{3-14}$$

式中：m 为图像的列数。

5）推算当前成像条件下信噪比变化系数：

$$K = \sin(\theta_1 \cdot \pi / 180) / \sin(\theta_2 \cdot \pi / 180) \tag{3-15}$$

式中：θ_1 为指标中太阳高度角 70°，θ_2 为当时成像条件下太阳高度角。

6）计算太阳高度角为 θ_2 时的系统信噪比（SNR（new））：

$$SNR(new) = 20 \lg(K \cdot SNR) \tag{3-16}$$

2. VRSS-1 相对辐射校正精度测试结果

相对辐射校正测试以 VRSS-1 号卫星多光谱 MSS-1 相机为例，选取拍摄于 2012 年 12

月 3 日第 968 轨，敦煌荒漠地区中亮度场景，成像信息见表 3-1。

表 3-1　VRSS-1 多光谱相机成像信息

产品级别	成像时间	卫星俯仰角	卫星滚动角	卫星偏航角	太阳高度角
1 级	2012 年 12 月 3 日 UTC04:47	-0.48°	11.31°	2.69°	27.45°

相对辐射校正结果见表 3-2～3-5。

表 3-2　敦煌中亮度区域场景相对辐射校正精度（红波段）

	探元区间	灰度平均值	标准偏差	相对辐射校正精度
红波段（B3）	0～300	527.36	17.64	3.34%
	300～600	509.59	16.48	3.23%
	600～1000	496.16	11.04	2.23%
	1000～1200	508.26	8.86	1.74%
	1200～1600	568.36	11.03	1.94%
	1600～2300	515.6	11.86	2.30%
	2300～2500	394.89	10.19	2.58%
	2500～3072	435.63	12.2	2.80%
总相对辐射校正精度				2.58%

表 3-3　敦煌中亮度区域场景相对辐射校正精度（绿波段）

	探元区间	灰度平均值	标准偏差	相对辐射校正精度
绿波段（B2）	0～300	512.66	11.53	2.25%
	300～600	496.03	13.75	2.77%
	600～1000	497.13	8.67	1.74%
	1000～1200	513.56	9.03	1.76%
	1200～1600	571.55	8.94	1.56%
	1600～2300	508.77	9.51	1.87%
	2300～2500	425.88	10.22	2.40%
	2500～3072	459.5	10.62	2.31%
总相对辐射校正精度				2.12%

表 3-4　敦煌中亮度区域场景相对辐射校正精度（蓝波段）

	探元区间	灰度平均值	标准偏差	相对辐射校正精度
蓝波段（B1）	0～300	494.42	8.17	1.65%
	300～600	475.08	10.66	2.24%
	600～1000	476.4	8.89	1.87%
	1000～1200	491.97	8.04	1.63%

（续）

	探元区间	灰度平均值	标准偏差	相对辐射校正精度
蓝波段（B1）	1200～1600	541.6	5.54	1.02%
	1600～2300	478.36	7.19	1.50%
	2300～2500	423.47	8.4	1.98%
	2500～3072	453.97	8.97	1.98%
总相对辐射校正精度				1.77%

表 3-5　敦煌中亮度区域场景相对辐射校正精度（近红外波段）

	探元区间	灰度平均值	标准偏差	相对辐射校正精度
近红外波段（B4）	0～300	326.18	11.13	3.41%
	300～600	312.13	12.02	3.85%
	600～1000	295.57	7.01	2.37%
	1000～1200	300.51	5.58	1.86%
	1200～1600	334.78	6.47	1.93%
	1600～2300	308.28	7.62	2.47%
	2300～2500	228.97	6.73	2.94%
	2500～3072	256.07	7.19	2.81%
总相对辐射校正精度				2.78%

信噪比测试以 VRSS-1 号卫星多光谱 PAN-1 相机为例，选取拍摄于 10 月 25 日第 391 轨敦煌定标场地图像，如图 3-5 所示，成像信息见表 3-6。

表 3-6　敦煌定标场数据成像信息

产品级别	成像时间	卫星俯仰角	卫星滚动角	卫星偏航角	太阳高度角
1 级	2012 年 10 月 25 日 UTC 04:36	-0.22°	5.49°	2.94°	35.00°

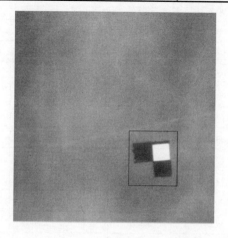

图 3-5　敦煌靶标区域

靶标区域信噪比分析见图 3-6 及表 3-7。

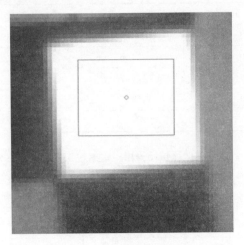

图 3-6　白色靶标中心区域

表 3-7　PAN-1 信噪比测试结果

区域尺寸	均值	方差	相对辐射精度	系统信噪比
22*20（pixel）	651.41	6.33	0.97%	51.79dB

3. VRSS-2 相对辐射校正精度测试结果

相对辐射校正测试以 VRSS-2 卫星红外、高分相机为例，选取拍摄于 2017 年 11 月至 12 月 12 轨数据，成像信息见表 3-8。

表 3-8　VRSS-2 相机成像信息

成像日期	轨道号	中心纬度（°）	中心经度（°）	太阳高度角（°）	增益	积分级数	载荷类型
2017 年 11 月 26 日 UTC 04:17	716	26.885079	100.221935	39.772	10,4,4		红外 1
2017 年 12 月 08 日 UTC 04:16	894	26.885298	100.156957	38.032	4,4,4		红外 1
2017 年 12 月 09 日 UTC 03:00	903	38.869498	117.067454	26.360	10,4,4		红外 1
2017 年 11 月 26 日 UTC 04:17	716	26.864776	100.217026	39.776	3,3		红外 2
2017 年 12 月 08 日 UTC 04:16	894	26.865576	100.151987	38.035	3,3		红外 2
2017 年 12 月 17 日 UTC 02:59	1020	37.200480	117.694827	27.239	3,3		红外 2
2017 年 11 月 26 日 UTC 04:17	716	26.871199	100.217702	39.775	6	4	全色
2017 年 12 月 09 日 UTC 03:00	903	39.133874	117.140565	25.745	8	4	全色
2017 年 12 月 17 日 UTC 02:59	1020	37.215476	117.698706	27.240	8	4	全色
2017 年 11 月 26 日 UTC 04:17	716	26.871772	100.219620	39.773	6,6,6,6	5,4,5,4	多光谱
2017 年 12 月 09 日 UTC 03:00	903	38.896167	117.078491	25.961	8,8,8,8	5,4,5,4	多光谱
2017 年 12 月 17 日 UTC 02:59	1020	37.215537	117.698722	27.239	8,8,8,8	5,4,5,4	多光谱

（1）红外相机 1 相对辐射校正精度

见表 3-9。

表 3-9　红外相机 1 相对辐射校正精度

测试数据	波段名称	增益	低反射区	中反射区	高反射区	相对辐射校正精度
VRSS-2_IRC-1_1101_0259_20171126	波段 1	10	1.3244%	2.6887%	2.2220%	2.1271%
	波段 2	4	1.5322%	2.3017%	2.2960%	
	波段 3	4	1.8472%	2.6822%	2.2501%	
VRSS-2_IRC-1_1101_0259_20171208	波段 1	4	1.3138%	2.7339%	1.7898%	2.1769%
	波段 2	4	2.0613%	2.1302%	2.1947%	
	波段 3	4	2.5499%	2.3009%	2.5183%	
VRSS-2_IRC-1_1045_0211_20171209	波段 1	10	1.6893%	0.8919%	1.3043%	1.3765%
	波段 2	4	2.0838%	1.0556%	2.0833%	
	波段 3	4	1.5598%	0.9492%	0.7714%	

（2）红外相机 2 相对辐射校正精度

见表 3-10。

表 3-10　红外相机 2 相对辐射校正精度

测试数据	波段名称	增益	低反射区	中反射区	高反射区	相对辐射校正精度
VRSS-2_IRC-2_1101_0259_2017112	波段 1	3	0.6690%	0.8276%	1.1359%	0.7142%
	波段 2	3	0.3364%	0.5885%	0.7278%	
VRSS-2_IRC-2_1101_0259_20171208	波段 1	3	0.4988%	1.0299%	0.8447%	0.7912%
	波段 2	3	0.4094%	0.5206%	0.7106%	
VRSS-2_IRC-2_1040_0216_20171217	波段 1	3	0.4382%	0.4082%	0.5919%	0.3972%
	波段 2	3	0.2906%	0.2698%	0.3844%	

（3）高分相机全色影像辐射校正精度

见表 3-11。

表 3-11　高分相机全色影像辐射校正精度

测试数据	增益	积分级数	低反射区	中反射区	高反射区	相对辐射校正精度
VRSS-2_PAN_1101_0259_20171126	6	4	2.2134%	2.7846%	1.2798%	2.0926%
VRSS-2_PAN_1044_0208_20171209	8	4	1.0591%	1.6576%	2.6959%	1.8042%
VRSS-2_PAN_1040_0216_20171217	8	4	1.3046%	1.3491%	1.4807%	1.3046%

（4）高分相机多光谱影像辐射校正精度

见表 3-12。

表 3-12　高分相机多光谱影像辐射校正精度

测试数据	波段名称	增益	积分级数	低反射区	中反射区	高反射区	相对辐射校正精度
VRSS-2_MSS_110 1_0259_20171126	波段1	6	5	1.3060%	2.0828%	1.9186%	1.9885%
	波段2	6	4	1.3186%	2.1604%	2.5622%	
	波段3	6	5	1.5277%	2.5263%	2.4505%	
	波段4	6	4	1.9739%	2.4622%	1.5711%	
VRSS-2_MSS_104 4_0209_20171209	波段1	8	5	0.5304%	1.8802%	2.0754%	1.5049%
	波段2	8	4	0.6159%	1.9012%	2.0804%	
	波段3	8	5	0.8286%	1.3109%	1.9237%	
	波段4	8	4	1.0923%	2.2004%	1.6196%	
VRSS-2_MSS_104 0_0216_20171217	波段1	8	5	0.3607%	0.4815%	2.0976%	1.116%
	波段2	8	4	1.0275%	1.0329%	1.5559%	
	波段3	8	5	0.7631%	0.8229%	1.5519%	
	波段4	8	4	0.9241%	1.2476%	1.5276%	

3.3　绝对辐射处理

绝对辐射处理是将影像上地物灰度值转换为地物反射辐亮度或反射率，建立实际的辐射传输模型，从而确定 CCD 传感器输出信号与地面景物亮度之间的对应关系，使影像中的测量值与地物辐射或反射的真实值一致的过程。进行绝对辐射处理必须考虑成像时传感器本身的误差和大气的影响，需要对传感器参数进行绝对辐射定标，对大气辐射的传输过程进行有效分析以获取大气校正参数和相应的校正算法，确定太阳入射角和传感器视角以及考虑地形起伏等因素，从而建立传感器输出信号与辐射输入量之间的关系。

3.3.1　实验室绝对辐射定标

1. 实验室绝对辐射定标

在卫星地面研制阶段，使用精确测定光谱辐亮度的积分球定标灯对相机成像，针对卫星/相机的积分级数、积分时间、增益、钳位等不同工作状态和工作参数组合，通过使用不同积分球辐亮度等级分别获取对应的不同 DN 值的影像，并计算各级积分球入瞳辐亮度值 L 与对应的图像灰度 DN 均值，构建不同组合下的入瞳辐亮度值-输出图像 DN 值之间的关系查找表。

2. 相机光谱响应曲线归一化

相机光谱响应曲线反映的是相机系统对不同波长光谱的辐射响应特性程度及关系，一般是相机光学系统镜头透过率、相机滤光片透过率（对多光谱相机）和相机 CCD 光电转换效率的综合。原始的相机光谱响应曲线是有量纲的，常用单位为 $V/(\mu J \cdot cm^{-2})$。

　　在绝对辐射定标中，相机光谱响应曲线应进行归一化处理。常规的做法是对单个相机、单个谱段分别进行归一化处理，得到各自的相机光谱响应曲线 $s(\lambda)$，其值域均为 [0,1]，如图 3-7a 所示。

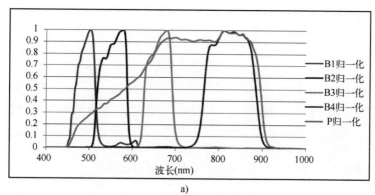

a)

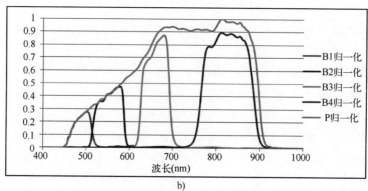

b)

a) 各个谱段分别归一化处理的光谱响应曲线　　b) 全部谱段统一归一化处理的光谱响应曲线

图 3-7　相机光谱响应曲线归一化处理

　　然而，这种方法无法构建不同相机或相机的不同谱段间的辐射响应关系，因此更为科学的光谱响应曲线归一化方法是：对全部相机、全部谱段统一进行归一化处理，使得光谱响应曲线不仅能反映相机对不同波长光谱的辐射响应关系，还能反映这种辐射响应关系在不同相机、不同谱段间的关系。如图 3-7b 所示。

3．相机入瞳等效辐亮度分析

　　使用精确测定的不同辐亮度等级的积分球定标灯光谱辐亮度和相机光谱响应曲线，计算出相机入瞳处的等效辐亮度。等效辐亮度有两种计算方法：

　　（1）不转换为单位波长等效辐亮度的计算方法

$$L_{i,l} = \int_{\lambda_1}^{\lambda_2} L_l(\lambda) s_i(\lambda) \mathrm{d}\lambda \qquad (3\text{-}17)$$

　　计算结果 $L_{i,l}$ 为第 i 相机（或谱段）第 l 辐亮度等级的相机等效辐亮度值，单位为 $W \cdot m^{-2} \cdot sr^{-1}$。

$L_l(\lambda)$ 表示不同波长对应的入瞳处积分球辐亮度值（单位：$W \cdot m^{-2} \cdot sr^{-1} \cdot \mu m^{-1}$），$l$ 为积分球等级；

$S_i(\lambda)$ 表示相机光谱响应系数，i 为相机号或波段号；

λ_1、λ_2 表示相机光谱响应的起止波长（单位：μm）；

（2）转换为单位波长等效辐亮度的计算方法是

$$L_{i,l} = \frac{\int_{\lambda_1}^{\lambda_2} L_l(\lambda) s_i(\lambda) \mathrm{d}\lambda}{\int_{\lambda_1}^{\lambda_2} s_i(\lambda) \mathrm{d}\lambda} \tag{3-18}$$

计算结果 $L_{i,l}$ 为第 i 相机（或谱段）第 l 辐亮度等级的单位波长的相机等效辐亮度值，单位为 $W \cdot m^{-2} \cdot sr^{-1} \cdot \mu m^{-1}$。

4．相机入瞳等效辐亮度与积分球影像 DN 值查找表构建

通过将各级积分球的相机入瞳等效辐亮度与对应的积分球影像 DN 值建立对应关系，可以构建起相机入瞳等效辐亮度与积分球影像 DN 值查找表，从而实现绝对辐射定标。具体步骤如下：

（1）计算各级辐亮度情况下所获得图像的有效灰度均值

通常采用当前辐亮度等级对应影像所有像元的平均 DN 值表示有效灰度均值，记为 $DN_{mean(i,l)}$，表示第 i 相机（或谱段）第 l 辐亮度等级的 DN 均值。

（2）构建实验室入瞳处等效辐亮度与输出 DN 值的查找表

构建实验室积分球各级辐亮度与输出 DN 值的关系查找表，入瞳辐亮度 $L_{i,1}$ 对应的输出 DN 均值为 $DN_{mean(i,1)}$；入瞳辐亮度 $L_{i,2}$ 对应的输出 DN 均值为 $DN_{mean(i,2)}$；……依次类推。入瞳辐亮度 $L_{i,M}$ 对应的输出 DN 均值为 $DN_{mean(i,M)}$，M 为积分球等级个数。

（3）线性插值获取每一 DN 值对应的入瞳辐亮度

基于实验室入瞳处等效辐亮度与输出 DN 值的查找表，在对图像进行绝对辐射校正过程中，已知每个像元的 DN 值，通过线性插值推算对应的入瞳辐亮度。

3.3.2 在轨场地绝对辐射定标

在轨场地绝对辐射定标是在遥感卫星辐射定标场铺设靶标等地物目标，并在卫星对靶标成像期间同步测量太阳辐照、靶标反射率、大气参数等参数，结合太阳高度角、方位角、靶标地理坐标、卫星轨道姿态参数、相机光谱响应曲线等信息，计算遥感卫星相机的在轨入瞳辐亮度或地表反射率，精确标定在轨入瞳辐亮度或地表反射率与相机影像 DN 值的关系，即遥感成像的数字量化值与实际物理量之间的关系，是遥感定量化应用的基础。

1．基本原理

假设相机入瞳处波段 i 的等效辐亮度值为 L_i（单位：$W \cdot m^{-2} \cdot sr^{-1} \cdot \mu m^{-1}$），$DN_i$ 为相机

波段 i 成像图像的灰度值，则定标公式为：

$$DN_i = a_i \cdot L_i + b_i \qquad (3\text{-}19)$$

其中，a_i 和 b_i 为相机波段 i 的绝对辐射定标系数；a_i 为增益，单位为 $W \cdot m^{-2} \cdot sr^{-1} \cdot \mu m^{-1}$，$b_i$ 为偏移量，值为 0~255。

由此可见，在轨场地绝对辐射定标的核心是精确计算相机入瞳处的辐亮度。

目前相机入瞳辐亮度的计算方法可分为三类：反射率法、辐亮度法和辐照度法。

（1）反射率法

反射率方法要求在遥感器过顶时同步测量地面目标反射率因子和大气光学参量（如气溶胶光学厚度、气体吸收光学厚度等），然后利用辐射传输模型计算出 $DN/(W \cdot m^{-2} \cdot sr^{-1} \cdot \mu m^{-1})$ 遥感器入瞳处辐射度值。反射率法如图 3-8 所示。

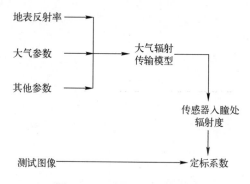

图 3-8　反射率法计算流程

反射率法的入瞳辐亮度计算公式如下：

$$L_s(\lambda) = \frac{1}{\pi d^2}\{T_g(\lambda)\rho(\lambda)[\mu_s E_s(\lambda)e^{-\tau'/\mu_s} + E_d(\lambda)e^{-\tau''/\mu_s}] + L_p(\lambda)\} \qquad (3\text{-}20)$$

式中：

$L_s(\lambda)$ 表示波长 λ 处的遥感器入瞳辐亮度，单位为 $W \cdot m^{-2} \cdot sr^{-1} \cdot \mu m^{-1}$；

d^2 表示日地距离修正因子；

$T_g(\lambda)$ 表示波长 λ 处向上和向下两方向的大气总吸收透过率；

$\rho(\lambda)$ 表示波长 λ 处的地面双向反射率因子，此处为不同靶标各自的反射率；

$E_s(\lambda)$ 表示波长 λ 处的大气外太阳光谱辐照度，单位为 $W \cdot m^{-2} \cdot \mu m^{-1}$；

μ_s 表示太阳天顶角 θ_s 的余弦，即 $\cos\theta_s$；

μ_v 表示观测天底角 θ_v 的余弦，即 $\cos\theta_v$；

$E_d(\lambda)$ 表示波长 λ 处入射到地表的大气漫射辐照度，单位为 $W \cdot m^{-2} \cdot \mu m^{-1}$；

τ' 表示太阳到地面方向的垂直大气散射光学厚度；

$e - \tau(\lambda)/\mu_s$ 表示太阳到地面方向的大气散射透过率；

$\tau(\lambda)$ 表示地面到遥感卫星相机方向的垂直大气散射光学厚度；

$e - \tau(\lambda)/\mu_v$ 表示地面到遥感卫星相机方向的大气散射透过率；

$L_p(\lambda)$ 表示波长 λ 处的大气路径散射辐射度，单位为 $W \cdot m^{-2} \cdot \mu m^{-1}$。

反射率法是目前最为常用的入瞳辐亮度计算方法，其测量参数相对较少、计算过程简单。但是该方法的一个重要误差来源是对气溶胶散射的一些近似，如对气溶胶模型的假设，不同气溶胶模型的假设会对表观反射率的计算造成较大影响。

（2）辐亮度法

辐亮度方法主要是采用经过严格光谱与辐射度定标的辐射计，通过航空平台实现与卫星遥感器观测几何相似的同步测量，把机载辐射计测量的辐射度作为已知量去定标飞行中卫星遥感器的测量辐射度，从而实现对卫星遥感器的定标。辐亮度法计算流程如图 3-9 所示。

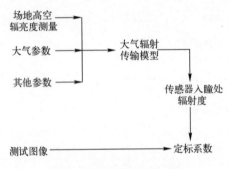

图 3-9　辐亮度法计算流程

辐亮度法的入瞳辐亮度计算公式如下：

$$L_s(\lambda) = L_{airplane}(\lambda)T_{Ap}(\lambda) + L_{Ap}(\lambda) \tag{3-21}$$

式中：

$L_{airplane}(\lambda)$ 表示波长 λ 处机载辐射计测量的相机入瞳辐亮度，单位为 $W \cdot m^{-2} \cdot sr^{-1} \cdot \mu m^{-1}$；

$T_{Ap}(\lambda)$ 表示波长 λ 处机载辐射计到遥感卫星相机间的大气总吸收透过率；

$L_{Ap}(\lambda)$ 表示波长 λ 处机载辐射计到遥感卫星相机间的大气路径散射辐射度，单位为 $W \cdot m^{-2} \cdot sr^{-1} \cdot \mu m^{-1}$；

其余所需定标数据与反射率法采用的数据一致。

辐亮度法在几种方法中精度最高，但是必须使用飞机等航空平台进行同步观测，组织实施难度大、试验成本高，不具备普遍开展的条件。

（3）辐照度法

辐照度法（改进的反射率方法）是利用地面测量的向下漫射与总辐照度值消除辐射传输模型中气溶胶模式假设的误差，计算出卫星遥感器高度的表观反射率，进而确定遥感器入瞳处辐射度。辐照度法计算流程如图 3-10 所示。

辐照度法的入瞳辐亮度计算公式如下：

$$L_s(\lambda) = \frac{1}{\pi d^2} E_s(\lambda)\mu_s T_g(\lambda)\left\{\rho_a(\lambda) + \frac{e^{-\tau(\lambda)/\mu_s}}{1-\alpha_s}\rho(\lambda)[1-\rho(\lambda)S(\lambda)]\frac{e^{-\tau(\lambda)/\mu_v}}{1-\alpha_v}\right\} \tag{3-22}$$

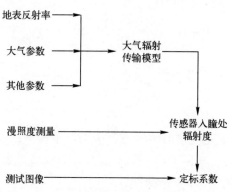

图 3-10　辐照度法计算流程

式中：

d^2 表示日地距离修正因子；

$E_s(\lambda)$ 表示波长 λ 处的大气外太阳光谱辐照度，单位为 $W \cdot m^{-2} \cdot \mu m^{-1}$；

μ_s 表示太阳天顶角 θ_s 的余弦，即 $\cos\theta_s$；

μ_v 表示观测天底角 θ_v 的余弦，即 $\cos\theta_v$；

$T_g(\lambda)$ 表示波长 λ 处向上和向下两方向的大气总吸收透过率；

$\rho_a(\lambda)$ 表示波长 λ 处的大气固有反射率；

$\tau(\lambda)$ 表示大气光谱光学厚度；

$e^{-\tau(\lambda)/\mu_s}$ 表示太阳到地面方向的大气散射透过率；

α_s 表示太阳入射方向漫射辐射与总辐射照度之比；

$\rho(\lambda)$ 表示波长 λ 处的地面双向反射率因子，此处为不同靶标各自的反射率；

$S(\lambda)$ 表示波长 λ 处的大气球面光谱反照率；

$e^{-\tau(\lambda)/\mu_v}$ 表示地面到遥感卫星相机方向的大气散射透过率；

α_v 表示卫星观测方向漫射辐射与总辐射照度之比。

辐照度法是为减少因为气溶胶近似产生的系统误差而提出的。它与反射率法唯一的不同在于加入了漫射辐射与总辐射比测量，这一比值包含了气溶胶的散射特性，以实测的辐照度比代替了反射率法中计算气溶胶散射的假定和反演。这种方法与反射率法相比提高了辐射定标精度，与辐亮度法相比又降低了实施难度和成本，具有较好的性价比。

2. 靶标反射率参数计算

此过程计算相机入瞳辐亮度辐射传输方程中的 $\rho(\lambda)$ 参数，即靶标反射率。

获取在轨辐射定标场野外测量的光谱辐照度数据，主要包括：

$\overline{V}(\lambda)_{ground,i}$ 表示第 i 个采样点附近的 N 条测量数据的平均光谱；

$\overline{V}(\lambda)_{panel,i}$ 表示第 i 个采样点测量前后两次参考板数据的平均光谱；

$\rho(\lambda)_{panel}$ 表示参考板光谱反射率因子；

根据测量数据计算地表靶标反射率参数，具体公式如下：

$$\rho(\lambda) = \frac{1}{N}\sum_{i=0}^{N}\frac{\overline{V}(\lambda)_{ground,i}}{\overline{V}(\lambda)_{panel,i}} \times \rho(\lambda)_{panel} \qquad (3-23)$$

式中，$\rho(\lambda)$ 为地表光谱反射率参数。

3. 大气参数计算

此过程计算相机入瞳辐亮度辐射传输方程中的以下参数：

$T_g(\lambda)$ 表示波长 λ 处向上和向下两方向的大气总吸收透过率；

$\rho_a(\lambda)$ 表示波长 λ 处的大气固有反射率；

$\tau(\lambda)$ 表示大气光谱光学厚度；

$S(\lambda)$ 表示波长 λ 处的大气球面光谱反照率；

α_s 表示太阳入射方向漫射辐射与总辐射照度之比；

α_v 表示卫星观测方向漫射辐射与总辐射照度之比。

（1）$\tau(\lambda)$ 计算方法

依据大气光谱光学厚度 $\tau(\lambda)$ 与地面太阳直射光谱辐照度 $E_d(\lambda)$ 的关系，按下式计算：

$$E_d(\lambda) = dE_s(\lambda)\exp[-m\cdot\tau(\lambda)] \qquad (3-24)$$

对于只有像 O_3 和 NO_2 这样吸收气体的波长，同时考虑到地面测量仪器输出的电压信号正比于地面辐照度能量 $(V\propto E)$，取自然对数，则由上式可得：

$$\ln V_d(\lambda) - \ln d_s = \ln V_0(\lambda) - m\cdot\tau(\lambda) \qquad (3-25)$$

式中：

$V_d(\lambda)$ 是对应 $E_d(\lambda)$ 的仪器电压响应值，单位为伏（V）；

$V_s(\lambda)$ 是对应 $E_s(\lambda)$ 的仪器电压响应值，单位为伏（V）。

大气稳定情况下，可将 $\ln V_d(\lambda) - \ln d_s$ 对大气光学质量 m 作散点图，并对其进行线性拟合即可得到一条直线，该直线的斜率即为总大气光学厚度 $\tau(\lambda)$。

仪器标定后，有确定的 $\ln(V_0)$ 值，可利用 $V_{dir}(\lambda)$ 的瞬时测量值，则可由下式计算出瞬时大气光谱光学厚度：

$$\tau(\lambda) = \frac{\ln V_0(\lambda) - \ln V_{dir}(\lambda) + \ln d_s}{m} \qquad (3-26)$$

式中，d_s 是日地距离修正因子，它随儒略历天数 J 的变化可用下式表示：

$$d_s = \frac{1}{1 - 0.01673\cdot\cos[0.9856\pi(J-4)/180]} \qquad (3-27)$$

式 3-27 中的 m 是大气光学质量，可用下式计算：

$$m = \frac{1}{\cos\theta_s + 0.15\cdot(93.885-\theta_s)^{-1.253}}\cdot\frac{P}{1013.25} \qquad (3-28)$$

其中：

θ_s 是太阳天顶角，单位为度（°）；

P 是大气压强，单位为帕（Pa）。

（2） $T_g(\lambda)$ 计算方法

大气总光学厚度 $\tau(\lambda)$ 可分解为三个部分：

$$\tau(\lambda) = \tau_{Ray}(\lambda) + \tau_{aer}(\lambda) + \tau_{gas}(\lambda) \tag{3-29}$$

式中：

$\tau_{Ray}(\lambda)$ 是 Rayleigh 光学厚度；

$\tau_{aer}(\lambda)$ 是气溶胶光学厚度；

$\tau_{gas}(\lambda)$ 是气体吸收光学厚度，在这里等价于 $T_g(\lambda)$。

其中， $\tau_{Ray}(\lambda)$ 可按下式计算：

$$\tau_{Ray}(\lambda) = \frac{P \cdot (84.35 \cdot \lambda^{-4} - 1.255 \cdot \lambda^{-5} + 1.40 \cdot \lambda^{-6})}{1013.25 \times 10^4} \tag{3-30}$$

在可见光近红外光谱区（0.4～1.0μm）， $\tau_{gas}(\lambda)$ 可认为是仅由臭氧吸收引起的。因此只要确定出 $\tau_{Ray}(\lambda)$ 和 $\tau_{gas}(\lambda)$，则将大气总光学厚度减掉 Rayleigh 光学厚度和臭氧光学厚度，即可按下式计算气溶胶光学厚度 $\tau_{aer}(\lambda)$：

$$\tau_{aer}(\lambda) = \tau(\lambda) - \tau_{Ray}(\lambda) - \tau_{gas}(\lambda) \tag{3-31}$$

对大多数气溶胶粒子，从总体上来讲其粒子分布都遵循 Junge 分布，见下式：

$$n(r) = c(z) \cdot r^{-(\upsilon-2)} \tag{3-32}$$

因此，气溶胶光学厚度与波长的关系按下式计算：

$$\tau_{aer}(\lambda) = k \cdot \lambda^{-(\upsilon-2)} = k \cdot \lambda^{-\alpha} \tag{3-33}$$

式中：

k 是大气浑浊度参数；

α 为 Junge 幂指数。

对上式两边取自然对数，对 $\ln[\tau_{aer}(\lambda)]$-$ln(\lambda)$ 进行线性回归，则可得出常数 k 和幂指数 α 的值。

依据气溶胶光学厚度的光谱变化参数 k 和 α，可计算出任意波长上的气溶胶光学厚度，进而任意波长上的吸收气体光学厚度 $\tau_{gas}(\lambda)$ 可由下式计算得到。

$$\tau_{gas}(\lambda) = \tau - \tau_{Ray}(\lambda) - \tau_{aer}(\lambda) \tag{3-34}$$

首先利用 Langley-Plot 方法计算出各个波长上的大气总光学厚度 $\tau(\lambda)$，并计算出这些波长上的瑞利散射光学厚度 $\tau_{Ray}(\lambda)$。再选取基本无任何气体吸收的波长（至少两个相距较远的波长），计算出这些波长上的剩余光学厚度，也就是这些波长上的气溶胶光学厚度 $\tau_{aer}(\lambda)$。再计算得到常数 k 和 Junge 幂指数 α 的值。最后，将 α 代入计算出有气体吸收波长上的气溶胶光学厚度，进而即可计算出有气体吸收波长上的气体吸收光学厚度 $\tau_{gas}(\lambda)$，即 $T_g(\lambda)$。

（3）其他参数的计算方法

$S(\lambda)$、$\rho_a(\lambda)$ 可由 6S 等辐射传输模型计算得到；α_s、α_v 为仪器测量值。

4．相机等效辐亮度计算

等效辐亮度有两种计算方法。

（1）不转换为单位波长等效辐亮度的计算方法

$$L_{i,j} = \int_{\lambda_1}^{\lambda_2} L_l(\lambda) s_i(\lambda) \mathrm{d}\lambda \tag{3-35}$$

计算结果 $L_{i,j}$ 为第 i 相机（或谱段）第 l 辐亮度等级的相机等效辐亮度值，单位为 $\mathrm{W \cdot m^{-2} \cdot sr^{-1}}$。

$L_l(\lambda)$ 表示不同波长对应的相机入瞳处辐亮度值（单位：$\mathrm{W \cdot m^{-2} \cdot sr^{-1} \cdot \mu m^{-1}}$），$l$ 为靶标反射率等级；

$S_i(\lambda)$ 表示相机光谱响应系数，i 为相机号或波段号；

λ_1、λ_2 表示相机光谱响应的起止波长（单位：μm）；

（2）转换为单位波长等效辐亮度的计算方法

$$L_{i,j} = \frac{\int_{\lambda_1}^{\lambda_2} L_l(\lambda) s_i(\lambda) \mathrm{d}\lambda}{\int_{\lambda_1}^{\lambda_2} s_i(\lambda) \mathrm{d}\lambda} \tag{3-36}$$

计算结果 $L_{i,j}$ 为第 i 相机（或谱段）第 l 辐亮度等级的单位波长的相机等效辐亮度，单位为 $\mathrm{W \cdot m^{-2} \cdot sr^{-1} \cdot \mu m^{-1}}$。

5．绝对定标系数生成

对不同反射率（辐亮度）等级的相机等效辐亮度及其对应 DN 值进行最小二乘线性拟合，获得绝对辐射定标系数 a 和 b，使得：

$$L = a \times DN + b \tag{3-37}$$

式中 DN 为影像 DN 值，L 为影像进行绝对辐射校正后的辐亮度。

3.3.3 绝对辐射校正

1．基于实验室绝对辐射定标系数的绝对辐射校正

使用实验室绝对辐射定标系数 a 和 b,对相对辐射校正影像进行整景的灰度线性变换，利用式 3-37 进行绝对辐射校正。

2. 基于在轨场地绝对辐射定标系数的绝对辐射校正

使用在轨场地绝对辐射定标系数 a 和 b，对相对辐射校正影像进行整景的灰度线性变换，利用式 3-37 进行绝对辐射校正。

3.3.4　VRSS-1/2 在轨绝对辐射定标实验

1. 定标方法

VRSS-1/2 在轨绝对辐射定标均选择典型的反射率基法作为本次绝对辐射定标方法。如图 3-11 所示，在卫星过境成像当天，同步测量测试目标点的反射率及气溶胶等大气光学特性，输入 6S 等辐射传输模型中，计算各测试目标点在大气顶层的光谱辐亮度，用相机各通道的相对光谱响应函数归一化后得到该相机该谱段该测试目标点的等效辐亮度，与该测试点在图像中的灰度值进行拟合计算，得到该谱段的绝对辐射定标参数。

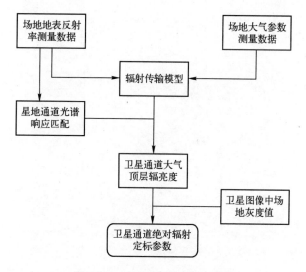

图 3-11　反射率基法定标流程

2. VRSS-1 在轨绝对辐射定标实验结果

（1）测试区域

本次试验选择了敦煌国家遥感卫星辐射校正场的核心区（戈壁测试区）和北边高反射率场（高反测试区）作为主测试场地，南边的渥洼池作为辅助测试场地。试验区域图像如图 3-12 所示。同时在戈壁测试区布设了低反射率的黑网及更高反射率的人工白靶标，如图 3-13 所示。一方面用于测试 PMC 相机的在轨调制传递函数曲线，另一方面用于构成更多反射率的计算点，以提高绝对辐射定标的计算精度。其中两个主场地的高反、戈壁以及黑网等测试目标点至少构成了高低不同的三个计算点，可采用多点法进行定标。

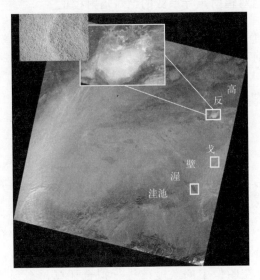

图 3-12　试验区域图像（宽幅相机图）

图 3-13　戈壁测试区黑网及白靶标布设图像（PMC 全色通道图）

　　每次过境时，在戈壁测试区和高反测试区两个主场地开展同步的反射率及大气光学特性测试，渥洼池的反射率在每次成功试验后的第二天在相同的时间段内进行测量。2012 年 11 月 1 号，戈壁滩上布设的靶标被风雨吹起不能再继续使用，于 11 月 2 日撤收。11 月 20 日前后，渥洼池的水面结冰，之后也停止了渥洼池的反射率测量。

　　（2）测试阶段

　　试验从 2012 年 10 月 13 开始，至 12 月 13 号结束，前后共两个月时间，分为三个阶段。如图 3-14 所示。

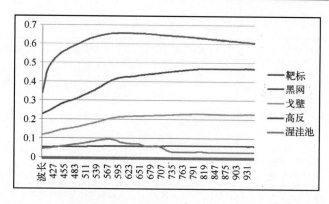

图 3-14　各测试点典型反射率值（2012 年 10 月 26 日测量）

阶段一，10 月 13 日至 11 月 1 日，为系统调试阶段。卫星方根据相机对测试场地灰度值响应情况，调整了两次参数设置，并于 11 月 1 日左右最终确定需要开展绝对辐射定标的两档参数，其中参数 1 档主要在委内瑞拉使用，参数 2 档主要在我国使用。期间开展了 5 次试验，其中 3 次天气良好，其中 10 月 21 日和 10 月 26 日宽幅相机使用的参数与档位 2 中宽幅相机设置相同，因此可用于宽幅相机的绝对辐射定标。

阶段二，11 月 2 日至 11 月 20 日，为参数 1 档下的辐射定标阶段，根据卫星的侧摆角情况及试验是否成功等情况，安排东侧相机（高分相机 2 和宽幅相机 1）或西侧相机（高分相机 1 和宽幅相机 2）在参数 1 下分别对试验区域成像，完成四台相机的绝对辐射定标。期间共开展试验 6 次，成功或部分成功 3 次，分别为 11 月 3 日、11 月 7 日和 11 月 20 日。

阶段三，11 月 21 日至 12 月 7 日，为参数 2 档下的辐射定标阶段，根据卫星的侧摆角情况及试验成功情况，安排东侧相机（高分相机 2 和宽幅相机 1）或西侧相机（高分相机 1 和宽幅相机 2）在参数 2 下分别对试验区域成像，完成四台相机的绝对辐射定标。期间共开展试验 5 次，成功 2 次，分别为 11 月 29 日和 12 月 7 日。

最后还开展了一次加强试验，于 2012 年 12 月 11 日安排四台相机在档位 1 下对试验区成像。其中戈壁滩测试区天气良好，可用于定标；高反测试区天空有云，不能用于定标。

每次成功定标的各测试目标点数据获取情况汇总见表 3-13。

表 3-13　数据获取情况表

		11 月 3 日	11 月 7 日	11 月 20 日	12 月 11 日
参数 1 档	PMC-1		戈壁、黑网、渥洼池	高反、戈壁、黑网	
	PMC-2	高反、戈壁、黑网、渥洼池			戈壁、黑网
	WMC-1	高反、戈壁、黑网、渥洼池		戈壁、黑网	戈壁、黑网
	WMC-2		戈壁、黑网、渥洼池	高反、盐碱*、戈壁、黑网	戈壁、黑网

（续）

参数 2档		10月21日	10月26日	11月29日	12月7日**
	PMC-1				高反、盐碱、戈壁（西）
	PMC-2			高反、盐碱、戈壁、黑网	
	WMC-1		高反、戈壁、靶标、黑网、渥洼池		戈壁、戈壁（西）、黑网
	WMC-2	高反、戈壁、靶标、黑网、渥洼池		高反、盐碱、戈壁、黑网	高反、盐碱、戈壁（西）、戈壁、黑网

注*：盐碱地为高反场地周边的一块区域，面积约900m×900m，反射率大小与戈壁滩相近，作为一种备选的中等反射率目标；

注**：12月7日试验中，由于卫星在侧摆角小于0.5°时置成了0值，导致高分相机1不能获取戈壁滩黑网区域的图像，因此当天同步测量了黑网往西约2km处的地表反射率值。

从上面的表格中看出，每个相机、每个档位下均至少获取到包括高（高反、靶标）、中（戈壁或盐碱地）以及低（黑网、渥洼池）三种反射率的测试目标点数据，因此可开展有效的定标。

（3）测试数据精度验证

反射率测量精度是影响最终绝对辐射定标参数精度的一个主要因素。试验使用了ASD公司和SVC公司的两种光谱仪测量地表反射率（分别部署在戈壁滩测试区和高反测试区），分别如图3-15、图3-16所示。两个光谱仪分别搭配了各自的参考白板。在试验间隙某个天气良好的下午，利用两台光谱仪结合各自的参考板分别测量了对方的参考板的反射率，以评估两台光谱仪测量反射率精度。

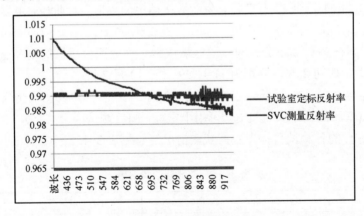

图3-15　ASD参考板反射率

可以看出，SVC测量ASD参考板的反射率与实验室标定值相对误差不超过1.5%（450nm～900nm），ASD测量SVC参考板的反射率与实验室标定值相差不超过1%（450nm～900nm），说明两个光谱仪均具有很高的测量精度。

（4）同步测量数据处理

同步测量的数据包括各测试目标点的地表反射率数据及大气光学特性数据。

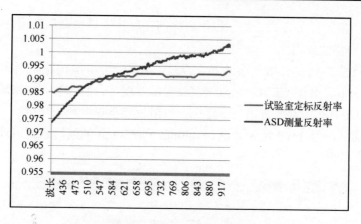

图 3-16 SVC 参考板反射率

1）地表反射率数据处理

测试目标点的反射率的测量由 ASD 或 SVC 野外光谱仪配合参考白板完成，ASD 或 SVC 采集测试目标反射率某个测试点的光谱辐亮度和准同步参考白板反射的光谱辐亮度，相比并乘以参考白板的反射率（实验室内标定）得到该测试点的反射率，剔除粗大误差后取均值得到该测试目标的反射率结果，如图 3-17 所示。

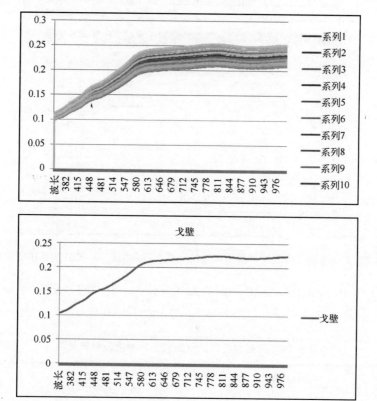

图 3-17 ASD 测量戈壁滩反射率的各测试点数据（共 54 个点）及最终结果

SVC 测量的测试目标点的反射率的波长范围还需要拟合插值至 400nm～950nm，间隔

1nm，与 ASD 测量的记录方式一致，以便后续的辐射传输模型调用处理。

2）大气光学特性数据

大气光学特性参数主要指气溶胶光学厚度（AOT）。本次试验采用自动太阳辐射计 CE318 和手动太阳辐射计 CE317 测量气溶胶光学厚度，分别部署在戈壁滩测试区和高反测试区。其中 CE318 刚刚经过出厂前定标，气溶胶光学厚度测量精度高，还可以反演大气中的水汽含量，如图 3-18 所示。利用 440nm 和 870nm 的通道数据可计算得到 550nm 谱段的气溶胶光学厚度。

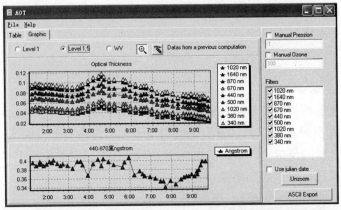

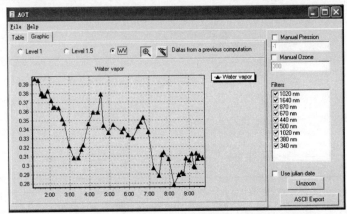

图 3-18　CE318 各通道气溶胶光学厚度测量结果及水汽反演结果（2012 年 10 月 21 日数据）

利用 2012 年 10 月 21 日良好及稳定的天气条件，还对 CE317 进行了标定，标定的结果见表 3-14，其还可用于后续每次气溶胶光学厚度的计算。

表 3-14　卫星过境时刻气溶胶光学厚度及气象情况

日期	AOT（@550nm）		水汽（g/cm²）	气象参数
	CE318	CE317		
10.21	0.082	/	0.379	温度：11.2℃ 湿度：7.9% 气压：0.882atm

（续）

日期	AOT（@550nm）		水汽（g/cm²）	气象参数
	CE318	CE317		
10.26	0.171	0.162	0.588	温度：15.7℃ 湿度：7.8% 气压：0.871atm
11.03	0.194	0.182	0.297	温度：1.1℃ 湿度：29.4% 气压：0.877atm
11.07	0.174	有云	0.431	温度：8.4℃ 湿度：9.4% 气压：0.871atm
11.20	0.299	0.178	0.518	温度：5.2℃ 湿度：15.6% 气压：0.869atm
11.29	0.076	0.187	0.291	温度：1.5℃ 湿度：8.1% 气压：0.866atm
12.07	0.099	0.074	0.346	/
12.11	0.099	有云	0.398	温度：2.3℃ 湿度：11.1% 气压：0.868atm

（5）绝对定标参数计算

1）入瞳处辐亮度计算

将上面同步测量得到的测试目标点的反射率数据和气溶胶光学厚度、水汽含量数据输入到 6S 辐射传输模型中，并利用轨道仿真推演软件计算卫星过每个试验区的卫星天顶角、卫星方位角、太阳天顶角和太阳方位角等几何参数，输入到 6S 模型中，就可以计算得到该测试目标点在卫星过顶时刻在卫星入瞳处的光谱辐亮度。6S 输入界面如图 3-19 所示。

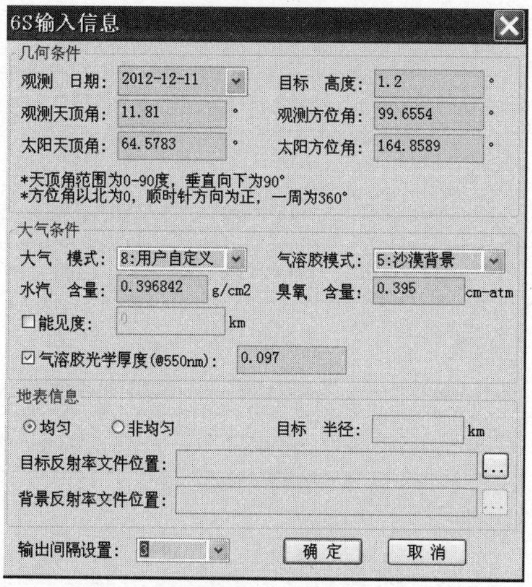

图 3-19　6S 输入界面

计算戈壁在入瞳处的辐亮度时可视为均匀地表，但计算其他测试区，如黑网、高反、渥洼池等，均需要考虑邻近效应的影响，视为非均匀地表。

以 2012 年 11 月 3 日实验为例，根据同步测试数据计算得到的入瞳处光谱辐亮度如图 3-20 所示。

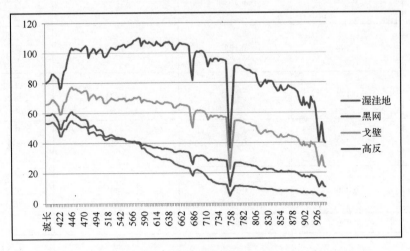

图 3-20　10 月 26 日各地物过顶时刻在卫星入瞳处的光谱辐亮度

将各测试目标点在入瞳处光谱辐亮度与各相机各谱段的相对光谱响应函数进行归一化处理，得到各测试目标点在该相机该谱段的等效入瞳辐亮度。以 2012 年 11 月 3 日数据为基础，计算结果见表 3-15。

表 3-15　2012 年 11 月 3 日各地物在对应相机各谱段的等效入瞳辐亮度

相机	目标	等效入瞳辐亮度（W/（$m^2 \cdot sr \cdot \mu m$））				
		B1	B2	B3	B4	P
PMC-2	渥洼池	47.29775	41.67774	25.02215	9.57437	19.78389
	黑网	50.98517	42.36323	33.5133	22.74538	29.78171
	戈壁	71.53442	68.97472	63.6467	47.99958	56.6628
	高反	101.8986	104.7784	102.867	81.16855	92.04693
WMC-1	渥洼池	48.64421	40.72153	25.12249	9.293791	/
	黑网	52.64118	41.76119	33.55098	22.46078	/
	戈壁	72.18969	68.81542	63.62984	47.58533	/
	高反	101.5449	105.0557	102.792	80.61046	/

2）测量点图像灰度值提取

利用成熟的商业软件，提取各测试目标点在对应相机上各谱段的灰度值。以 2012 年 11 月 3 日的数据为例，各测试目标在各图像中的灰度值见表 3-16。

表 3-16　2012 年 11 月 3 日各地物在对应相机各谱段的灰度值

相机	目标	平均值/标准差				
		B1	B2	B3	B4	P
PMC-2	渥洼池	184.99/2.61	172.78/4.92	138.01/4.44	28.98/0.81	89.81/3.18
	黑网	203.89/6.07	166.8/3.47	169.18/4.66	69.54/2.54	122.69/3.66
	戈壁	313.09/1.37	322.83/1.85	343.22/1.9	172.8/1.33	276.61/3.25
	高反	450.67/2.49	499.47/3.38	572.92/3.6	315.44/2.16	471.23/3.18
WMC-1	渥洼池	147.33/2.94	155.31/4.59	条纹	条纹	/
	黑网	175.17/3.07	147.78/2.99	175.56/2.46	124.22/3.11	/
	戈壁	263.48/1.98	276.39/1.6	325.73/2.57	218.67/0.89	/
	高反	401.5/2.46	458.44/2.64	554.06/2.86	379.48/1.27	/

注：高分相机的灰度值采用的是钳位校正之前的数据。12 月 3 日之前图像经过钳位校正，需要经过反算后用于绝对辐射定标参数计算。

3）绝对定标参数计算

根据某一个档位下某台相机获取的所有测试目标点的图像灰度值及对应的等效入瞳辐亮度（L），采用一次函数拟合，得到该参数下该台相机所有谱段的绝对定标参数 K 和 B：

$$DN=K \cdot L+B$$

以 2012 年 11 月 3 日的参数档位为例（参数 1 档），该参数下，高分相机 2 获取了渥洼池、黑网、戈壁及高反目标的图像，另外 2012 年 12 月 11 日的试验中，高分相机 2 也在该参数设置下获取了戈壁、戈壁（西）、黑网的图像数据，综合所有目标图像及对应的等效入瞳辐亮度，拟合一次函数如图 3-21 所示。

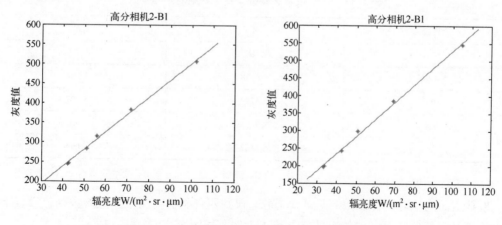

图 3-21　高分相机 2 参数 1 档下各谱段辐射响应

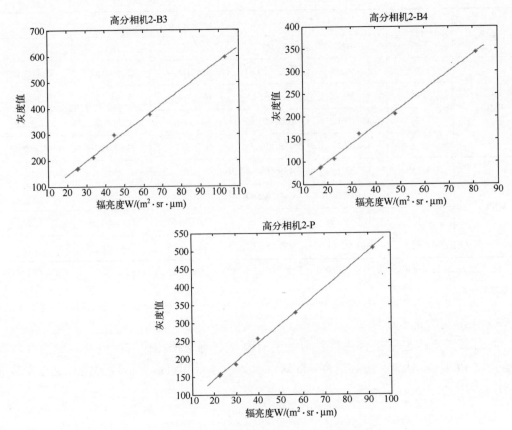

图 3-21　高分相机 2 参数 1 档下各谱段辐射响应（续）

据此得到高分相机 2 在参数 1 档下的绝对定标参数，见表 3-17。

表 3-17　高分相机 2 参数 1 档下的绝对定标参数

谱段	K	B
B1	4.4166	60.79
B2	4.8978	38.64
B3	5.4779	33.07
B4	3.9773	20.1
P	5.1162	39.54

（6）定标结果及分析

根据上面的绝对定标参数测量计算方法，得到四台相机在两个典型参数档位设置下各谱段的绝对定标参数，以高分相机 1 参数 1 为例，如图 3-22 及表 3-18 所示。

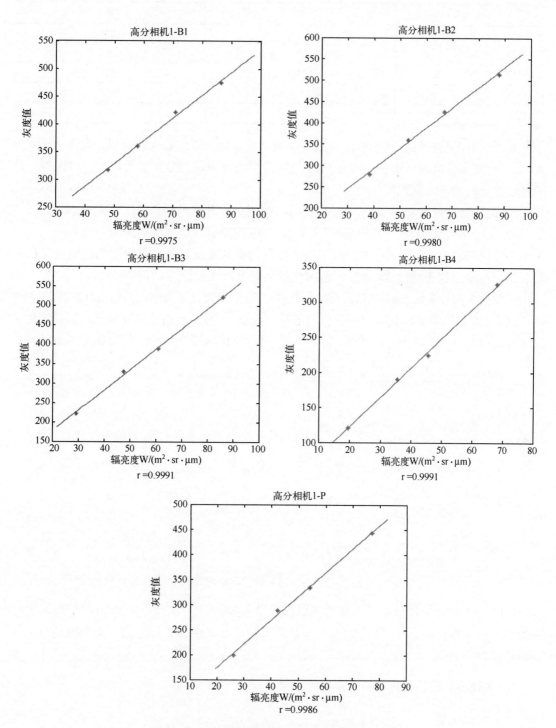

图 3-22　高分相机 1 参数 1 档下各谱段辐射响应

表 3-18　高分相机 1 参数 1 档下的绝对定标参数

谱段	K	B
B1	4.1174	122.4
B2	4.7513	102.67
B3	5.2316	73.25
B4	4.198	38.65
P	4.7407	80.1

对于反射率基法的绝对辐射定标方法，通常其定标误差主要来源有以下几个方面：

1）地面反射率测量误差：约为 3%，造成等量的绝对辐射定标参数误差，该误差也是绝对辐射定标的主要误差项；

2）大气光学厚度测量误差，造成约 1.5% 的绝对辐射定标误差；

3）反射率基法的辐射传输模型计算误差：6S 的固有计算精度为 2%；

另外相对辐射校正精度、太阳和卫星成像几何参数推演误差也会引起绝对辐射定标误差。以相对辐射校正精度 3% 计算，总的绝对辐射定标误差约为 6%～7%。

以数据获取较多的参数 1 档的宽幅相机 1 的定标参数计算为例，共有 2012 年 11 月 3 日、11 月 20 日以及 12 月 11 日三次有效的数据，以 11 月 3 日的数据计算绝对辐射定标参数，和 2012 年 11 月 20 日、12 月 11 日的数据计算绝对辐射定标参数，结果如图 3-23 所示。

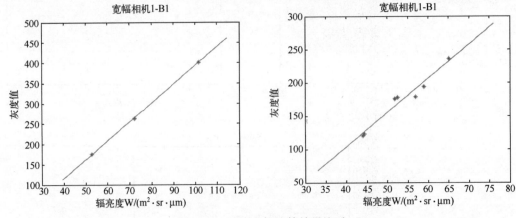

图 3-23　两次定标计算结果比对

以两次定标结果分别计算入瞳处光谱辐亮度为 30～150 W/(m² · Sr · μm) 的响应输出，两次输出的灰度值相差平均为 5.6%。若以两次测试数据综合进行定标，得到的绝对定标参数精度将会更高。

3. VRSS-2 在轨绝对辐射定标实验结果

（1）测试区域

选择云南丽江进行此次试验。选择场区大部分区域物质组成均匀、地势平坦、稳定性和均匀性较高。场地面积大约 500m×500m，用于卫星定标的同步观测区。该场在可见光一近红外波段的地表反射比约为10%～30%，场区表面光学性好，反射比变化小。随观测视场增大，光学均匀性进一步改善。场地反射率基本上位于卫星遥感器动态范围的中间部分，满足大多数卫星遥感器的在轨辐射定标，主要用作遥感卫星可见光近红外波段辐射定标。丽江大气条件干洁，晴空日数多。10月份丽江已进入旱季，温度适宜，海拔2400m，温湿度影响小。设施等后勤保障较为完善，适于野外试验的展开，综合考虑选取其作为观测试验地点。选择晴朗、无云，能见度大于23km，风力小于4级，卫星遥感仪器天顶角小于或等于40°，太阳天顶角小于55°作为星地同步观测条件。

试验场地位于东巴大峡谷骑马场附近的滑翔场，比较平坦，面积较大。丽江跑马场、水池和直升机停机坪作为主测试场地，如图3-24所示，用于构成更多反射率的计算点，以提高绝对辐射定标的计算精度。其中干草地和直升机停机坪作为反射率的高点，水池作为反射率低点，这些测试目标点至少构成了高低不同的三个计算点，可采用多点法进行定标。

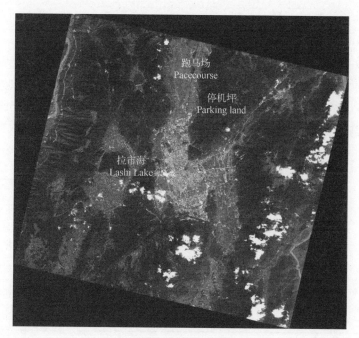

图3-24　试验区域图像（MSS B1图）

每次卫星过境时，在跑马场测试区和停机坪测试区开展同步的反射率及大气光学特性测试。图3-25为2017年12月3日测量的两个测试点反射率值。

（2）测试阶段

本次试验从2017年11月20日开始，至2017年12月12号结束，共23天，可大致分为两个阶段。

阶段一，2017年11月20日至11月27日，为实验准备阶段。根据卫星方和相机方前期测试情况，明确高分相机定标的增益和积分级数设置；根据9月份丽江实地踏勘的情况，提供准确经纬度给任务规划，进行拍摄目标准确性确认，提前进行了3次试验场地的卫星拍摄；同时项目组对试验人员进行了培训，并准备相应的试验仪器和后勤保障相关工作。

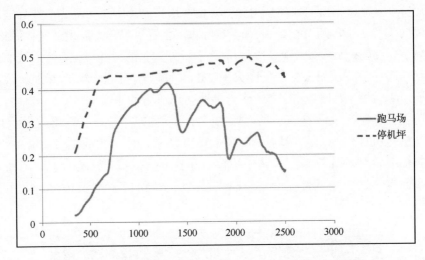

图 3-25　各测试点典型反射率值（2017 年 12 月 3 日测量）

阶段二，2017 年 11 月 27 日至 12 月 12 日，根据阶段一的情况开展星地同步测量实验，卫星共拍摄 5 次，5 次拍摄均获得相应的试验场地影像，并且无云。高分场地包括高（停机坪）、中（跑马场）以及低（水体）三种反射率的测试目标点数据。获取数据见表 3-19。

表 3-19　数据获取情况表

序号	卫星拍摄日期	卫星影像情况	地面同步测量情况
1	2017 年 11 月 30 日	拍摄到红外场地，无云	完成高分和红外的场地测量
2	2017 年 12 月 3 日	拍摄高分和红外场地，无云	完成高分和红外的场地测量
3	2017 年 12 月 4 日	拍摄高分和红外场地，无云	完成高分和红外的场地测量
4	2017 年 12 月 7 日	拍摄高分和红外场地，无云	完成高分和红外的场地测量
5	2017 年 12 月 8 日	拍摄高分和红外场地，无云	完成高分和红外的场地测量

（3）测试数据精度验证

反射率测量精度是影响最终绝对辐射定标参数精度的一个主要因素。本次试验使用了 ASD 公司 FieldSpec 4 和 FieldSpec 3 两种光谱仪测量地表反射率（两台 ASD 光谱仪在试验期间同步开展测量），采用中科院安徽光学精密机械研究所光学遥感中心制作的白板作为两台仪器的参考板，以评估两台光谱仪测量发射率的精度。

两台光谱仪在试验前天气良好的下午，同时测量标准参考版和同一块均一地物（停机坪），对比两个仪器测出的反射率以评估两台光谱仪测量反射率的精度。

从图 3-26 可以看出，两台地物光谱仪在全波段（350～2500nm）测量差距在 2% 以内（除去个别特殊波动值），两个光谱仪均具有很高的测量精度，满足定标要求。

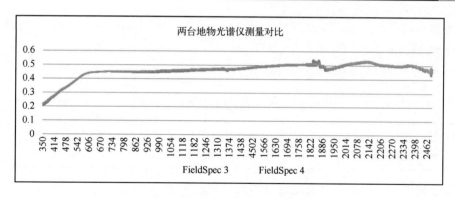

图 3-26　两台地物光谱仪反射率对比

（4）同步测量数据处理

1）地表反射率数据处理

测试目标点的反射率的测量由 ASD 野外光谱仪配合参考白板完成，ASD 采集测试目标反射率某个测试点的光谱辐亮度和准同步参考白板反射的光谱辐亮度，相比并乘以参考白板的反射率（实验室内标定）得到该测试点的反射率，剔除粗大误差后取均值得到该测试目标的反射率结果。ASD 测量的测试目标点的反射率的波长范围为 350nm～2500nm，间隔 1nm，测量跑马场、停机坪以及水塘的反射率结果如图 3-27、3-28 所示。

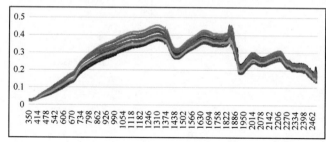
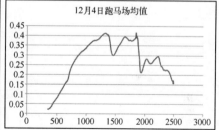

图 3-27　ASD 测量跑马场（共 15 个点）（2017 年 12 月 4 日）

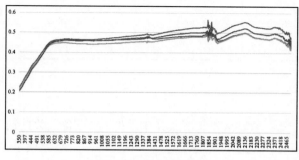
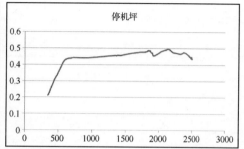

图 3-28　ASD 测量停机坪（共 4 个点）结果（2017 年 12 月 4 日）

2）大气光学特性数据

大气光学特性参数主要指气溶胶光学厚度（AOT）。本次试验采用自动太阳辐射计 CE318 测量气溶胶光学厚度，部署在测试区。其中 CE318 刚刚经过出厂前定标，气溶胶光学厚度测量精度高，还可以反演大气中的水汽含量。利用 440nm 和 670nm 的通道数据可计算得到 550nm 谱段的气溶胶光学厚度。

CE318 各波段的臭氧吸收系数见表 3-20。

表 3-20 CE318 各波段的臭氧吸收系数

波段/nm	1020	1640	870	670	440	500	936	380	340
$a_{oz}(\lambda)$	0.000049	0	0.00133	0.0445	0.0026	0.0315	0.00049	0	0.0307

卫星过境时刻气溶胶光学厚度及气象情况见表 3-21。

表 3-21 卫星过境时刻气溶胶光学厚度及气象情况

日期	AOT（@550nm）	水汽（g/cm²）	臭氧（cm⁻¹）	气象参数
2017 年 11 月 30 日	0.052	0.252	11.30	温度：8.7℃ 湿度：53% 气压：0.768atm 风向：13 风速：0.9
2017 年 12 月 3 日	0.027	0.255	12.03	温度：9℃ 湿度：42% 气压：0.767atm 风向：332 风速：1.5
2017 年 12 月 4 日	0.124	0.258	12.04	温度：7.6℃ 湿度：54% 气压：0.768atm 风向：97 风速：1
2017 年 12 月 7 日	0.174	0.258	12.07	温度：17.4℃ 湿度：29% 气压：0.762atm 风向：244 风速：7.4
2017 年 12 月 8 日	0.059	0.256	12.08	温度：12.4℃ 湿度：50% 气压：0.767atm 风向：131 风速：1.6

（5）绝对定标参数计算

1）入瞳处辐亮度计算

将上面同步测量得到的测试目标点的反射率数据和气溶胶光学厚度、水汽含量数据输入到 6S 辐射传输模型中，并利用轨道仿真推演软件计算卫星过每个试验区的卫星天顶角、卫星方位角、太阳天顶角和太阳方位角等几何参数输入到 6S 模型中，就可以计算得到该测试目标点在卫星过顶时刻在卫星入瞳处的光谱辐亮度。

2）测量点图像灰度值提取

提取各测试目标点在对应相机上各谱段的灰度值。试验记录拍摄数据的太阳高度角、太阳方位角、卫星天顶角、卫星方位角、增益和积分级数，提取不同数据的灰度值。以12月7日的数据为例，各测试目标在各图像中的灰度值见表3-22。

表3-22　12月7日各地物在对应相机各谱段的灰度值

相机	目标	平均值				
		B1	B2	B3	B4	P
高分相机	跑马场	223.4375	239.5	294.5625	431.3125	286.3125
	停机坪	495	625	681	674	637.5
	水塘	169	168	101	55	90

3）绝对定标参数计算（Calculation of Absolute Calibration Parameters）

根据某一个档位下某台相机获取的所有测试目标点的图像灰度值及对应的等效入瞳辐亮度，采用一次函数拟合，得到该参数下该台相机所有谱段的绝对定标参数。

（6）定标结果及分析

根据上面的绝对定标参数测量结果，和相机增益及积分级数的比例关系，得到高分相机在各个参数档位设置下各谱段的绝对定标参数，见图3-29和表3-23。

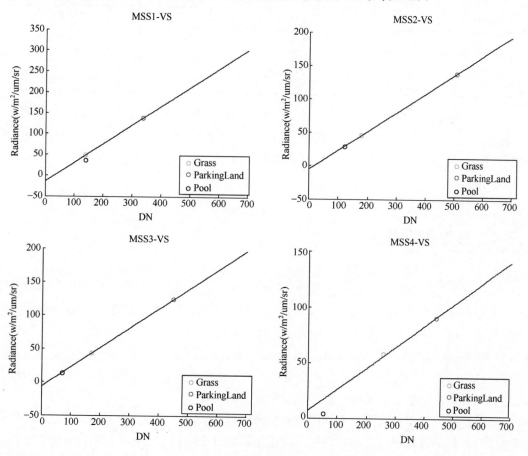

图3-29　第一组参数档辐射响应（12/03 数据）

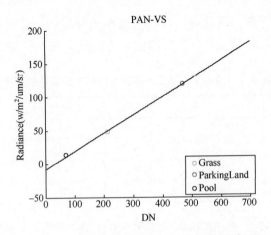

图 3-29　第一组参数档辐射响应（12/03 数据）（续）

表 3-23　高分相机第一组参数档下的绝对定标参数

谱段	K	B	R 相关系数	增益设置
P	3.748	22.54	0.9993	增益 6-级数 3
MSS1	2.078	51.45	0.9922	增益 6-级数 4
MSS2	3.508	21.24	0.9999	增益 10-级数 3
MSS3	3.407	25.68	0.9999	增益 6-级数 4
MSS4	4.481	24.00	0.9938	增益 8-级数 3

　　本次绝对辐射定标试验，前后历时 3 个星期，期间共开展外场试验 5 次，其中成功或部分成功 5 次，完成了两台相机在两种典型参数设置下的绝对辐射定标。由于空间环境的影响，遥感器入轨后的辐射响应性能可能会发生改变，需要及时跟踪，定期更新绝对辐射定标参数。

3.4　影像质量复原

　　影像质量复原的目标是对退化的影像进行处理，使之趋向于没有退化的理想影像的过程。卫星遥感成像的过程实质上是一个信号传递的过程。对常规的可见光/近红外反射式光学遥感卫星系统而言，遥感器所接收的电磁波谱经过地物、大气、卫星平台、相机载荷（包括光学系统和电子学系统）成像，并且又经过压缩/数传/解压缩、地面处理，最终形成影像产品，这是一个包含多个环节的全链路过程。在遥感成像的全链路过程中，各个环节都存在对成像质量的影响因素，会造成成像质量的退化。

　　卫星遥感影像质量复原技术使用调制传递函数（MTF）和点扩散函数（PSF）等成像质量综合评价函数精确测定和构建遥感成像全链路过程中由于目标、大气、卫星平台轨道姿态运动、相机成像畸变和噪声、数据传输和地面图像处理等全过程的成像质量退化模型，并使用该模型进行成像质量复原提升，是遥感影像质量复原补偿、精细化目标识别、立体测绘高精度影像匹配的基础。

3.4.1　遥感成像质量退化及其描述模型

为准确地量测、描述这种退化，并尽可能地从退化影像中复原出原始信息，就需要对成像质量的各种影响因素进行识别、分析、量化，且构建覆盖遥感成像全链路各个环节及各个影响因素的质量退化模型。常用的质量退化模型包括调制传递函数（MTF）模型和点扩散函数（PSF）模型。

1．调制传递函数（MTF）模型

调制传递函数（Modulation Transfer Function，简称 MTF），是不同空间频率的信号经过成像系统传递后的退化信号调制度与传递前的原始信号调制度之比。

MTF 函数是描述和评定成像系统综合性能的重要指标，是少有的具备同时评价影像宏观质量和微观质量的指标。它是关于空间频率的函数，当空间频率为 0 时其值为 1，对于通常的孔径成像式光学系统，其值随着空间频率的升高而逐步降低，直至趋近 0，如图 3-30 所示。

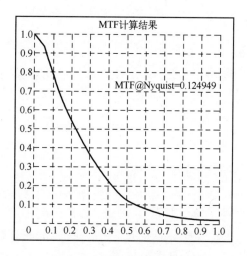

图 3-30　MTF 函数示意图

对于 CCD 相机等数字离散式采样成像系统而言，CCD 的最小感光单元为探元，称相邻探元中心间距的 2 倍的倒数为 CCD（一般也扩展到整个相机系统）的奈奎斯特（Nyquist）频率。CCD 相机经常用该频率下的 MTF 值作为相机设计和性能评价参数，但是事实上影响成像质量的远不仅仅是奈奎斯特频率下的 MTF 值，而是全部空间频率的 MTF 值都对成像质量产生影响。一般而言，低频部分的 MTF 反映的是影像的全局特征，中频部分的 MTF 反映的是影像中目标的轮廓特征，而高频部分的 MTF 反映的是影像的局部细节特征。

2. 点扩散函数（PSF）模型

点扩散函数（Point Spread Function，简称 PSF），在理论上是经过成像系统前的 1 个点光源经过成像系统产生退化，扩散形成一个弥散斑，该弥散斑的二维能量分布函数即为点扩散函数。

对同一成像系统，PSF 与 MTF 存在对应关系：MTF 是 PSF 经过傅里叶变换后的幅值的归一化函数，即：

设 $h(x, y)$ 为点扩散函数，其经过傅里叶变换后为 $H(u, v)$，其中，$H = |H| \cdot e^{i\phi}$，$|H|$ 是幅值，ϕ 为相位。若对幅值作归一化，使得零频率的幅值为 1，则称此归一化的幅值为调制传递函数（MTF），即：

$$MTF = |H| / k \tag{3-38}$$

其中，k 为 H 在零频率的幅值。

3. MTF/PSF 对成像质量退化过程的描述

（1）PSF 对成像质量退化过程的描述

假定 $f(x, y)$ 为原始影像，$g(x, y)$ 为退化影像，$n(x, y)$ 为噪声影像，则：

$$g(x, y) = f(x, y) * h(x, y) + n(x, y) \tag{3-39}$$

其中，$h(x, y)$ 为点扩散函数。

（2）MTF 对成像质量退化过程的描述

假定 $F(u, v)$ 为原始影像的频率域变换，$G(u, v)$ 为退化影像的频率域变换，$N(u, v)$ 为噪声影像的频率域变换，则：

$$G(u, v) = F(u, v) \cdot MTF(u, v) + N(u, v) \tag{3-40}$$

其中，$MTF(u, v)$ 为 MTF 函数。

（3）不同质量退化因素的传递与累积描述

由于 MTF 是成像系统在频率域里的退化过程描述，当成像系统满足线程系统假设时（对于常规遥感系统均近似满足这一假设），通过 MTF 函数可以十分便捷地将不同质量退化因素均用 MTF 来表示，并通过将不同质量退化因素的 MTF 进行乘积来描述整个系统的 MTF 及质量退化过程。例如一个典型的卫星遥感成像系统的质量退化模型可以描述为：

$$MTF = MTF_{optics} \cdot MTF_{detect} \cdot MTF_{elec} \cdot MTF_{obj} \cdot MTF_{atm} \cdot MTF_{flat} \cdot MTF_{defo} \tag{3-41}$$

其中，MTF_{optics} 为光学系统 MTF，MTF_{detect} 为探测器 MTF，MTF_{elec} 为电路 MTF，MTF_{obj} 为场景目标 MTF，MTF_{atm} 为大气 MTF，MTF_{flat} 为卫星平台 MTF（包括正常运动和非正常运动），MTF_{defo} 为离焦 MTF。

PSF 函数同样可以用于描述成像系统的质量退化过程，这是在空间域里通过卷积实现的，根据空间域与频率域的对应关系，易知：

$$PSF = PSF_{optics} * PSF_{detect} * PSF_{elec} * PSF_{obj} * PSF_{atm} * PSF_{flat} * PSF_{defo} \tag{3-42}$$

3.4.2 质量退化参数量测

1. 实验室质量退化参数量测

在相机的地面研制阶段，相机在实验室中对标准 MTF 测试源进行成像，获取得到相机的 MTF 参数，主要方法包括干涉法、分辨率法、线扫描法和小光点注入法等。

实验室阶段量测得到的 MTF 值，能够反映相机系统自身的成像性能和质量退化模型，这部分 MTF 在整个遥感全链路系统中属于比较稳定的因素，对卫星在轨成像后进行系统 MTF 修正具有明显作用；但是它不能反映大气、卫星平台、相机离焦等在轨后容易发生变化的因素对 MTF 的作用。

一般而言，实验室阶段量测的 MTF 值都会比较高，而实际在轨运行后的 MTF 值受到各种因素的影响会明显下降。

2. 在轨场地质量退化参数量测

卫星在轨运行期间，通过在地面布设靶标，从卫星对靶标所成的影像中获取并量测 MTF/PSF 参数，主要方法包括刃边法、脉冲法和点源法等。

在轨场地质量退化参数量测方法借助反射特性、几何特性已知的靶标，观测对象已知，量测精度高，能够涵盖遥感成像全过程的质量退化参数，是获取在轨 MTF/PSF 参数的较为理想的方法。但是这种方法必须依靠人工布设靶标，对场地条件有较大限制，若将量测结果用于距离场地较远的区域影像则存在较大不适应性。

在轨 MTF/PSF 量测靶标的场地可以与绝对辐射定标场地共用，其靶标也可与绝对辐射定标的反射率量测靶标共用。

（1）刃边法

刃边法主要是通过对地面的边缘纹理提取 MTF，例如，冰与水的分界线。该方法的理论依据是从图像上纹理提取的边缘扩散函数与脉冲法中的线扩展函数之间的关系是微分与积分的关系。因此，在得到纹理的边缘扩散函数后再对其求导便可以得到对应的线扩展函数，从而最终得到系统的 MTF 值。刃边法提取 MTF 的主要步骤为（如图 3-31 所示）：

1）根据边缘成像的灰度分布拟合出边缘扩散函数曲线。

2）对边缘扩散函数曲线一次求导，得出线扩展函数曲线。

3）对线扩展函数曲线做傅里叶变换得到 MTF 曲线。

4）结合狭缝成像的像面宽度对 MTF 曲线进行修正。

（2）脉冲法

脉冲法主要是从遥感图像中的线状脉冲边缘中直接提取线扩散函数，其主要步骤为（如图 3-32 所示）：

1）从线状地面靶标的灰度影像中提取采样点。

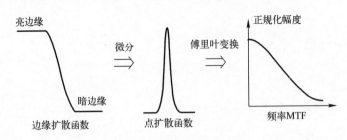

图 3-31　刃边法量测步骤

2）选用合适的拟合函数，将前一步所得的采样点拟合成线扩展函数。

3）对线扩展函数曲线做傅里叶变换得到 MTF 曲线。

4）结合狭缝成像的像面宽度对 MTF 曲线进行修正。

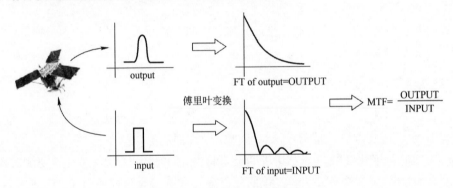

图 3-32　脉冲法的量测步骤

脉冲法与刃边法的主要差别在于是直接还是间接地从图像中提取线扩展函数。而这一差别直接给图像中 MTF 提取带来的影响是：脉冲法对采样图像的质量要求较高，采样图像的选取困难，但 MTF 的计算结果精度较高。刃边法对采样图像的质量要求相对较低，采样图像的选取较易，但 MTF 的计算结果精度没有脉冲法高。因此，可看出脉冲法适合分辨率较高的卫星遥感图像，而刃边法则能更好地应用于较低分辨率的卫星遥感图像。

（3）点源法

点源法是利用地表布设的点光源反射镜构成点光源，通过精确计算卫星成像时刻太阳、点光源、卫星三者间的几何关系，自动或手动调整点光源反射镜的指向，使得太阳直射辐射通过镜面反射，以点光源形式反射至卫星，从而使影像上对该点光源成像。由于成像质量退化，影像中该点光源将表现为二维点扩散函数，从而能够直接获取成像系统的点扩散函数（PSF），也可对 PSF 进行傅里叶变换后得到 MTF 函数。

点源法的最大优势在于能够直接获取 PSF 函数，且能够减少或避免刃边法或脉冲法的图像处理过程中的各种误差；但其缺点是对卫星轨道预报精度有严格依赖，如轨道预报误差较大则点光源无法反射至卫星相机视场范围，即无法使用该方法量测 PSF 参数。

3. 基于自然地物的质量退化参数量测

如果没有专门布设的靶标影像,也可以通过自然地物对质量退化参数进行量测,例如:机场跑道与周边地物就是较为理想的刃边法量测目标,桥梁、防波堤等则是较为理想的脉冲法量测目标。对于中低分辨率影像,如布设靶标则所需面积将十分巨大,使用自然地物量测 MTF/PSF 参数往往是唯一可行的方法。

使用自然地物作为量测目标时要注意:刃边、脉冲的对比度要尽可能地大;刃边、脉冲要保持直线;要避免受到阴影的干扰,不要把阴影与其他地物的对比作为量测目标。

3.4.3 质量退化复原补偿

质量退化复原补偿是利用量测获取的 MTF/PSF 参数,对退化图像进行频率域或空间域的逆变换处理,从而最大限度地复原原始影像中的信息,补偿和提升成像质量,按处理方法不同可分为频率域复原补偿方法和空间域复原补偿方法。

1. 频率域复原补偿方法

频率域复原补偿方法是将图像变换到频率域,使用 MTF 函数对频率域图像进行复原滤波,再将复原后的频率域图像重新变换到空间域的方法。

（1）处理流程

频率域复原补偿方法的处理流程如图3-33 所示。

（2）空间域-频率域变换

空间域-频率域变换是影像在空间域和频率域相互转换的处理过程,其中最为典型的是傅里叶变换/逆变换。对于影像而言,包括待处理图像的二维傅里叶变换和复原滤波后图像的二维傅里叶逆变换两个过程。

由于傅里叶变换的正交性,二维傅里叶变换可分为傅里叶行变换和傅里叶列变换两个独立过程分别处理。同理,二维傅里叶逆变换也可分为傅里叶行逆变换和傅里叶列逆变换两个独立过程。

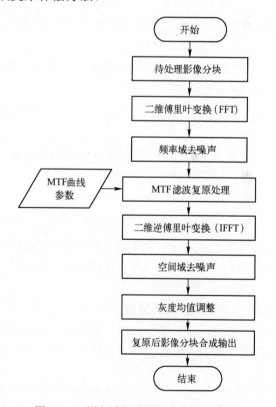

图 3-33　频率域复原补偿方法处理流程

由于 CCD 相机遥感影像是离散数字影像,因此其傅里叶变换/逆变换处理也应实现离散化。由于傅里叶变换/逆变换需要对影像全局进行计算,因此计算量很大,为提升处理速度需要采用快速傅里叶变换（FFT）/快速傅里叶逆变换方法（IFFT）,并考虑分块处理、并行处理等策略。

（3）复原滤波模型

频率域复原补偿处理的实质是一个频率域复原滤波处理过程，其核心是使用合适的复原滤波模型对退化影像的频率域状态进行滤波。复原滤波模型具有多种形态，其中在 MTF 复原补偿处理中较为经典的有逆滤波模型、维纳滤波模型和修正逆滤波模型等。

设复原滤波处理公式为：

$$\hat{F}(u,v) = \frac{G(u,v)}{H(u,v)} \tag{3-43}$$

其中，$G(u,v)$ 为退化影像，$\hat{F}(u,v)$ 为复原后影像，则 $H(u,v)$ 为滤波模型函数。

1）逆滤波模型

逆滤波模型是最简单、最直观的一种复原滤波模型。其滤波函数模型为：

$$H(u,v) = \mathrm{MTF}(u,v) \tag{3-44}$$

逆滤波模型完全没有考虑影像噪声，因此进行逆滤波复原处理后，复原后影像的噪声会不可避免地增加，尤其是高频部分的噪声。因此直接使用逆滤波模型，往往复原后的影像质量存在缺陷，需要进行额外的噪声去除处理。

2）维纳滤波模型

维纳滤波模型在逆滤波模型的基础上，综合考虑了退化函数和噪声统计特征两个方面，其滤波函数模型为：

$$H(u,v) = \frac{\mathrm{MTF}(u,v)^2 + K}{\mathrm{MTF}(u,v)^2} \mathrm{MTF}(u,v) \tag{3-45}$$

式中，K 为维纳滤波的调整系数，其值可由经验估计，一般可设为影像信噪比的倒数 $\frac{1}{\mathrm{SNR}}$。

维纳滤波模型在复原处理过程中，同时考虑了 MTF 和噪声两部分特征，与逆滤波模型相比，由于引入调整系数 K 会轻微地损失一些复原效果，但是可以明显地抑制噪声。

维纳滤波模型与逆滤波模型具有明显的关联性，当 $K=0$ 时，维纳滤波模型即等同于逆滤波模型。

3）修正逆滤波模型

修正逆滤波模型是对简单的逆滤波模型的改进，该方法尽量接近逆滤波模型，同时又控制了其放大噪声的缺点。修正逆滤波模型要设计一个函数 $D(u,v)$，使得：

$$H(u,v) = \frac{\mathrm{MTF}(u,v)}{D(u,v)} \tag{3-46}$$

而 $D(u,v) = D(u) \times D(v)$，则：

$$D(u) \begin{cases} 1 & 0 \leqslant u \leqslant u_w \\ 0.5\left(1 + \cos\dfrac{u - u_w}{u_c - u_w}\pi\right) & u_w \leqslant u \leqslant u_c \end{cases} \tag{3-47}$$

式中，u_c 是归一化奈奎斯特频率 0.5，u_w 为 MTF 为 0.5 时的频率。

2．空间域复原补偿方法

空间域复原补偿方法是近年来新兴的复原补偿处理方法，它直接对退化影像的空间域在空间域进行处理，基本方法是以点扩散函数（PSF）为模板，对退化图像逐点（逐邻近区域）进行逆卷积变换，最终得到复原影像。

空间域复原补偿方法有很多优点：

1）直接反映成像系统在空间域的能量分布特性与质量退化特性。

2）避免了空间域-频率域变换过程本身造成的误差。

3）能够针对影像的不同区域采用不同的 PSF 函数进行复原，可以更准确地反映由于地物、大气和相机光学/电子学特性在影像不同区域的差异造成的影像。

4）可以克服频率域复原难以完全避免的边缘附近振铃现象和所谓"鬼像"。

然而，空间域复原补偿方法还远远没有成熟，存在一系列缺陷，例如：运算量大、处理效率较频率域方法低；PSF 函数不可逆时复原处理计算可能带来奇异解；邻近像元效应的消除方法还不成熟等。

3.4.4　在轨 MTF 复原实验

1．在轨 MTF 恢复处理过程

VRSS-1/2 卫星采用频率域复原补偿方法。基本原理是已知或已计算得到图像的 MTF 下降曲线，就可以根据该 MTF 曲线复原退化图像。具体是通过计算采样系统的 MTF 曲线在不同空间频段的下降程度来反推实际图像频谱中高频部分的上升程度，从而提高图像质量。

图像的模糊（退化）过程可以使用一个退化函数 H 来表示，该退化函数就是点扩散函数的空间描述。一般来说，降质过程可以建模为一个退化函数 $H(x,y)$ 与加性噪声 $n(x,y)$ 一起共同作用在输入图像 $f(x,y)$ 上产生降质图像 $g(x,y)$，如图 3-34 所示。

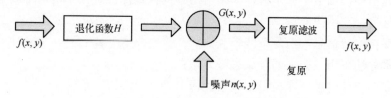

图 3-34　数字图像降质和复原过程模型

假定 $f(x,y)$ 为原目标图像，$g(x,y)$ 为观察到的退化图像，噪声图像为 $n(x,y)$，则：

$$g(x,y) = f(x,y) * h(x,y) + n(x,y) \tag{3-48}$$

其中 $h(x,y)$ 为点扩展函数。对式中两边同时进行傅里叶变换则得到：

$$G(u,v) = F(u,v) \cdot H(u,v) + N(u,v) \tag{3-49}$$

其中，$H=|H|\cdot e^{i\phi}$，$|H|$ 是幅值，ϕ 为相位。若对幅值作归一化，使得零频率的幅值为1，则称此归一化的幅值为调制传递函数（MTF），即：

$$MTF = |H|/k \tag{3-50}$$

其中，k 为 H 在零频率的幅值。由此可得：

$$G = F\cdot MTF\cdot k\cdot e^{i\phi} + N \tag{3-51}$$

假定 MTF 在作用于频谱图像 F 时，与以频谱中心为圆心的等半径圆上的 MTF 值相同，则可以将式上式化简为：

$$G = F\cdot MTF\cdot k + N \tag{3-52}$$

图像复原步骤如下：

第 1 步，计算采样系统的 MTF 曲线。其中对于高分辨率图像，可以采用刃边法或脉冲法求解。但是，对于低分辨率图像（如中巴红外图像），现有的计算高分辨率图像 MTF 的方法就不适用了。为了模拟一簇 MTF 下降曲线，将 MTF 值改写为如下形式：

$$MTF = MTF^{t},\ 0 < t < 2 \tag{3-53}$$

这里的 t 起调节 MTF 下降程度的作用。当 t 越大，MTF 曲线下降得越快；反之，t 越小，MTF 曲线下降得越慢。在用 MTF 曲线复原图像时，可以通过调节 t，即通过选择合适的 MTF 下降曲线来复原图像，以便获得较好的复原效果。

这里假定大气质量很好，可以忽略大气 MTF，另外，还忽略了与探元运行方向相平行方向和垂直方向的 MTF 的差别。实际上，探元运行方向的 MTF 和与探元运行方向相垂直方向的 MTF 是不同的，这是由探元运动引起的。由于本模块采用的 MTF 曲线是在实验室条件下求得的，没有考虑探元的运动，所以为了简化计算，这里没有考虑探元运动引起的两个方向 MTF 的差别。

第 2 步，去噪。用 MTF 复原图像时，主要是提升图像的高频部分，但由于噪声也是高频部分，所以如果对噪声不进行抑制，则很可能导致复原后的图像含有很多噪声，以至于把有效信息给掩盖了。去噪方法主要有各向同性滤波（如高斯滤波）和各向异性滤波（如总变差方法）。由于各向同性滤波在去除噪声的同时丢失了较多细节信息，而中巴红外图像本身就比较模糊，细节不够丰富，如果再用各向同性滤波进行平滑，则细节丢失太多，因而不利于最后提高图像质量。基于总变差方法的各向异性滤波虽然能够在去除噪声的同时，较好地保持细节信息，但复杂度较高。

为此，本算法采用了如下的频域去噪方法：

（1）对原图像作傅里叶变换得到频谱图像 R。

（2）去除频谱图像 R 中的孤立亮点。

（3）对处理后的频谱图像 R 作傅里叶反变换，同时将灰度均值调整到与原图相同。

第 3 步，对去除孤立点后的频谱图像进行 MTF 复原。可得恢复原目标图像频域 F 的方法为：

$$F = (G-N)/(MTF\cdot k) \tag{3-54}$$

令 $R = G - N$ 为去除孤立点后的频谱图像，同时令 $k=1$，上式可简化为：

$$F = R / \text{MTF} \tag{3-55}$$

在进行 MTF 拉伸时，有两个问题需要处理，第 1 个问题是 MTF 曲线的下降程度的选择。在处理中巴红外图像时，发现 t 取[0.8，1]之间时效果较好，本模块取 $t=0.8$。第 2 个问题是不同频率处的归一化后的 MTF 值如何与频谱图像的频率对应。实际上很难确定 MTF 曲线的频率值与频谱图像的频率值的对应关系。这里，可将 MTF 曲线的最高频率与图像频谱的最高频对应。

最后，对经 MTF 拉伸后的频谱图像进行傅里叶反变换。为了使复原后的图像与原图的能量基本保持一致，应将复原后图像的灰度均值调整到与原图相同。

2．MTF 复原精度测试

（1）VRSS-1 全色 PAN-1 相机

选取拍摄于 2012 年 12 月 8 日第 1036 轨西安地区图像对比 MTFC 复原前后各项质量评价指标，结果如下。

1）成像信息

见表 3-24。

表 3-24　委内瑞拉遥感卫星一号全色相机成像信息

产品级别	成像时间	卫星俯仰角	卫星滚动角	卫星偏航角	太阳高度角
1 级	2012 年 12 月 8 日　UTC03:29	−0.48	1.05	3.19	30.07

2）MTFC 复原前后图像对比

如图 3-35、图 3-36 所示。

图 3-35　2012 年 12 月 8 日第 1036 轨西安地区原始一级产品图像

图 3-36　2012 年 12 月 8 日第 1036 轨西安地区图像经 MTFC 复原后图像

3）MTFC 复原前后图像综合质量评价指标对比

见表 3-25、表 3-26。

表 3-25　MTFC 复原前影像质量评价系数

评价指标	均值	方差	熵值	纹理相关度	纹理熵	纹理惯性矩
评价系数	314.29	66.26	3.10	6820.19	3.10	2740.87

表 3-26　MTFC 复原后影像质量评价系数

评价指标	均值	方差	熵值	纹理相关度	纹理熵	纹理惯性矩
评价系数	314.79	67.13	3.45	14608.76	3.45	4092.89

同理，选取拍摄于 12 月 19 日第 1205 轨安徽霍山地区图像对比 MTFC 复原前后各项质量评价指标，结果见表 3-27、3-28。

表 3-27　MTFC 复原前影像质量评价系数

评价指标	均值	方差	熵值	纹理相关度	纹理熵	纹理惯性矩
评价系数	318.70	48.37	3.23	6476.21	3.23	2216.25

表 3-28　MTFC 复原后影像质量评价系数

评价指标	均值	方差	熵值	纹理相关度	纹理熵	纹理惯性矩
评价系数	320.46	50.42	3.24	7033.72	3.24	2554.66

（2）VRSS-1 全色 PAN-2 相机

全色 PAN-2 相机的 MTF 复原测试分别选择 2012 年 12 月 8 日第 1036 轨西安地区图像和 12 月 7 日第 1027 轨敦煌地区图像进行复原前后指标对比结果如下。

2012 年 12 月 8 日第 1036 轨西安地区图像，见表 3-29、表 3-30。

表 3-29 MTFC 复原前影像质量评价系数

评价指标	均值	方差	熵值	纹理相关度	纹理熵	纹理惯性矩
评价系数	346.66	63.95	2.96	6641.00	2.96	3023.00

表 3-30 MTFC 复原后影像质量评价系数

评价指标	均值	方差	熵值	纹理相关度	纹理熵	纹理惯性矩
评价系数	347.16	48.76	3.15	11594.68	3.15	5462.28

12 月 7 日第 1027 轨敦煌地区图像，见表 3-31、表 3-32。

表 3-31 MTFC 复原前影像质量评价系数

评价指标	均值	方差	熵值	纹理相关度	纹理熵	纹理惯性矩
评价系数	461.19	74.02	3.15	10436.55	3.15	13355.13

表 3-32 MTFC 复原后影像质量评价系数

评价指标	均值	方差	熵值	纹理相关度	纹理熵	纹理惯性矩
评价系数	464.37	75.73	3.15	10441.47	3.15	13373.44

通过上述测试结果发现，VRSS-1 卫星通过在轨 MTF 复原，在方差、熵值、纹理相关度、纹理熵、纹理惯性矩方面分别得到了提升。

3.5 本章小结

本章系统介绍了相对辐射定标和校正、绝对辐射定标和校正、影像质量复原相关技术原理和处理流程，并结合 VRSS-1/2 遥感卫星开展了定标实验和辐射精度分析验证，开展了图像质量提升工作，对辐射质量提升效果进行了评价。

第4章 几何定标与高精度几何校正

卫星成像依靠的主要是传感器，线阵传感器是目前最常用的获取光学影像的传感器。本章以线阵传感器为例介绍卫星几何定标与高精度几何校正处理过程。

卫星传感器在成像过程中会受到诸如遥感平台位置和运动状态变化、地形起伏、地球表面曲率、大气折射、地球自转等因素的影响，使得所获取的图像在几何位置上发生了变化，产生行列不均匀、像元大小与地面大小对应不准确、地物形状不规则变化等畸变。几何处理作为遥感卫星数据处理中一个十分重要的环节，主要是消除这些传感器本身的高度、姿态等不稳定性，地球曲率及空气折射的变化以及地形的变化等一系列非系统性的几何畸变影响，使得图像具有较高的定位精度。

卫星遥感数据几何处理主要采用两个模型，严格物理成像模型和有理多项式函数模型，实际应用过程中，还需要对传感器本身带来的畸变开展传感器校正和波段配准工作，需要结合地面定标处理获取定标参数，消除系统本身带来的畸变影响。

4.1 基本数学模型

4.1.1 线阵推扫式传感器

光学遥感卫星已经从传统的框幅式投影发展到现在的多中心投影。传感器根据获取地表信息的不同，一般划分为单线阵、双线阵和三线阵传感器，目前国内获取的高分辨率遥感影像，大多是通过单线阵推扫式成像传感器按时间先后，逐行获取二维图像的。其原理是线阵扫描仪按一条直线扫描地面，这条直线垂直于传感器平台的运动方向，卫星携带传感器沿着预先定义好的轨道向前推进，沿此方向连续逐条扫描后形成一幅二维影像，成像方式如图4-1所示。影像上每一行像元在同一时刻成像且为中心投影，整个影像则为多中心投影。

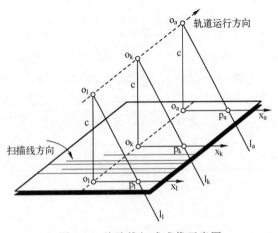

图 4-1 线阵推扫式成像示意图

图中，p_k 为影像中任意一像点，x_k 为扫描线 k 上影像点的 l_k 坐标，f 为传感器主距，O_k 为扫描线 k 的投影中心，o_k 为扫描线 k 的主点，l_k 为经过投影中心 O_k 的一条光线。

4.1.2　严格物理成像模型

共线方程作为卫星影像几何处理的基本模型，其实质含义为相机投影中心、像点及对应的物方点三点共线，也可理解为像方矢量与物方矢量共线，其中像方矢量以投影中心为起点、像点为终点；物方矢量以投影中心为起点、物方点为终点，如图 4-2 所示。

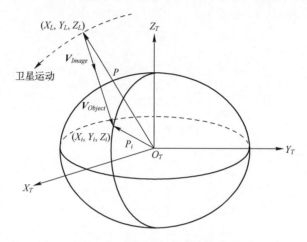

图 4-2　卫星光线矢量共线图

目前卫星获取的直接观测数据主要包括：GPS 观测数据、INS 观测数据、陀螺观测数据、像点坐标、物方点大地坐标及时间系统观测数据。如何利用现有观测数据建立严密共线方程模型，深入分析各观测数据的几何性质、统计性质是整个卫星影像高精度几何处理的关键，同时也为卫星平台的设计与研制提供依据。

构建高分辨率光学推扫式卫星严密成像模型流程如图 4-3 所示。

以星敏本体到 J2000 坐标系下的姿态为基础构建的严格物理成像模型为：

$$\begin{pmatrix} X_M - X_{GPS}(t) \\ Y_M - Y_{GPS}(t) \\ Z_M - XZ_{GPS}(t) \end{pmatrix} = \lambda R_{J2000}^{WGS84}(t) R_{星敏}^{J2000}(t) R_{Cam}^{星敏}(t) \begin{pmatrix} x \\ y \\ f \end{pmatrix}_{Cam} \tag{4-1}$$

以卫星本体到轨道坐标系下的姿态为基础构建的严格物理成像模型为：

$$\begin{pmatrix} X_M - X_{GPS}(t) \\ Y_M - Y_{GPS}(t) \\ Z_M - XZ_{GPS}(t) \end{pmatrix} = \lambda R_{J2000}^{WGS84}(t) R_{orb}^{J2000}(t) R_{body}^{orb}(t) R_{Cam}^{body}(t) \begin{pmatrix} x \\ y \\ f \end{pmatrix}_{Cam} \tag{4-2}$$

1.　坐标系建立

为建立系统几何校正模型，首先需要引进一些坐标系，然后再建立这些坐标系之间的转换关系，最后导出瞬时摄影坐标系到协议地心坐标系的共线方程。

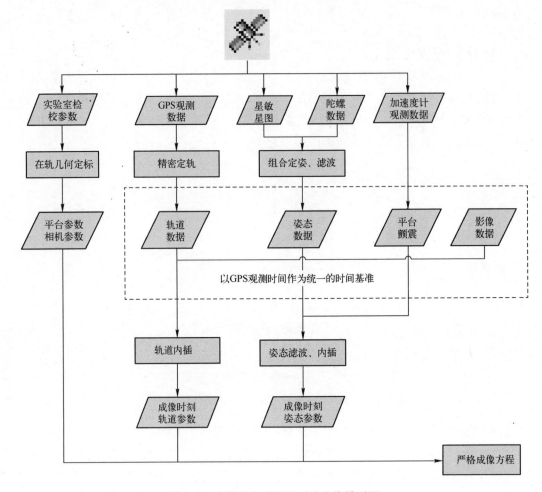

图 4-3　光学推扫式卫星严格成像模型图

（1）J2000 坐标系 $O\text{-}X_OY_OY_O$

原点在地球质量中心，基本平面为 2000.0 地球赤道平面，X_O 轴在基本平面内由地球质心指向 2000.0 的平春分点。Z_O 轴为基本平面的法线，指向北极方向。Y_O 轴与 X_O、Z_O 轴成右手系。

（2）协议地心坐标系 $O\text{-}X_GY_GY_G$

原点在地球质心，Z_G 轴指向北极原点（CIO），基本平面与 Z_G 轴垂直，X_G 轴在基本平面内由地心指向格林尼治子午圈。X_G、Y_G、Z_G 轴成右手系。

（3）轨道坐标系 $S\text{-}X'Y'Z'$

原点在卫星质量中心，Z' 轴指向地心，X' 轴沿飞行方向并垂直于 Z' 轴。

（4）卫星本体坐标系 $S\text{-}X_bY_bY_b$

原点在卫星质量中心，X_b 轴、Y_b 轴和 Z_b 轴分别取卫星的三个主惯量轴，且 X_b 轴沿纵轴指向飞行方向。Y_b 轴沿卫星横轴，Z_b 轴与 X_b 轴和 Y_b 轴构成右手系。

（5）瞬时摄影坐标系 S-XYZ

原点在相机摄影中心，忽略它与卫星质量中心的差距，Z 轴取中心像元的主光轴方向，Y 轴平行于探测器线阵扫描方向，X 轴与 Y 轴垂直。

2. 坐标系转换

从像元行列值到该像元主光轴单位向量在瞬时地心坐标系下的坐标，需要经过下面一系列的坐标系变换。

（1）由瞬时摄影坐标系到卫星本体坐标系的变换

如图 4-4 所示，设 CCD 线阵安装在 Y_b、Z_b 平面内且平行于 Y_b 轴，则 CCD 线阵上任一像元（行，列），由行号可以计算该像元成像时间，由列号可以计算该像元主光轴与 Z_b 的夹角 α，$\alpha = \arctan \dfrac{y_b}{f}$，则该像元主光轴单位矢量在卫星本体坐标系下的坐标由下列变换矩阵表示：

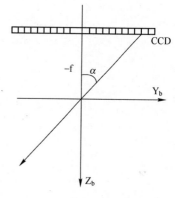

图 4-4　CCD 成像光路图

$$\begin{pmatrix} X_b \\ Y_b \\ Z_b \end{pmatrix} = \boldsymbol{M}_1 \begin{pmatrix} 0 \\ 0 \\ 1 \end{pmatrix}, \quad \text{其中 } \boldsymbol{M}_1 = \begin{pmatrix} 1 & 0 & 0 \\ 0 & \cos\alpha & \sin\alpha \\ 0 & -\sin\alpha & \cos\alpha \end{pmatrix} \quad (4\text{-}3)$$

（2）由卫星本体坐标系到轨道坐标系的变换

由卫星本体坐标经过三个姿态角的旋转，就可变换到轨道坐标系，设 φ 是滚动角，θ 是俯仰角，ψ 是偏航角，此变换引入了卫星姿态角的影响：

$$\begin{pmatrix} X' \\ Y' \\ Z' \end{pmatrix} = \boldsymbol{M}_2 \begin{pmatrix} X_b \\ Y_b \\ Z_b \end{pmatrix} \quad (4\text{-}4)$$

其中，$\boldsymbol{M}_2 = \begin{pmatrix} \cos\psi & -\sin\psi & 0 \\ \sin\psi & \cos\psi & 0 \\ 0 & 0 & 1 \end{pmatrix} \times \begin{pmatrix} \cos\theta & 0 & \sin\theta \\ 0 & 1 & 0 \\ -\sin\theta & 0 & \cos\theta \end{pmatrix} \times \begin{pmatrix} 1 & 0 & 0 \\ 0 & \cos\phi & -\sin\phi \\ 0 & \sin\phi & \cos\phi \end{pmatrix}$

（3）由轨道坐标系到 J_{2000} 坐标系的变换

Ω 为升交点赤经，i 为轨道倾角，U 为从升交点算起的辐角。

$$\begin{pmatrix} X_O \\ Y_O \\ Z_O \end{pmatrix} = \boldsymbol{M}_3 \begin{pmatrix} X' \\ Y' \\ Z' \end{pmatrix} \quad (4\text{-}5)$$

其中：

$$\boldsymbol{M}_3 = \begin{pmatrix} \cos\Omega & -\sin\Omega & 0 \\ \sin\Omega & \cos\Omega & 0 \\ 0 & 0 & 1 \end{pmatrix} \begin{pmatrix} 1 & 0 & 0 \\ 0 & \cos i & -\sin i \\ 0 & \sin i & \cos i \end{pmatrix} \begin{pmatrix} \cos U & -\sin U & 0 \\ \sin U & \cos U & 0 \\ 0 & 0 & 1 \end{pmatrix} \begin{pmatrix} 0 & 0 & -1 \\ 1 & 0 & 0 \\ 0 & -1 & 0 \end{pmatrix} \quad (4\text{-}6)$$

（4）J_{2000} 到瞬时地心(例如 WGS-84、地心一号等）坐标系的变换

由 J_{2000} 到瞬时地心坐标系的变换 M_4，需进行岁差改正 A、章动改正 N、格林尼治恒星时改正 B_1 和极移改正 B_2。即：

$$M_4 = B_2 B_1 N A \tag{4-7}$$

岁差改正矩阵 A：

$$
\begin{aligned}
A &= R_z(-Z_A) R_Y(\vartheta_A) R_Z(-\zeta_A) \\
&= \begin{pmatrix} \cos(-Z_A) & \sin(-Z_A) & 0 \\ -\sin(-Z_A) & \cos(-Z_A) & 0 \\ 0 & 0 & 1 \end{pmatrix} \begin{pmatrix} \cos(\vartheta_A) & -\sin(\vartheta_A) \\ 0 & 1 & 0 \\ \sin(\vartheta_A) & 0 & \cos(\vartheta_A) \end{pmatrix} \begin{pmatrix} \cos(-\zeta_A) & \sin(-\zeta_A) & 0 \\ -\sin(-\zeta_A) & \cos(-\zeta_A) & 0 \\ 0 & 0 & 1 \end{pmatrix}
\end{aligned} \tag{4-8}
$$

由式（4-8）可得：

$$
\begin{aligned}
A_{1,1} &= -\sin\zeta_A \sin Z_A + \cos\zeta_A \cos Z_A \cos\vartheta_A \\
A_{1,2} &= -\cos\zeta_A \sin Z_A - \sin\zeta_A \cos Z_A \cos\vartheta_A \\
A_{1,3} &= -\sin\vartheta_A \cos Z_A \\
A_{2,1} &= \sin\zeta_A \cos Z_A + \cos\zeta_A \sin Z_A \cos\vartheta_A \\
A_{2,2} &= \cos\zeta_A \cos Z_A - \sin\zeta_A \sin Z_A \cos\vartheta_A \\
A_{2,3} &= -\sin\vartheta_A \sin Z_A \\
A_{3,1} &= \cos\zeta_A \sin\vartheta_A \\
A_{3,2} &= -\sin\zeta_A \sin\vartheta_A \\
A_{3,3} &= \cos\vartheta_A
\end{aligned} \tag{4-9}
$$

其中：ς_A、z_A、ϑ_A 为赤道进动的三个欧拉角（或称为岁差参数）。其表达式为：

$$
\begin{cases}
\varsigma_A = 2306.2181'' T + 0.30188'' T^2 + 0.017998'' T^3 \\
z_A = 2004.3109'' T - 0.42665'' T^2 - 0.041833'' T^3 \\
\vartheta_A = 2306.2181'' T + 1.09468'' T^2 + 0.018203'' T^3
\end{cases} \tag{4-10}
$$

其中，T 为从标准历元 t_0 至观测历元 t 的儒略世纪数。

$$T = \frac{JD(TDB) - 2451545.0}{35625.0} \tag{4-11}$$

式中 JD 观测历元 t（TDB 时刻）的儒略日，可自天文历年中查取或计算得到。

章动改动矩阵 N：

$$
\begin{aligned}
N &= R_X(-\varepsilon - \Delta\varepsilon) \cdot R_Z(-\Delta\psi) \cdot R_X(\varepsilon) \\
&= \begin{pmatrix} 1 & 0 & 0 \\ 0 & \cos(\varepsilon + \Delta\varepsilon) & -\sin(\varepsilon + \Delta\varepsilon) \\ 0 & \sin(\varepsilon + \Delta\varepsilon) & \cos(\varepsilon + \Delta\varepsilon) \end{pmatrix} \begin{pmatrix} \cos(\Delta\psi) & -\sin(\Delta\psi) & 0 \\ \sin(\Delta\psi) & \cos(\Delta\psi) & 0 \\ 0 & 0 & 1 \end{pmatrix} \begin{pmatrix} 1 & 0 & 0 \\ 0 & \cos(\varepsilon) & \sin(\varepsilon) \\ 0 & -\sin(\varepsilon) & \cos(\varepsilon) \end{pmatrix}
\end{aligned} \tag{4-12}
$$

其中，ε 为黄赤交角；$\Delta\varepsilon$ 为交角章动；$\Delta\psi$ 为黄经章动。ε 按下式计算：

$$\varepsilon = 23°26'21.448'' - 46.8150'' T - 0.00059'' T^2 + 0.001813'' T^3 \tag{4-13}$$

$\Delta \varepsilon$ 和 $\Delta \psi$ 根据国际天文协会所采用的最新章动理论计算（至 $0.001''$），其表达式为包括 106 项的级数展开式。在天文年历中均载有这些展开式的系数值，根据 T 值便可精确计算相应的 $\Delta \varepsilon$ 和 $\Delta \psi$。

章动改动矩阵 N 展开后为：

$$
\begin{aligned}
N_{1,1} &= \cos \Delta \psi \\
N_{1,2} &= -\sin \Delta \psi \cos \bar{\varepsilon} \\
N_{1,3} &= -\sin \Delta \psi \sin \bar{\varepsilon} \\
N_{2,1} &= \sin \Delta \psi \cos \tilde{\varepsilon} \\
N_{2,2} &= \cos \Delta \psi \cos \tilde{\varepsilon} \cos \bar{\varepsilon} + \sin \tilde{\varepsilon} \sin \bar{\varepsilon} \\
N_{2,3} &= \cos \Delta \psi \cos \tilde{\varepsilon} \sin \bar{\varepsilon} - \sin \tilde{\varepsilon} \cos \bar{\varepsilon} \\
N_{3,1} &= \sin \Delta \psi \sin \tilde{\varepsilon} \\
N_{3,2} &= \cos \Delta \psi \sin \tilde{\varepsilon} \cos \bar{\varepsilon} - \cos \tilde{\varepsilon} \sin \bar{\varepsilon} \\
N_{3,3} &= \cos \Delta \psi \sin \tilde{\varepsilon} \sin \bar{\varepsilon} + \cos \tilde{\varepsilon} \cos \bar{\varepsilon}
\end{aligned} \tag{4-14}
$$

格林尼治真恒星时改正矩阵为：

$$
\boldsymbol{B}_1 = \begin{pmatrix} \cos \theta_g & \sin \theta_g & 0 \\ -\sin \theta_g & \cos \theta_g & 0 \\ 0 & 0 & 1 \end{pmatrix} \tag{4-15}
$$

极移改正矩阵为：

$$
\boldsymbol{B}_1 = \begin{pmatrix} \cos X_p & \sin X_p \sin Y_p & \sin X_p \cos Y_p \\ 0 & \cos Y_p & -\sin Y_p \\ -\sin X_p & \cos X_p \sin Y_p & \cos X_p \cos Y_p \end{pmatrix} \tag{4-16}
$$

由此便可得到由惯性坐标系到瞬时摄影坐标系的变换为：

$$
\begin{pmatrix} X_G \\ Y_G \\ Z_G \end{pmatrix} = \boldsymbol{M}_4 \boldsymbol{M}_3 \boldsymbol{M}_2 \boldsymbol{M}_1 \begin{pmatrix} 0 \\ 0 \\ 1 \end{pmatrix} \tag{4-17}
$$

令：

$$
\boldsymbol{M} = \boldsymbol{M}_4 \boldsymbol{M}_3 \boldsymbol{M}_2 \boldsymbol{M}_1 = \begin{pmatrix} m_{11} & m_{12} & m_{13} \\ m_{21} & m_{22} & m_{23} \\ m_{31} & m_{32} & m_{33} \end{pmatrix} \tag{4-18}
$$

$\boldsymbol{M}$ 为转换矩阵。

这样，一个图像中的点（由行列值表示），它的主光轴单位向量在协议地球坐标系中的坐标就可以得到了。

$$
\boldsymbol{Z} = \begin{pmatrix} m_{13} \\ m_{23} \\ m_{33} \end{pmatrix} \tag{4-19}
$$

3. 地面点位置确定

如图 4-5 所示，设摄影时刻卫星的星历位置（可以根据像元所在行，确定成像时间，由该时刻的轨道根数计算，并经过坐标系变换得到）为：

$$S = \begin{pmatrix} X_s \\ Y_s \\ Z_s \end{pmatrix} \tag{4-20}$$

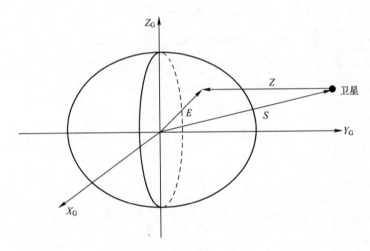

图 4-5　几何关系示意图

像元对应的地面目标点在协议地心坐标系中的坐标为（考虑地球为椭球体）：

$$E = \begin{pmatrix} X_G \\ Y_G \\ Z_G \end{pmatrix} = \begin{pmatrix} a_e \cos\lambda\cos\phi \\ a_e \sin\lambda\cos\phi \\ b\sin\phi \end{pmatrix} \tag{4-21}$$

式中：

a_e 表示地球长半轴；

b_e 表示地球短半轴；

λ 表示地心经度；

φ 表示地心纬度。

根据矢量关系有：

$$E = S + uZ \tag{4-22}$$

式中：

u 表示比例因子，将 E, S, Z 代入上述方程可解得：

$$Au^2 + Bu + C = 0 \tag{4-23}$$

式中：

$$A = b_e^2(m_{13}^2 + m_{23}^2) + a_e^2 m_{23}^2$$
$$B = b_e^2(X_s m_{13} + Y_s m_{23}) + a_e^2 Z_s m_{33} \tag{4-24}$$
$$C = b_e^2(X_s^2 + Y_s^2) + a_e^2(Z_s^2 - b_e^2)$$

解之，取 u 的最小解：

$$u = \frac{-B - \sqrt{B^2 - 4AC}}{2A} \tag{4-25}$$

进一步可求得目标点的地心经度、纬度为：

$$\lambda = \arctan\frac{Y_G}{X_G} \ (\text{当}\frac{Y_G}{X_G} < 0\text{时}, \lambda = \lambda + \pi) \tag{4-26}$$
$$\phi = \arcsin\frac{Z_G}{b_e}$$

大地经度等于地心经度，而大地纬度可以由下式计算得到。

$$\Phi = \arctan\left(\frac{\tan\phi}{\sqrt{1 - e^2}}\right) \tag{4-27}$$

这样，就由图像上的行列值计算得到了地面上对应点的大地经、纬度。

4．星历与轨道转换算法

（1）WGS84 坐标系到 J_{2000} 坐标系的转换

1）位置矢量转换

由 WGS84 坐标系到 J_{2000} 坐标系的变换 $\boldsymbol{M}$，需进行极移改正 $\boldsymbol{B}_2$、格林尼治恒星时改正 $\boldsymbol{B}_1$、章动改正 $\boldsymbol{N}$ 和岁差改正 $\boldsymbol{A}$。即：

$$\begin{pmatrix} X_o \\ Y_o \\ Z_o \end{pmatrix} = M \begin{pmatrix} X \\ Y \\ Z \end{pmatrix} \tag{4-28}$$

其中：$\boldsymbol{M} = \boldsymbol{A}\boldsymbol{N}\boldsymbol{B}_1\boldsymbol{B}_2$

极移改正矩阵 $\boldsymbol{B}_2$：

$$\boldsymbol{B}_2 = \boldsymbol{R}x(Yp)\boldsymbol{R}y(Xp)$$

$$= \begin{pmatrix} 1 & 0 & 0 \\ 0 & \cos Yp & \sin Yp \\ 0 & -\sin Yp & \cos Yp \end{pmatrix} \cdot \begin{pmatrix} \cos Xp & 0 & -\sin Xp \\ 0 & 1 & 0 \\ \sin Xp & 0 & \cos Xp \end{pmatrix}$$

$$= \begin{pmatrix} 1 & 0 & -Xp \\ Xp \cdot Yp & 1 & Yp \\ Xp & -Yp & 1 \end{pmatrix} \tag{4-29}$$

格林尼治真恒星时改正矩阵 $\boldsymbol{B}_1$：

$$\boldsymbol{B}_1 = \begin{pmatrix} \cos\theta_g & -\sin\theta_g & 0 \\ \sin\theta_g & \cos\theta_g & 0 \\ 0 & 0 & 1 \end{pmatrix} \tag{4-30}$$

章动改动矩阵 N：

$$N = R_X(-\varepsilon)R_Z(\Delta\psi)R_X(\varepsilon+\Delta\varepsilon) \tag{4-31}$$

其中 ε 为黄赤交角；$\Delta\varepsilon$ 为交角章动；$\Delta\psi$ 为黄经章动。ε 按下式计算：

$$\varepsilon = 23°26'21.448'' - 46.8150''T - 0.00059''T^2 + 0.001813''T^3 \tag{4-32}$$

$$T = \frac{JD(TDB) - 2451545.0}{36525.0} \tag{4-33}$$

其中 T 为从标准历元 t_0 到观测历元 t 的儒略世纪数。

其中 JD 为观测历元 t（TDB 时刻）的儒略日，可从天文历年中查得，也可通过计算得到。

岁差改正矩阵 A 为：

$$A = R_Z(\zeta_A) \cdot R_Y(-\vartheta_A) \cdot Rz(ZA)$$
$$= \begin{pmatrix} \cos(\zeta_A) & \sin(\zeta_A) & 0 \\ -\sin(\zeta_A) & \cos(\zeta_A) & 0 \\ 0 & 0 & 1 \end{pmatrix} \times \begin{pmatrix} \cos(\vartheta_A) & 0 & -\sin(-\vartheta_A) \\ 0 & 1 & 0 \\ \sin(\vartheta_A) & 0 & \cos(\vartheta_A) \end{pmatrix} \times \begin{pmatrix} \cos(Z_A) & \sin(Z_A) & 0 \\ -\sin(Z_A) & \cos(Z_A) & 0 \\ 0 & 0 & 1 \end{pmatrix} \tag{4-34}$$

2）速度矢量转换

$$\begin{pmatrix} \dot{X}_o \\ \dot{Y}_o \\ \dot{Z}_o \end{pmatrix} = d\begin{pmatrix} X_o \\ Y_o \\ Z_o \end{pmatrix} \bigg/ dt = d\left(M \cdot \begin{pmatrix} X \\ Y \\ Z \end{pmatrix}\right) \bigg/ dt = \frac{dM}{dt} \cdot \begin{pmatrix} X \\ Y \\ Z \end{pmatrix} + M \cdot \begin{pmatrix} X \\ Y \\ Z \end{pmatrix} \tag{4-35}$$

其中：$\dfrac{dM}{dt} = d(A \times N \times B_1 \times B_2)/dt = A \times N \times \dfrac{d(B_1)}{dt} \times B_2$

上式中：

$$\frac{dB_1}{dt} = d\begin{pmatrix} \cos\theta_g & -\sin\theta_g & 0 \\ \sin\theta_g & \cos\theta_g & 0 \\ 0 & 0 & 1 \end{pmatrix} \bigg/ dt = \begin{pmatrix} -\sin\theta_g & -\cos\theta_g & 0 \\ \cos\theta_g & -\sin\theta_g & 0 \\ 0 & 0 & 0 \end{pmatrix} \cdot \frac{d\theta_g}{dt}$$

$$= \begin{pmatrix} -\sin\theta_g & -\cos\theta_g & 0 \\ \cos\theta_g & -\sin\theta_g & 0 \\ 0 & 0 & 0 \end{pmatrix} \cdot \omega \tag{4-36}$$

ω 为地球自转角速度。

由此可得到 J_{2000} 坐标系下的位置矢量（X_o、Y_o、Z_o）和速度矢量（$\dot{X}_o$、$\dot{Y}_o$、$\dot{Z}_o$）。

（2）J_{2000} 坐标系下进行轨道根数计算

轨道计算的公式和方法如下：

1）计算轨道倾角 i 和升交点赤经 Ω

$$h = r \times \dot{r} = \begin{pmatrix} Y_o\dot{Z}_o - Z_o\dot{Y}_o \\ Z_o\dot{X}_o - X_o\dot{Z}_o \\ X_o\dot{Y}_o - Y_o\dot{X}_o \end{pmatrix} = \begin{pmatrix} A \\ B \\ C \end{pmatrix} \tag{4-37}$$

由上式计算出 A、B、C 后，按下式计算 i 和 Ω：

$$\begin{cases} i = \arctan\dfrac{\sqrt{A^2+B^2}}{C} \\ \Omega = \arctan\left(\dfrac{A}{-B}\right) \end{cases} \tag{4-38}$$

2）计算半长轴 a、偏心率 e 和平近点角 M

$$r = \sqrt{X_o^2 + Y_o^2 + Z_o^2} \tag{4-39}$$

$$v = \sqrt{\dot{X}_o^2 + Y_o^2 + Z_o^2} \tag{4-40}$$

$$a = \left(\frac{2}{r} - \frac{v^2}{\mu}\right)^{-1} \tag{4-41}$$

其中，μ 为常数=3.986005×10^{14}。

$$h = \sqrt{A^2 + B^2 + C^2} \tag{4-42}$$

$$e = \sqrt{\frac{1-h^2}{a\mu}} \tag{4-43}$$

$$P = a \cdot (1 - e^2) \tag{4-44}$$

$$\mathbf{r}_0 = \begin{bmatrix} X_o/r \\ Y_o/r \\ Z_o/r \end{bmatrix} \tag{4-45}$$

$$Vr = \dot{\mathbf{r}} \cdot \mathbf{r}_0 = \dot{X}_o \cdot X_o/r + \dot{Y}_o \cdot Y_o/r + \dot{Z}_o \cdot Z_o/r \tag{4-46}$$

$$\sin\theta = V_r \cdot P/(h \cdot e)$$
$$\cos\theta = (P/r - 1)/e \tag{4-47}$$

$$\theta = \arctan(\sin\theta/\cos\theta) \tag{4-48}$$

$$E_0 = 2\arctan\left(\sqrt{\frac{1-e}{1+e}} \cdot \tan\left(\frac{\theta}{2}\right)\right) \tag{4-49}$$

$$M = E_0 - e \cdot \sin E_0 \tag{4-50}$$

3）计算卫星辐角 U 和真近地点辐角 w

$$U = \arctan\left(\frac{Z_o/\sin i}{X_o\cos\Omega + Y_o\sin\Omega}\right) \tag{4-51}$$

$$w = U - \theta \tag{4-52}$$

4.1.3 有理多项式函数模型（RFM）

1. RFM 模型介绍

进行系统几何校正、几何精校正、正射校正等处理时，主要采用 RFM 模型，通过解算 RPC 系数，进而完成相应的几何校正处理。

RFM 是 Rational Function Model 的简称，即有理多项式参数模型。是一种广义的新型遥感卫星传感器成像模型，是一种能获得和卫星遥感影像严格成像模型近似一致精度的、形式简单的概括模型。该模型解算的多项式系数即 RPC(Rational Polynomial Coefficient)。在摄影测量工作中，RFM 模型正逐步成为影像几何关系转换的标准，将取代复杂的严格成像模型。

RFM 模型是将像点坐标 (r,c) 表示为相应地面点空间坐标 (X,Y,Z) 为自变量的多项式的比值。为了增强参数求解的稳定性，将地面坐标和影像坐标正则化到-1 到+1 之间。

$$\begin{cases} r = \dfrac{Num_L(X_n,Y_n,Z_n)}{Den_L(X_n,Y_n,Z_n)} \\[3mm] c = \dfrac{Num_s(X_n,Y_n,Z_n)}{Den_s(X_n,Y_n,Z_n)} \end{cases} \tag{4-53}$$

式中：

$$\begin{aligned} Num_L(X,Y,Z) = & \, a_1 + a_2 X + a_3 Y + a_4 Z + a_5 XY + a_6 XZ + a_7 YZ \\ & + a_8 X^2 + a_9 Y^2 + a_{10} Z^2 + a_{11} XYZ + a_{12} X^3 \\ & + a_{13} XY^2 + a_{14} XZ^2 + a_{15} X^2 Y + a_{16} Y^3 + a_{17} YZ^2 \\ & + a_{18} X^2 Z + a_{19} Y^2 Z + a_{20} Z^3 \end{aligned} \tag{4-54}$$

$$\begin{aligned} Den_L(X,Y,Z) = & \, b_1 + b_2 X + b_3 Y + b_4 Z + b_5 XY + b_6 XZ + b_7 YZ \\ & + b_8 X^2 + b_9 Y^2 + b_{10} Z^2 + b_{11} XYZ + b_{12} X^3 \\ & + b_{13} XY^2 + b_{14} XZ^2 + b_{15} X^2 Y + b_{16} Y^3 + b_{17} YZ^2 \\ & + b_{18} X^2 Z + b_{19} Y^2 Z + b_{20} Z^3 \end{aligned} \tag{4-55}$$

$$\begin{aligned} Num_s(X,Y,Z) = & \, c_1 + c_2 X + c_3 Y + c_4 Z + c_5 XY + c_6 XZ + c_7 YZ \\ & + c_8 X^2 + c_9 Y^2 + c_{10} Z^2 + c_{11} XYZ + c_{12} X^3 \\ & + c_{13} XY^2 + c_{14} XZ^2 + c_{15} X^2 Y + c_{16} Y^3 + c_{17} YZ^2 \\ & + c_{18} X^2 Z + c_{19} Y^2 Z + c_{20} Z^3 \end{aligned} \tag{4-56}$$

$$\begin{aligned} Den_s(X,Y,Z) = & \, d_1 + d_2 X + d_3 Y + d_4 Z + d_5 XY + d_6 XZ + d_7 YZ \\ & + d_8 X^2 + d_9 Y^2 + d_{10} Z^2 + d_{11} XYZ + d_{12} X^3 \\ & + d_{13} XY^2 + d_{14} XZ^2 + d_{15} X^2 Y + d_{16} Y^3 + d_{17} YZ^2 \\ & + d_{18} X^2 Z + d_{19} Y^2 Z + d_{20} Z^3 \end{aligned} \tag{4-57}$$

其中，b_1、d_1 通常为 1，(X, Y, Z) 为正则化的地面坐标，(r, c) 为正则化的影像坐标。

$$\begin{cases} X_n = \dfrac{X - X_0}{X_S} \\[2mm] Y_n = \dfrac{Y - Y_0}{Y_S} \\[2mm] Z_n = \dfrac{Z - Z_0}{Z_S} \end{cases} \tag{4-58}$$

$$\begin{cases} R_n = \dfrac{R - R_0}{R_S} \\[2mm] C_n = \dfrac{C - C_0}{C_S} \end{cases} \tag{4-59}$$

这里，X_0、X_S、Y_0、Y_S、Z_0 和 Z_S 为地面坐标的正则化参数。R_0、R_S、C_0 和 C_S 为影像坐标的正则化参数。

RFM 模型有 9 种不同的形式，表 4-1 给出了在 9 种情况下待求解 RPC 参数的形式和需要的最少控制点。

当 $Den_s(X, Y, H) = Den_L(X, Y, Z) = 1$ 时，RFM 模型退化为一般的 3 维多项式模型，当 $Den_s(X, Y, Z) = Den_L(X, Y, Z) \neq 1$ 并且在一阶多项式的情况下，RFM 模型退化为 DLT（direct linear transformation）模型，因此 RFM 模型是一种广义的成像模型。

表 4-1　RFM 模型形式

形式	分母	阶数	待求解 RPC 参数个数	需要的最小控制点数
1	$Den_s(X,Y,Z) \neq Den_L(X,Y,Z)$（分母不相等）	1	14	7
2		2	38	19
3		3	78	39
4	$Den_s(X,Y,Z) = Den_L(X,Y,Z) \neq 1$（分母相同但不恒等于 1）	1	11	6
5		2	29	15
6		3	59	30
7	$Den_s(X,Y,Z) = Den_L(X,Y,Z) = 1$（分母相同且等于 1）	1	8	4
8		2	20	10
9		3	40	20

2．RFM 模型的特点

RFM 模型的优缺点如下：

（1）RFM 模型的优点

1）与一般的多项式模型相比，RFM 可以更均匀地分布拟合误差。

2）RFM 具有独立性，它拥有一个可变的坐标系，可以适应大多数坐标系统中的物方坐标。

3）RFM 的拟合曲面并不严格通过 GCP，而是纯以数学模型来套合地形，因此 RFM 的模型精度与地面控制点的精度、分布和数量及纠正范围密切相关。

4）RFM 与传统物理传感器模型相比的优点：

● 一般性：适用于大多数传感器，其系数包含了多种因素的影响(传感器构造、地球曲率、大气折光等)。

● 保密性：RPC 中隐含了传感器信息，并且从 RPC 中反解传感器参数基本是不可能的。

● 高效性：便于实时处理。

（2）RFM 模型的缺点

1）不稳定性：高阶 RPC 因参数过多会导致解的不稳定性，物理意义不甚明确的 RFM 可能隐含了一些系统性误差。

2）精度局限性：使用 RFM 时可能会带来额外的内插误差。

3．RFM 模型计算

（1）建立空间格网

首先，由严格成像模型的正变换，计算影像的 4 个角点对应的地面范围；根据全球 DEM（分辨率 1km 即可），计算该地区的最大最小椭球高。在高程方向以一定的间隔分层，在平面上，以一定的格网大小建立地面规则格网（如平面分为 20×20 格网，即将该影像对应影像范围分成 20×20 的格子，共有 21×21 个格网点），生成控制点地面坐标，利用严格成像模型的反变换，计算控制点的影像坐标。为了防止设计矩阵状态恶化，高程方向分层的层数为 3，如图 4-6 所示。

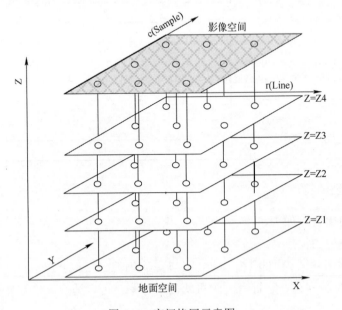

图 4-6　空间格网示意图

加密控制格网和层，建立独立检查点。然后利用控制点坐标构建如下四组方程，计算影像坐标和地面坐标的正则化参数，将控制点和检查点坐标正则化。

$$\begin{cases} X_0 = \dfrac{\sum X}{n} \\[2mm] Y_0 = \dfrac{\sum Y}{n} \\[2mm] Z_n = \dfrac{\sum Z}{n} \end{cases} \tag{4-60}$$

$$\begin{cases} r_0 = \dfrac{\sum r}{n} \\[2mm] c_0 = \dfrac{\sum c}{n} \end{cases} \tag{4-61}$$

$$\begin{cases} X_S = \max(\,|\,X_{\max} - X_0\,|,\ |\,X_{\min} - X_0\,|\,) \\ Y_S = \max(\,|\,Y_{\max} - Y_0\,|,\ |\,Y_{\min} - Y_0\,|\,) \\ Z_S = \max(\,|\,Z_{\max} - Z_0\,|,\ |\,Z_{\min} - Z_0\,|\,) \end{cases} \tag{4-62}$$

$$\begin{cases} r_s = \max(\,|\,r_{\max} - r_0\,|,\ |\,r_{\min} - r_0\,|\,) \\ c_s = \max(\,|\,c_{\max} - c_0\,|,\ |\,c_{\min} - c_0\,|\,) \end{cases} \tag{4-63}$$

（2）RFM 模型参数求解

1）需要初值

首先将 $\begin{cases} r = \dfrac{Num_L(X_n, Y_n, Z_n)}{Den_L(X_n, Y_n, Z_n)} \\[2mm] c = \dfrac{Num_s(X_n, Y_n, Z_n)}{Den_s(X_n, Y_n, Z_n)} \end{cases}$ 的多项式线性化为：

$$\begin{pmatrix} B_1 v_{l1} \\ B_2 v_{l2} \\ \vdots \\ B_n v_{ln} \end{pmatrix} = \begin{pmatrix} 1 & Z & \cdots & X_1^3 - r_1 Z_1 - r_1 X_1^3 \\ 1 & Z & \cdots & X_2^3 - r_2 Z_2 - r_2 X_2^3 \\ \vdots & \vdots & \vdots & \vdots \\ 1 & Z & \cdots & X_n^3 - r_n Z_n - r_n X_n^3 \end{pmatrix} J - \begin{pmatrix} r_1 \\ r_2 \\ \vdots \\ r_n \end{pmatrix} \tag{4-64}$$

其中：

$$\boldsymbol{B} = (1 \quad Z \quad Y \quad X \quad \cdots \quad Y^3 \quad X^3) \cdot (1 \quad b_1 \quad \cdots \quad b_{20})^{\mathrm{T}}$$

$$\boldsymbol{J} = (a_1 \quad a_2 \quad \cdots \quad a_{20} \quad b_1 \quad \cdots \quad b_{20})^{\mathrm{T}}$$

$$\boldsymbol{D} = (1 \quad Z \quad Y \quad X \quad \cdots \quad Y^3 \quad X^3) \cdot (1 \quad d_1 \quad \cdots \quad d_{20})^{\mathrm{T}}$$

$$\boldsymbol{K} = (c_1 \quad c_2 \quad \cdots \quad c_{20} \quad d_1 \quad \cdots \quad d_{20})^{\mathrm{T}}$$

写成矩阵形式则为：

$$v_l = MJ - R \tag{4-65}$$

解算方程为：$M^{\mathrm{T}}W_r MJ - M^{\mathrm{T}}W_r R = 0$，其中：

$$W_l = \begin{pmatrix} \dfrac{1}{B_1^2} & 0 & \cdots & 0 \\ 0 & \dfrac{1}{B_2^2} & \cdots & 0 \\ \vdots & \vdots & \vdots & \vdots \\ 0 & 0 & \cdots & \dfrac{1}{B_n^2} \end{pmatrix}$$

$$\begin{pmatrix} v_l \\ v_s \end{pmatrix} = \begin{pmatrix} M & 0 \\ 0 & N \end{pmatrix} \cdot \begin{pmatrix} J \\ K \end{pmatrix} - \begin{pmatrix} R \\ C \end{pmatrix}$$

$$W = \begin{pmatrix} W_l & 0 \\ 0 & W_s \end{pmatrix}$$

2）不需要初值

将式（4-53）变换为：

$$\begin{aligned} F_l &= Num_l - r \cdot Deb_l = 0 \\ F_s &= Num_s - r \cdot Deb_s = 0 \end{aligned} \tag{4-66}$$

则误差方程为：

$$v = BX - L \tag{4-67}$$

权为 W。其中，

$$B = \begin{pmatrix} \dfrac{\partial F_l}{\partial a_j} & \dfrac{\partial F_l}{\partial b_j} & \dfrac{\partial F_l}{\partial c_j} & \dfrac{\partial F_l}{\partial d_j} \\ \dfrac{\partial F_s}{\partial a_j} & \dfrac{\partial F_s}{\partial b_j} & \dfrac{\partial F_s}{\partial c_j} & \dfrac{\partial F_s}{\partial d_j} \end{pmatrix}, \quad (j = 1, 2, \cdots 20) \tag{4-68}$$

$$L = \begin{pmatrix} -F_l^0 \\ -F_s^0 \end{pmatrix}; \quad X = [a_j \quad b_j \quad c_j \quad d_j]^{\mathrm{T}} \tag{4-69}$$

则可求解出：

$$X = (B^{\mathrm{T}}WB)^{-1} B^{\mathrm{T}}WL \tag{4-70}$$

采用最小二乘法算法，利用正则化的控制点来计算 RPC 参数（a_j, b_j, c_j, d_j）。

4.2 几何校正处理

卫星数据的几何处理主要包括 3 个层次：第一个层次包括传感器畸变校正、姿态变化校正、轨道变化校正、全景扭曲校正、地球表面弯曲校正、地球自转校正。第二个层次为绝对地理偏差校正，校正由于卫星星历数据、姿态数据等测量误差导致的绝对精度误差，校正方法采用大地控制点 GCP，建立遥感图像和地图的更精确的关系。第三个层次为地形误差校正，进行数字高程模型处理，消除由于地形起伏而导致的投影误差。

4.2.1 传感器校正

遥感光学相机设计中，采用多片 CCD 通过光学拼接或视场拼接实现较大幅宽已经成为主流相机设计技术。此外，在遥感卫星数据产品的后续应用中，呈现高精度的 RPC 模型日渐取代传统严格成像模型的趋势。同时，随着遥感卫星的设计能力不断提高，卫星在平台稳定、姿态轨道测量精度、相机设计等方面的指标不断优化，给基于严格成像模型的 TDI CCD 影像的虚拟扫描景影像拼接技术创造了良好的数据条件。

传感器校正主要是将共线/非共线多片 CCD 的拼接与拼接后高精度 RPC 的建模技术进行联合，开展 TDI CCD 影像的虚拟扫描景影像拼接及 RPC 生成，用于后续传感器校正产品的生产，从纯粹几何校正处理的角度解决多片 CCD 的拼接难题，消除相机的内部畸变，建立卫星的高精度 RPC 模型，从而达到传感器校正的目的。

TDIC CD 影像的虚拟扫描景影像拼接及 RPC 生成技术算法功能如下：

1）利用相机真实内方位元素、星上下传姿态、轨道、行时等辅助数据，建立相机各片 CCD 的严密几何定位模型，建立图像点与地物点之间的正反算模型。

2）建立相机理想内方位元素、线性姿态、轨道、行时等辅助数据，作为虚拟扫描景的模型参数。

3）利用相机理想内方位元素、优化后的线性姿态、轨道、行时等辅助数据，建立虚拟扫描 CCD 的严密几何定位模型，建立图像点与地物点之间的正反算模型。

4）建立虚拟扫描景的高精度 RPC 模型，并解算 RPC 参数。

5）建立相机各片 CCD 严格几何定位模型与虚拟扫描 CCD 的严格几何定位模型之间的映射关系，通过相同地物坐标进行映射，从而建立相机各片 CCD 上像点与虚拟扫描 CCD 上像点之间的正反算模型。

6）对相机各片 CCD 进行重采样处理，得到虚拟扫描 CCD 获取的影像。

相关流程如图 4-7 所示。

1. 像点与地面点正反算模型

1）正算模型。计算像点坐标 (i, j) 对应的地面点坐标 (lat, lon) 的正算模型，利用严密成像模型实现。

2）反算模型。由地面点坐标反算对应的像点坐标的原理是逐次迭代靠近最终像点坐标的方式，在图像中心点周围小范围内建立仿射变换模型，反算地面点对应的像点坐标，然后在算出的像点坐标周围小范围内再建立仿射变换模型，迭代逼近真实的像点坐标。

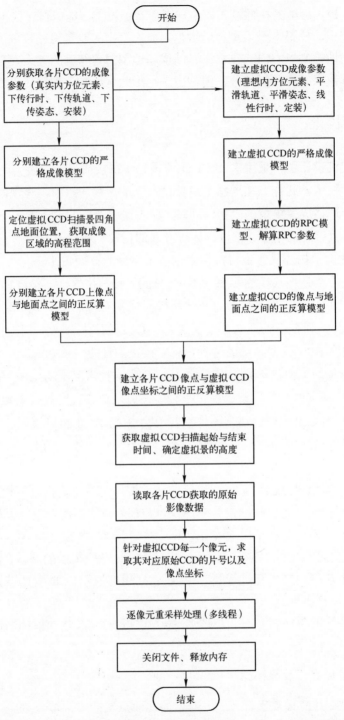

图 4-7　TDICCD 影像的虚拟扫描景影像拼接及 RPC 生成处理流程

由地面点坐标（*lat,lon*）反算对应的像点坐标（*i,j*）的流程如下：

1）在图像中心点坐标周围 5×5 半径内选取四个角点，分别计算四个角点对应的地面点经纬度，由四个角点及其对应的地面点经纬度建立像点与地面坐标之间的仿射变换模型 M1。

2）利用仿射变换模型 M1 计算地面点坐标（*lat, lon*）对应的像点坐标（i_1, j_1）。

3）在像点（i_1, j_1）周围 5×5 半径内选取四个角点，分别计算四个角点对应的地面点经纬度，由该四个角点及其对应的地面点经纬度建立像点与地面坐标之间的仿射变换模型 M2。

4）利用仿射变换模型 M2 计算地面点坐标（*lat, lon*）对应的像点坐标（i_2, j_2）。

5）计算（i_2, j_2）与（i_1, j_1）之间的距离 L。

- 若 L 大于阈值 0.000001，则在像点坐标（i_2, j_2）周围继续选点建立仿射变换模型，计算该模型下地面点坐标（*lat, lon*）对应的像点坐标（i_3, j_3），计算（i_3, j_3）与（i_2, j_2）之间的距离 L，并重复第 5）步。
- 若 L 的值小于阈值 0.000001，则迭代计算结束，地面点坐标（*lat, lon*）对应的像点坐标（i, j）为（i_2, j_2）。

2. 各片 CCD 像点与虚拟 CCD 像点正反算模型

各片 CCD 像点与虚拟 CCD 像点正反算模型建立在各片 CCD 的像点与地面点正反算模型、虚拟 CCD 的像点与地面点正反算模型的基础之上。

（1）正算模型

设 N 代表 CCD 的片号标识，对于某片 CCD N 上的某一像点（i, j），i 代表行号，j 代表列号。其对应的虚拟 CCD 像点坐标（i_1, j_1）计算流程如下：

1）由该片 CCD 的像点与地面点正算模型计算像点（i, j）处的地面坐标（*lat, lon*）。

2）由虚拟 CCD 的像点与地面点反算模型计算地面坐标（*lat, lon*）对应虚拟 CCD 的像点坐标（i_1, j_1）。

（2）反算模型

设 N 代表 CCD 的片号标识，对于虚拟 CCD 像点坐标（i_1, j_1），其对应的 CCD 标识以及该片 CCD 上的像点坐标（i, j）计算流程如下：

1）由虚拟 CCD 的像点与地面点正算模型计算虚拟 CCD 的像点坐标（i_1, j_1）对应的地面点坐标（*lat, lon*）；

2）假设 CCD 片号 ccdID 为 N/2：

a. 由该片 CCD 的像点与地面点反算模型计算地面点坐标（*lat, lon*）对应的 CCD 像点坐标（i_2, j_2）；

b. 根据 i_2 的值判断该地物点是否在该片 CCD 上。

c. 若 i_2 小于 overlap/2（overlap 为相邻两片 CCD 之间的重叠像元），则认为该地物点在该片 CCD 左边，将 ccdID 重设为 ccdID−1，重复 a。

d. 若 i_2 大于（该片 CCD 宽度-overlap/2），则认为该地物点在该片 CCD 右边，将 ccdID 重设为 ccdID+1，重复 a。

e. 若 i_2 在[overlap/2，（该片 CCD 宽度-overlap/2）]之间，则认为该地物点在该片 CCD 里面，虚拟像点坐标（i_1, j_1）对应的该片 CCD 上的像点坐标为（i_2, j_2）。

3. 虚拟 CCD 成像参数建立

为保证 RPC 模型的精度，需建立虚拟 CCD 成像参数，该组参数的特点是各项参数呈现平滑的线性或者低次多项式特点，虚拟 CCD 成像参数主要包括虚拟 CCD 内方位元素、虚拟成像行时序列、虚拟成像轨道、虚拟成像姿态。各参数建立目标如下：

（1）虚拟 CCD 内方位元素：由相机的主点、主距、探元个数、探元尺寸建立理想的无畸变内方位元素。

（2）虚拟成像行时序列：将成像的起始、结束时间按照成像次数等分，以保证各行图像之间积分间隔相等。

（3）虚拟成像轨道：对下传的 GPS 测量数据（位置和速度）进行平滑处理，拟合成一根直线或者低阶多项式曲线。

（4）虚拟成像姿态：对下传或计算出的姿态角数据进行平滑处理，拟合成一根直线或者低阶多项式曲线。

4.2.2　波段配准

波段配准方法根据后处理的要求分为基于设计值波段配准方法、整体多项式配准法和基于小面元微分纠正的波段配准方法。

基于设计值的波段配准是指以其中一个波段为基准，其他波段根据相机设置值仅进行平移处理达到各波段间的配准一致，该方法进行波段配准只能达到像素级的配准精度。基于整体多项式配准法主要是考虑波段间同名点整体满足多项式模型，可以考虑整景采用一个曲面多项式拟合配准，该方法效率高，目前常规处理方法中都采用这种配准策略。而基于小面元微分纠正法则比较适用于整景不满足一个多项式模型的配准处理，因此该方法不仅能适用于多光谱不同波段间的配准，同时适用于全色多光谱间的波段配准，但缺点是效率低。一般通过多线程策略提高重匹配和重采样效率。

其中小面元微分配准的主要思想是，在参考影像上提取特征点作为配准控制点，通过匹配获得同名点对，再基于小面元微分纠正得到精确配准的影像。该方法的基本过程是：在参考影像金字塔的最高层上按照一定的准则提取密集的 RCP 进行相关系数法匹配，在待配准影像上获得对应的同名像点；接着剔除一些误差明显的点对，并对可靠性不好的点进行整体松弛法匹配，再对所有的点对进行一次最小二乘法匹配以提高精度；最后由这些同名点对构成密集的三角网，在对应的三角网中，进行逐个小面元的微分纠正，以实现影像精确配准，若波段间同名点整体满足多项式模型，可以考虑整景进行曲面多项式拟合，采样多线程策略提高重采样效率。子像素级的配准精度是靠子像素级的配准同名点保证的，匹配策略中一般采用多项式拟合或超分辨率重构来保证，基于小面元的微分纠正波段配准方法可达到子像素的配准精度。

基于整体多项式的多光谱图像间的波段配准算法主要根据图像匹配、构建配准模型、图像重采样等一系列处理，完成多光谱图像不同波段间的配准。该算法能满足光学线阵推扫卫星全色/多光谱相机、多光谱相机、宽幅多光谱相机等载荷的波段配准处理。

波段配准工作流程如图 4-8 所示。

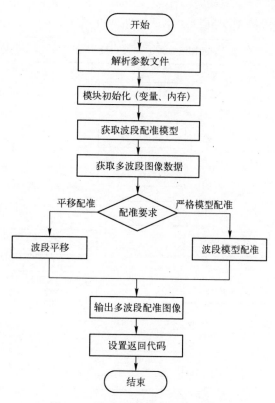

图 4-8　波段配准处理工作流程图

多光谱图像间的波段模型配准算法原理流程如下：

（1）根据输入参考影像的大小、图像质量等信息确定匹配点位置，可以以规则矩形格网或提取的特征点为参考影像上的初始匹配点。

（2）通过影像粗匹配的方式得到待配准影像的像素坐标位置。以参考图像匹配点为中心的 $N\times N$ 大小图像为模板，在待配准图像上附近 $M\times M$ 大小的图像区域内搜索，计算两块同样大小的图像之间的相关系数或互信息，相关系数最大且互信息最大的图像区域中心点为待配准图像的粗匹配同名像点。

（3）通过精匹配的方式得到待配准影像精确的像点位置。计算该以像点为中心周围 $P\times P$ 区域内每个像点与参考影像上对应区域的相关系数，得到相关系数测度矩阵，通过模型拟合、内插的方式使匹配点位置达到子像素级精度，得到高精度的同名点对。

（4）根据两幅影像的同名点对可以构建参考图像到待配准图像的配准模型，配准模型可以采用整体数学模型或以局部配准为小单元的全局模型。构建整体数学模型是以所有的同名点为输入，通过构建数学模型建立参考影像点到待配准影像点的函数对应关系，然后通过平差、剔粗差等方法解算得到配准模型参数；构建以局部配准为小单元的全局模型，首先要根据同名点在影像上的区域分布，以影像区域为配准小单元，通过该区域内的同名点构建该影像区域的配准模型，得到影像区域配准模型参数组。配准模型参数以文件的形式输出。

（5）根据配准模型参数文件，对待配准影像进行图像重采样。重采样一般采用双线性内插或三次卷积内插等模型。

多光谱图像间的波段模型配准算法原理如图 4-9 所示。

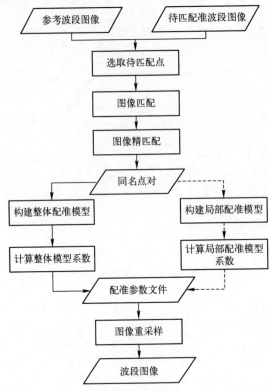

图 4-9　多光谱图像间的波段模型配准原理流程图

4.2.3　系统几何校正

系统几何校正的主要功能是完成 1 级到 2 级图像产品的生产，建立相机图像数据辐射校正后图像数据网格点的行列号与地面经纬度的对应关系，并按照指定投影模型进行图像重采样处理。

其主要功能流程如下：

（1）读取卫星轨道数据、姿态数据、行时数据，确定固定参数配置文件，读入几何校正需要的与卫星、相机有关的参数。

（2）在辐射校正后的图像上布设网格点。

（3）根据轨道参数、姿态参数和相机成像参数，基于成像共线方程计算网格点经纬度。

（4）系统几何校正产品生成支持两种模式：重采样模式与 RPC 模式。

1）重采样模式

①　以指定的投影方式、指向以及像元分辨率，对辐射校正后的图像进行重采样。

②　重采样包括最近邻点、双线性内插和三次卷积三种方式。

③　投影模型支持国内外常用的高斯-克吕格、横轴墨卡托等多种投影模型和 WGS-84、KRASSOVSKY 等多种椭球体参数，并且可支持用户自定义地图投影。

2）RPC 模式

利用系统几何校正模型建立地面点的坐标（经度、纬度、高程）和辐射校正图像坐标之间的对应关系，作为控制点来建立 RFM 模型，解算模型 RPC 参数，合并辐射校正产品生产系统几何校正产品。

支持重采样模式与 RPC 模式的系统几何校正工作流程如图 4-10 所示。

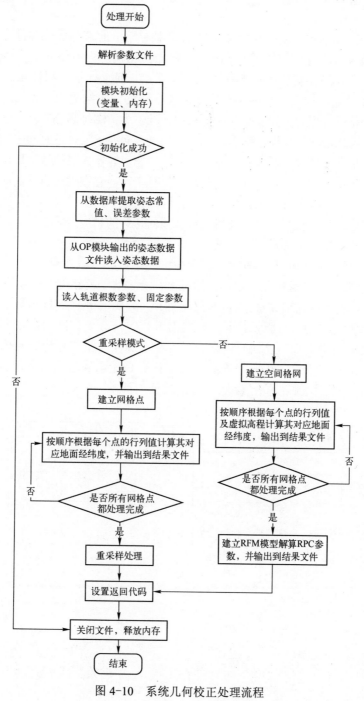

图 4-10　系统几何校正处理流程

4.3 几何定标处理

4.3.1 几何定标

发射前实验室几何定标是利用实验室精密仪器对相机的内部成像部件和相机、星敏、陀螺、GPS 安装参数进行测定的工作。具体包括光学相机的内方位元素、镜头畸变和光学相机、星敏、陀螺、GPS 安装参数进行测定。实验室几何定标是对相机几何参数和各有效载荷的安装参数设计值的进一步核实与确认，为在轨几何定标提供初始值。

几何定标场是进行遥感卫星在轨几何定标的基准。为了满足高分辨率光学卫星在轨几何定标，几何定标场选址应满足如下条件：首先，天气方面要求大多数时间晴朗无云，空气质量优良，便于卫星在轨成像；其次，交通方面要求便利，方便人员抵达现场进行布点、量测以及相关维护工作；再者，地物类别上要求纹理信息丰富，存在大量点状及线状特征地物；地物变化较小、便于后续判读、人工测点及影像匹配；最后，由于光学卫星特殊成像方式，在地形上要求尽量选择平坦区域，保证后续在轨几何定标的精度及可靠性。在几何定标场选定后，应对几何定标场进行高精度的测试工作，为在轨几何定标提供高精度的数字正射影像（DOM）、高精度数字高程模型（DEM）以及高精度外业 GPS 控制点。

在轨几何定标是在实验室几何定标参数的基础上，基于高精度几何定标场获取的地面控制数据，建立光学传感器的严格成像几何定标模型，解算几何定标参数的工作。在轨几何定标的技术流程如图 4-11 所示。卫星在发射过程中，会受到冲力及各种扰动力的影响引起传感器参数的变化，而且在运行阶段，温度和干燥性等空间环境的变化也会导致传感器参数发生变化，实验室测定的相机参数与安装参数是无法满足地面处理需求的。因此在轨几何定标既是遥感卫星影像高精度地面几何处理的基础，也是关键。

几何定标处理流程如下：

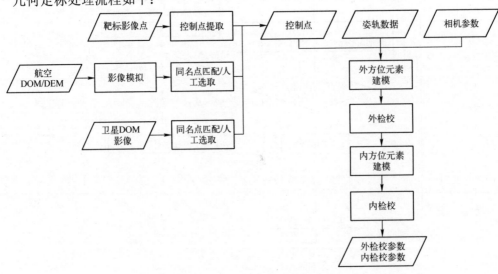

图 4-11　几何定标处理流程

1. 几何定标数学模型

严格物理模型的另一种表达形式是以探元指向角的共线方程，如图 4-12 所示。

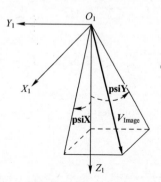

图 4-12　传感器坐标系 CCD 探元光轴指向角

在不考虑大气折射影响的条件下，可以构建以探元矢量角为基础的遥感影像的严密几何成像模型：

$$\begin{pmatrix} X_G \\ Y_G \\ Z_G \end{pmatrix} = \begin{pmatrix} X_s \\ Y_s \\ Z_s \end{pmatrix} + u\boldsymbol{M}_3\boldsymbol{M}_2\boldsymbol{M}_1 \begin{pmatrix} \tan(\mathrm{psiX}) \\ -\tan(\mathrm{psiY}) \\ 1 \end{pmatrix} \tag{4-71}$$

其中：

$$\begin{pmatrix} X_G \\ Y_G \\ Z_G \end{pmatrix} = \begin{pmatrix} a_e\cos\lambda\cos\phi \\ a_e\sin\lambda\cos\phi \\ b_e\sin\phi \end{pmatrix}$$ 为像元对应的地面目标点在协议地心坐标系中的坐标。其中：

a_e 表示地球长半轴；

b_e 表示地球短半轴；

λ 表示地心经度；

ϕ 表示地心纬度。

$\begin{pmatrix} X_s \\ Y_s \\ Z_s \end{pmatrix}$ 为该时刻的卫星在协议地心坐标系中的位置矢量。

$\boldsymbol{M}_1$ 为卫星至轨道坐标系旋转矩阵，由姿态角构成。

$\boldsymbol{M}_2$ 为轨道至 J2000.0 坐标系旋转矩阵，由轨道倾角、辐角等构成。

$\boldsymbol{M}_3$ 为 J2000.0 至 WGS84 坐标系旋转矩阵，由章动、极移等参数构成。

psiX 为像元主光轴单位矢量投影在卫星本体坐标系 XOZ 面上的矢量与 OZ 方向的夹角。

psiY 为像元主光轴单位矢量投影在卫星本体坐标系 YOZ 面上的矢量与 OZ 方向的夹角。

u 表示比例因子。

解算公式略。

2. 几何外定标参数解算

本文几何外检校的目标是引入误差矩阵 M，将其变成：

$$\begin{pmatrix} X_G \\ Y_G \\ Z_G \end{pmatrix} = \begin{pmatrix} X_s \\ Y_s \\ Z_s \end{pmatrix} + u M_3 M_2 M_1 M \begin{pmatrix} \tan(\text{psiX}) \\ -\tan(\text{psiY}) \\ 1 \end{pmatrix} \tag{4-72}$$

对于一组地面控制点（i, j, lat, lon, height），可得 $[Xs, Ys, Zs]$，$[X_G, Y_G, Z_G]$，M_3，M_2，M_1，于是有：

$$\left(M_3 M_2 M_1 \right)^{-1} \begin{pmatrix} X_G - X_S \\ Y_G - Y_S \\ Z_G - Z_S \end{pmatrix} = u \begin{pmatrix} \tan(\text{psiX}) \\ -\tan(\text{psiY}) \\ 1 \end{pmatrix} \tag{4-73}$$

根据矢量相等原则，两端的单位矢量应该相等。令：

$$\begin{pmatrix} X \\ Y \\ Z \end{pmatrix} = \frac{\left(M_3 M_2 M_1 \right)^{-1} \begin{pmatrix} X_G - X_S \\ Y_G - Y_S \\ Z_G - Z_S \end{pmatrix}}{\left| \left(M_3 M_2 M_1 \right)^{-1} \begin{pmatrix} X_G - X_S \\ Y_G - Y_S \\ Z_G - Z_S \end{pmatrix} \right|}, \quad \begin{pmatrix} x \\ y \\ z \end{pmatrix} = \frac{\begin{pmatrix} \tan(\text{psiX}) \\ -\tan(\text{psiY}) \\ 1 \end{pmatrix}}{\left| \begin{pmatrix} \tan(\text{psiX}) \\ -\tan(\text{psiY}) \\ 1 \end{pmatrix} \right|} \tag{4-74}$$

将检校矩阵设为绕 X，Y，Z 坐标轴旋转的角度构成的矩阵，即：

$$\begin{pmatrix} X \\ Y \\ Z \end{pmatrix} = M \begin{pmatrix} x \\ y \\ z \end{pmatrix} = \begin{pmatrix} \cos\kappa & \sin\kappa & 0 \\ -\sin\kappa & \cos\kappa & 0 \\ 0 & 0 & 1 \end{pmatrix} \begin{pmatrix} \cos\omega & 0 & -\sin\omega \\ 0 & 1 & 0 \\ \sin\omega & 0 & \cos\omega \end{pmatrix} \begin{pmatrix} 1 & 0 & 0 \\ 0 & \cos\varphi & \sin\varphi \\ 0 & -\sin\varphi & \cos\varphi \end{pmatrix} \begin{pmatrix} x \\ y \\ z \end{pmatrix} \tag{4-75}$$

式中误差矩阵为：

$$M = \begin{pmatrix} \cos\kappa & \sin\kappa & 0 \\ -\sin\kappa & \cos\kappa & 0 \\ 0 & 0 & 1 \end{pmatrix} \begin{pmatrix} \cos\omega & 0 & -\sin\omega \\ 0 & 1 & 0 \\ \sin\omega & 0 & \cos\omega \end{pmatrix} \begin{pmatrix} 1 & 0 & 0 \\ 0 & \cos\varphi & \sin\varphi \\ 0 & -\sin\varphi & \cos\varphi \end{pmatrix} \tag{4-76}$$

由公式可以得出：

$$\begin{cases} x = z \cdot \dfrac{X\cos\omega\cos\kappa - Y\cos\omega\sin\kappa + Z\sin\omega}{-X\cos\varphi\sin\omega\cos\kappa + X\sin\varphi\sin\kappa + Y\cos\varphi\sin\omega\sin\kappa + Y\sin\varphi\cos\kappa + Z\cos\varphi\cos\omega} \\ y = z \cdot \dfrac{X\sin\varphi\sin\omega\cos\kappa + X\cos\varphi\sin\kappa - Y\sin\varphi\sin\omega\sin\kappa + Y\cos\varphi\cos\kappa - Z\sin\varphi\cos\omega}{-X\cos\varphi\sin\omega\cos\kappa + X\sin\varphi\sin\kappa + Y\cos\varphi\sin\omega\sin\kappa + Y\sin\varphi\cos\kappa + Z\cos\varphi\cos\omega} \end{cases} \tag{4-77}$$

利用地面控制点求解公式中的三个旋转角 κ、ω、φ，便可以得到该卫星的误差补偿矩阵。

对 $(\varphi, \omega, \kappa) = (0,0,0)$ 处进行 Taylor 展开可得：

$$x = \frac{X}{Z} - \frac{XY}{Z^2}\varphi + \left[1 + \left(\frac{X}{Z}\right)^2\right]\omega - \frac{Y}{Z}\kappa$$

$$y = \frac{Y}{Z} - \left(1 + \left(\frac{Y}{Z}\right)^2\right)\varphi + \frac{XY}{Z^2}\omega + \frac{X}{Z}\kappa$$

(4-78)

将 $(\varphi, \omega, \kappa)$ 表示为 (x, y) 与 (X, Y, Z) 之间的函数，利用地面控制点建立严格几何外检校数学模型，获取每一个控制点处的 (x, y, z) 和 (X, Y, Z)，建立线性方程组，用最小二乘法迭代解算即可得到相机的外方位元素值。

3. 几何内定标参数解算

内方位元素几何检校的目标是针对图像上的每一组控制点，求取的 psiX 与 psiY。

$$\begin{pmatrix} X_G \\ Y_G \\ Z_G \end{pmatrix} = \begin{pmatrix} X_s \\ Y_s \\ Z_s \end{pmatrix} + u\boldsymbol{M}\begin{pmatrix} \tan(\text{psiX}) \\ -\tan(\text{psiY}) \\ 1 \end{pmatrix}$$

(4-79)

针对每一组地面控制点 $(i, j, \text{lat}, \text{lon}, \text{height})$，可通过建立外检校后的严格成像模型得到 $[Xs, Ys, Zs]$，$[X_G, Y_G, Z_G]$，M，则有：

$$\boldsymbol{M}^{-1}\begin{pmatrix} X_G - X_S \\ Y_G - Y_S \\ Z_G - Z_S \end{pmatrix} = u\begin{pmatrix} \tan(\text{psiX}) \\ -\tan(\text{psiY}) \\ 1 \end{pmatrix}$$

(4-80)

根据矢量相等原理，两端的向量的单位向量也相等，于是令：

$$\begin{pmatrix} X \\ Y \\ Z \end{pmatrix} = \frac{\boldsymbol{M}^{-1}\begin{pmatrix} X_G - X_S \\ Y_G - Y_S \\ Z_G - Z_S \end{pmatrix}}{\left\|\boldsymbol{M}^{-1}\begin{pmatrix} X_G - X_S \\ Y_G - Y_S \\ Z_G - Z_S \end{pmatrix}\right\|}, \quad \begin{pmatrix} x \\ y \\ z \end{pmatrix} = \frac{\begin{pmatrix} \tan(\text{psiX}) \\ -\tan(\text{psiY}) \\ 1 \end{pmatrix}}{\left\|\begin{pmatrix} \tan(\text{psiX}) \\ -\tan(\text{psiY}) \\ 1 \end{pmatrix}\right\|}$$

(4-81)

则有：

$$\text{psiX} = \arctan(X, Z)$$

$$\text{psiY} = -\arctan(Y, Z)$$

(4-82)

对 N 个控制点，分别进行内方位元素检校，获取垂轨方向大致均匀分布的 N 个控制点处的沿轨、垂轨两个方向的精确地面指向角 (psiX, psiY)，然后对 N 个控制点进行拟合，获取相机各探元（列号）与其指向角 (psiX, psiY) 之间的数学方程，便可以得到整个相机每个探元处的准确内方位元素。

4.3.2 几何定标处理流程

几何定标数据处理软件的流程主要包括：

（1）定标数据仿真或实际数据获取，通过 X_1 卫星仿真数据模拟软件仿真出卫星遥感影像以及相应的辅助数据或者下载卫星实际拍摄的影像数据，为后续定标软件的研制和测试提供数据。

（2）高精度控制点的选取和刺点，通过像点量测人工交互的界面，利用已有的控制点信息，在打开的卫星影像上进行控制点刺点工作，可以保存或删除刺点结果，并自动生成控制点图像坐标文件，包含控制点的实际地理坐标以及在卫星图像上的坐标。

（3）对精密定姿、精密定轨、行时、控制点刺点数据进行预处理。

相机外方位元素标定，利用上述生成的控制点图像坐标、卫星姿轨数据和相机实验室标定数据，循环迭代求解，输出外方位元素标定参数（安置矩阵）。

（4）相机内方位元素标定，利用上述生成的控制点图像坐标、卫星姿轨数据和外标定参数采用逐探元指向角法，输出内方位元素标定参数（指向角拟合系数）。

（5）根据求解的相机内外方位元素，利用遥感卫星数据检校软件，进行定标前后无控定位精度分析及检查点残差分析，并生成残差报告。

流程图如图 4-13 所示。

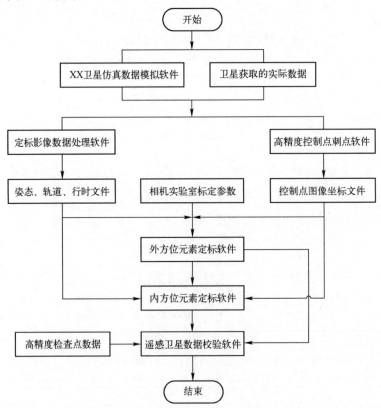

图 4-13　几何定标数据处理软件流程图

4.4 VRSS 卫星几何定位精度分析

4.4.1 VRSS 卫星产品精度指标

见表 4-2。

表 4-2 RSS 卫星产品精度指标要求

卫星	载荷	分辨率(m)	幅宽(km)	姿态精度(″)	定轨精度	时间同步精度（ms）	波段配准精度	无控定位精度	有控定位精度
VRSS-1	PAN-1	2.5	组合后大于 57	36	单频GPS	0.1	/	优于300m	优于 30m
	PAN-2	2.5					/		
	MSS-1	10	组合后大于 57						
	MSS-2	10					优于 0.3个像元		
	WMC-1	16	组合后大于 369						小于 5 个像元
	WMC-2	16							
VRSS-2	PAN	1	优于 30	15	单频GPS	0.1		优于50m	小于 3 个像元
	MSS	3					优于 0.3个像元		
	IRC1	30						/	/
	IRC2	60						/	/

4.4.2 波段配准精度评价

波段配准是指多光谱图像不同波段之间的像元定位、对齐或重合，是遥感器的基本要求之一。多波段配准的最终结果是根据参考波段影像生成的一幅多波段完美重合、地物清晰的影像。用户在使用影像前，必须使各个谱段影像数据精确合成在一起，从而准确地提取目标物的特征信息。

波段间的配准精度是反应多光谱数据在各个波段中空间一致性的一个重要指标因素，也是多光谱数据应用的重要前提条件。不同的影像处理与相机设计对波段配准的要求有所不同。多光谱图像多应用于与高分辨率全色影像的融合处理中。为了保证融合效果良好，全色影像与多光谱影像之间的配准精度应保证在高分辨率尺度上达到子像素级。若全色影像与多光谱影像分辨率比例为 1:4，多光谱影像波段配准精度至少在 1/4 个像素，才能保证多光谱影像在放大四倍后无重影、模糊等现象。

选取垂直和侧视条件下的 10 景 1 级图像，在每景图像上选取各谱段图像上均清晰可见的地面控制点 6～9 个，以每个控制点为中心，选取 32×32 像素的子图像进行匹配，计算各个谱段图像相应像元之间的配准精度。

波段的配准精度评定的方法是选取参考波段，然后在参考波段和待检测波段上选取一定数量的控制点，最后计算配准中误差。主要以影像匹配技术为依托，采用高精度、高可靠性的匹配算法和策略，提取分布均匀的特征点进行同名点匹配，统计分析同名点的坐标差，对配准精度进行定量评价。

精度评价以匹配的同名点为基础，将同名点作为检查点评价波段配准的精度。假设各波段影像是严格配准，那么相同的地物在不同波段影像中有相同的像素坐标，但在实际配准过程中会存在一定误差，这时在影像中均匀选取一定数量的同名点对其坐标进行比较即可统计出波段配准的实际精度。假设波段一的第 i 个点的像素坐标为 (x_{1i}, y_{1i})，其在第 j 个波段的同名点像素坐标为 (x_{ji}, y_{ji})，则其配准误差为：

$$\Delta x_i = x_{1i} - x_{ji}$$
$$\Delta y_i = y_{1i} - y_{ji}$$

(4-83)

统计 n 个同名点的配准中误差：

$$\sigma_x = \sqrt{\frac{\sum_{i=1}^{N} \Delta x_i^2}{n}}$$

$$\sigma_y = \sqrt{\frac{\sum_{i=1}^{N} \Delta y_i^2}{n}}$$

$$\sigma_{xy} = \sqrt{\sigma_x^2 + \sigma_y^2}$$

(4-84)

其中 σ_x 为像素列方向的配准中误差，σ_y 为像素行方向的配准中误差，σ_{xy} 为像素平面配准中误差。全自动波段配准精度评价方法的基本思想是利用特征点提取算子在影像中均匀提取一定数量均匀分布的特征点，采用影像匹配技术，以特征点为中心确定匹配窗口，进行高精度匹配，获取同名像点，以同名点作为检查点计算其坐标差并进行统计分析，评价波段配准的精度。

1. VRSS-1 卫星波段配准精度

在轨测试期间，选取各相机 6 景测试数据进行波段配准精度综合评价，处理结果如表 4-3 所示。原始图像波段间的配准精度达不到 0.3 个像素的相机设计指标要求；宽幅相机的四个谱段通过棱镜分光处理的配准精度高于全色多光谱相机的 TDI CCD 谱段间延时积分处理的配准精度。四个相机波段间的配准精度在实验室内畸变校正处理前后基本一致；波段配准处理后的配准中误差均在 0.15 个像素内，优于 0.3 个像素的精度指标要求。

表 4-3　VRSS-1 卫星各相机波段间配准中误差统计表（单位：像素）

相机	Band1 和 Band3				Band2 和 Band3			
	测试点数	配准中误差			测试点数	配准中误差		
		原始图像	波段配准前	波段配准后		原始图像	波段配准前	波段配准后
MSS1	6239	1.434	1.437	0.121	7243	0.613	0.619	0.077
MSS2	6264	2.692	3.023	0.114	6860	1.169	1.316	0.100
WMC1	4738	0.743	0.951	0.112	5476	0.204	0.275	0.082
WMC2	5750	0.468	0.456	0.078	6534	0.188	0.124	0.076

2. VRSS-2 卫星波段配准精度

在轨测试期间，选取各相机 6 景测试数据进行波段配准精度综合评价。原始图像波段间的配准精度结果与 VRSS-1 卫星一致。波段配准处理后，IRC-1 相机波段 1 与波段 2 配准精度为 0.17 像素，波段 1 与波段 3 配准精度为 0.18 像素；IRC-2 相机波段 1 与波段 2 配准精度为 0.10 像素；MSS 相机波段 1 与波段 2 配准精度为 0.20 像素，波段 1 与波段 3 配准精度为 0.18 像素，波段 1 与波段配准精度为 0.19 像素，均优于 0.3 像元要求。

4.4.3 无控几何定位精度评价

1. 测试方法及评价标准

将校正后的 2 级产品图像和基准影像在同一个窗口中叠加显示，人工找出校正图像和基准影像的同名点对，测量点对之间的距离作为该点的几何定位精度。定位精度结论的获取采用 CE(90) 标准，即统计 90% 的圆误差作为该卫星的定位精度。

2. 测试数据选取原则

1）数据为系统几何校正产品，覆盖各种载荷，各载荷选取控制点数基本一致。

2）单景测试数据高程差小于 200m，以避免高度差的因素影响定位精度测试结果。

3）测试数据的成像区域覆盖中国、委内瑞拉、阿塞拜疆、法国等不同经纬度区域。

4）测试选取控制点主要为桥梁、道路交叉点等固定地物，不随时间、季节等因素改变。

5）测试数据选取景数超过 200 景，每景内部随机抽取 15 个以内控制点进行测试。

3. VRSS-1 卫星无控定位精度

部分定位精度测试结果见表 4-4。

表 4-4　VRSS-1 各载荷数据无控定位精度列表

成像时间	载荷类型	测试点数	侧摆角	PATH	ROW	误差(m)
2012/10/31	PAN-1	9	−7.52	607.00	120.00	29.11(均值)
2012/10/31	PAN-1	9	−7.52	607.00	120.00	45.06(均值)
2012/10/31	PAN-2	9	−7.52	607.00	120.00	26.73(均值)
2012/10/31	PAN-2	9	−7.52	607.00	120.00	27.81(均值)
2012/11/1	WMC-1	9	−1.40	121.00	270.00	43.37(均值)
2012/11/1	WMC-2	9	−1.40	117.00	270.00	51.78(均值)
2012/11/9	PAN-1	11	−2.00	227.00	126.00	99.20(均值)

（续）

成像时间	载荷类型	测试点数	侧摆角	PATH	ROW	误差(m)
2012/11/9	PAN-1	12	-2.00	227.00	128.00	67.25(均值)
2012/11/9	PAN-1	10	-2.00	227.00	130.00	70.43(均值)
2012/11/9	PAN-2	11	-2.00	226.00	126.00	106.60(均值)
2012/11/9	PAN-2	10	-2.00	226.00	128.00	114.00(均值)
2012/10/23	PAN-1	1	0.00	612.00	109.00	61.28
2012/10/24	PAN-1	1	-7.60	14.00	100.00	47.74
2012/10/25	PAN-1	1	18.60	690.00	121.00	20.87
2012/10/26	PAN-1	1	-13.24	156.00	171.00	89.88
2012/10/27	PAN-1	1	5.80	165.00	173.00	73.65
…	…	…	…	…	…	…

根据测试数据分析，委内瑞拉遥感卫星无控几何定位精度为 70m（RMS，1σ），115m（115mCE90）。

4．VRSS-2 卫星无控定位精度

部分定位精度测试结果见表 4-5。

表 4-5　VRSS-2 卫星各载荷数据无控定位精度测试结果

序号	传感器 ID	轨道号	成像时间	侧摆角（°）	中心精度	中心纬度	单景误差（RMS）	平均误差（RMS）
1	PAN	57	2017 10 12	16.655089	55.282897	25.179891	11.6	
2	PAN	133	2017 10 17	4.870923	-94.658494	39.373394	20.8	
3	PAN	148	2017 10 18	3.375429	-97.047106	50.105436	20.7	
4	PAN	169	2017 10 20	-12.502546	77.271002	28.797765	15.0	
5	PAN	170	2017 10 20	11.764824	54.673744	24.455746	17.2	
6	PAN	185	2017 10 21	-4.511756	46.834966	24.938435	20.0	
7	PAN	580	2017 11 17	-13.120855	-58.461168	-34.574650	27.5	
8	PAN	639	2017 11 21	-13.9429	-58.252433	-33.853619	25.9	
9	MSS	57	2017 10 12	16.655089	55.278431	25.163012	8.3	20.4
10	MSS	133	2017 10 17	4.870923	-94.738994	39.117676	4.5	
11	MSS	163	2017 10 19	2.079956	-85.307293	30.468258	25.3	
12	MSS	169	2017 10 20	-12.502573	77.267061	28.781654	31.7	
13	MSS	170	2017 10 20	11.764824	54.669554	24.439486	27.4	
14	MSS	639	2017 11 21	-13.942565	58.257480	-33.870150	10.8	
15	MSS	580	2017 11 17	-13.120855	-58.466247	-34.591130	18.1	
16	MSS	310	2017 10 30	-1.869056	117.661979	37.215467	19.8	

（续）

序号	传感器 ID	轨道号	成像时间	侧摆角（°）	中心精度	中心纬度	单景误差（RMS）	平均误差（RMS）
17	IRC-1	1049	2017 12 18	22.992233	117.055738	39.134482	41.7	
18	IRC-1	1049	2017 12 18	22.992233	116.965640	38.877649	41.4	
19	IRC-1	310	2017 10 30	-1.871250	117.799286	37.695797	41.7	43.8
20	IRC-2	1049	2017 12 18	22.992233	117.052034	39.117786	46.9	
21	IRC-2	1049	2017 12 18	22.992233	116.972239	38.890366	49.7	
22	IRC-2	310	2017 10 30	-1.871250	117.796652	37.680783	41.6	

根据测试数据分析，VRSS-2 卫星无控定位精度为 20.4m（RMS，1σ），满足无控定位定位精度小于 50m 的指标要求。

4.4.4 有控几何定位精度评价

有控几何定位精度评价的是 3 级几何精校正图像产品，测试选用控制点主要为水库大坝、桥梁以及道路交叉点等不易随时间、季节等因素改变的地物。评价方法与无控定位精度评价方法一致，每景选取 10 个左右点进行评价。

1. VRSS-1 卫星有控定位精度

选取 35～40 景三级图像产品进行精度测试，测试数据成像时间覆盖 2012 年 12 月 8 日至 2013 年 1 月 8 号，成像区域覆盖中国、委内瑞拉等不同经纬度地区。通过测试和精度分析，VRSS-1 卫星定位精度如下，超出设计指标要求。

（1）VRSS-1 卫星 PAN-1 相机 3 级产品几何定位精度 11.09m（RMS，1σ），优于 30m 精度要求。

（2）VRSS-1 卫星 PAN-2 相机 3 级产品几何定位精度 18.76m（RMS，1σ），优于 30m 精度要求。

（3）VRSS-1 卫星 MSS-1 相机 3 级产品几何定位精度 27.96m（RMS，1σ），优于 30m 精度要求。

（4）VRSS-1 卫星 MSS-2 相机 3 级产品几何定位精度 8.87m（RMS，1σ），优于 30m 精度要求。

（5）VRSS-1 卫星 WMC-1 相机 3 级产品几何定位精度 12.20m（0.76 像元）（RMS，1σ），优于 5 个像元精度要求。

（6）VRSS-1 卫星 WMC-2 相机 3 级产品几何定位精度 17.87m（1.12 像元）（RMS，1σ），优于 5 个像元精度要求。

2. VRSS-2 卫星有控定位精度

（1）VRSS-2 卫星 PAN 正射校正产品有控定位精度 2.74m，满足小于 3 个像元的指标要求。

（2）VRSS-2 卫星 MSS 正射校正产品有控定位精度 5.4m，满足小于 3 个像元的指标要求。

与 ASPRS 标准比较可知，1m 分辨率的 PAN 影像无控定位精度 2.74m 的结果优于 282.8cm (RMSEr)，VRSS-2 PAN 影像达到Ⅱ级。3m 分辨率的 MSS 影像无控定位精度 5.4m 优于 565.7cm (RMSEr)，VRSS-2 MSS 影像重采样分辨率为 2m 时，可达到Ⅱ级。

4.5　本章小结

本章系统介绍了卫星遥感数据几何处理数学模型、几何校正处理、几何定标处理等技术和处理流程，并引入了传感器校正等几何处理核心技术，最后结合委内瑞拉遥感卫星处理情况，对波段配准、无控定位、有控定位精度等进行了评价，相关处理结果优于设计指标要求。

第5章　影像高级加工处理

遥感应用的目标是从影像中提炼信息和获取知识，并服务于各行各业的分析与决策。数据的处理、分析、理解和决策是构成遥感应用的核心和关键。影像高级加工处理主要完成影像的格式转换、投影转换、融合处理、拼接镶嵌等，是卫星遥感应用的基础和前提。影像高级加工处理根据功能场景通常可以划分为三类，分别是影像通用工具、影像处理工具和影像分析工具，结合 VRSS-1/2 地面系统建设，具体说明如下。

（1）影像通用工具

针对 VRSS-1、VRSS-2 和 GF-1、GF-2 的影像（2 级以上产品）以及其他可用卫星载荷影像数据，提供遥感影像的各种影像处理工具，包括格式转换、投影转换、ROI、重采样、颜色转换、栅格计算、波段合成、影像裁剪、影像增强和影像滤波的影像处理功能。

（2）影像处理工具

针对 VRSS-1、VRSS-2 和 GF-1、GF-2 的影像（2 级以上产品）以及其他可用卫星载荷影像数据，提供遥感影像的辐射定标、大气校正、数据预处理、影像融合、几何校正、匹配、影像镶嵌、匀光匀色、影像分类和控制数据管理的高级影像处理功能。

（3）影像分析工具

针对 VRSS-1、VRSS-2 和 GF-1、GF-2 载荷以及其他可用卫星载荷影像数据，及其制作的专题产品，结合辅助数据，实现遥感影像的纹理分析、端元提取、降维处理、混合像元分解、地形分析、几何精度分析、分类精度评价功能。

5.1　影像通用工具

影像通用工具包含格式转换、投影转换、色彩空间变换、影像裁剪、影像增强和影像滤波工具，提供基础的图像处理能力。

（1）格式转换工具

至少支持 ERDAS（.img）、ENVI（BSQ，BIL，BIP）、BMP、PNG、MrSID、JPEG、TIFF/GeoTIFF 格式的互转、导入和导出。支持低精度转向高精度，精度不损失。

（2）投影转换工具

支持常见地图投影模型转换（例如，高斯-克吕格投影、UTM 投影、TM 投影，正轴等角切圆柱投影、Lambert 投影、Albers 投影、Lat_Long 投影）。支持低精度转向高精度，精度不损失。

（3）色彩空间变换工具

支持 RGB 转 HSV、HLS、HSV 及反向转换，精度不损失。

（4）影像裁剪工具

基于规则分幅的影像裁剪、基于手工交互 ROI 的影像裁剪、基于矢量数据的影像裁剪。

（5）影像增强工具

包含亮度增强工具、对比度增强工具、高斯增强工具、直方图均衡增强工具、对数增强工具、梯度锐化工具、拉普拉斯锐化工具。

（6）影像滤波工具

消除图像噪声，以便处理结果图像比原图像更适合特定的应用要求。

5.1.1　格式转换

单独的遥感处理软件，其内部对数据格式的支持往往是有限的。如果需要快速地支持新格式的数据，需要采用格式转换的方式将不支持的数据格式转成支持的数据格式。

格式转换的核心是不同文件的解析。通过建立统一的影像数据模型，将不同格式数据的内容读到对应的数据模型的内存中，再将数据模型内存中的信息写成对应的数据格式。格式转换支持的能力一方面取决于数据模型的通用性，能否覆盖所需要的各种数据格式，另一方面在于是否知道对应的数据格式，格式转换的流程如图 5-1 所示。

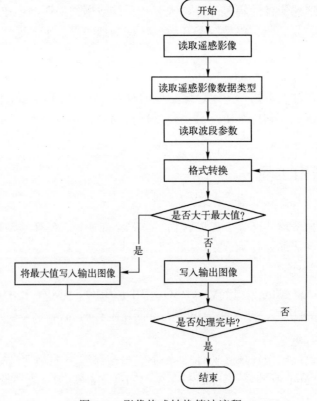

图 5-1　影像格式转换算法流程

上述格式转换算法至少支持 ERDAS（.img）、ENVI（BSQ，BIL，BIP）、BMP、PNG、MrSID、JPEG、TIFF/GeoTIFF 格式的互转、导入和导出，支持低精度转向高精度，精度不损失。通用性、高精度上与国际遥感数据处理软件水平持平。

5.1.2　投影转换

投影转换是指当系统使用来自不同地图投影的图形图像数据时，需要将该投影的数据转换为所需要投影的坐标数据。

投影转换的核心是建立原始投影和新投影之间的坐标转换关系，该转换关系的建立分为利用投影公式建立解析变换关系和利用不同投影的平面投影坐标拟合多项式建立变换关系两种方式。

从一种投影方式到另外一种投影方式进行投影转换的方法包括正解变换、反解变换、数值变换等多种方法，其中反解变换方法是最严密的变换方法，具体过程如图 5-2 所示。具体方法如下：

1）根据原始投影的投影坐标反解计算对应的地理坐标。

2）根据得到的地理坐标计算其在新投影中的平面坐标。

算法支持常见地图投影模型转换（例如，高斯-克吕格投影、UTM 投影、TM 投影，正轴等角切圆柱投影、Lambert 投影、Albers 投影、Lat_Long 投影）。

5.1.3　色彩空间变换

色彩空间变换工具将影像从 RGB 的彩色空间转换到 HIS 作为定位参数的彩色空间。

彩色显示器所显示的彩色通常是由 RGB 信号的亮度值确定的。但因 RGB 彩色坐标系统中 R、G、B 呈非线性关系，使调整色调的定量操作较为困难。而 HIS 彩色坐标系统对颜色属性易于识别和量化，色彩调整方便、灵活，因而往往进行 RGB 系统到 HIS 系统的彩色空间变换。

从 RGB 到 HIS 的变换公式表示为：

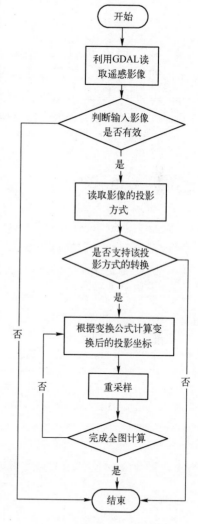

图 5-2　投影转换算法流程

$$H = \begin{cases} \theta, B \leqslant G \\ 360 - \theta, B > G \end{cases} \tag{5-1}$$

此处：

$$\theta = \arccos\left\{\frac{\frac{1}{2}[(R-G)+(R-B)]}{[(R-G)^2+(R-G)(G-B)]^{1/2}}\right\} \qquad (5\text{-}2)$$

色彩饱和度分量由下式给出：

$$S = 1 - \frac{3}{(R+G+B)}[\min(R,G,B)] \qquad (5\text{-}3)$$

最后，强度分量由下式给出：

$$I = \frac{1}{3}(R+G+B) \qquad (5\text{-}4)$$

假定 RGB 值归一化到[0，1]范围内，角度 θ 根据 HIS 空间的红轴来度量。色调可以用求出的值 H 除以 360 归一化到[0，1]范围内。如果给出的 RGB 值在[0，1]区间内，则其他两个 HIS 分量已经在[0，1]范围内了。

色彩空间变换算法流程如图 5-3 所示。

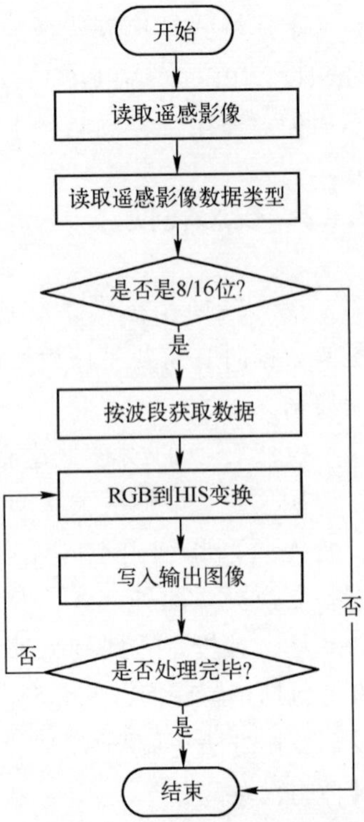

5.1.4 影像裁剪

基于矢量数据的影像裁切算法采用逐行扫描的方法，通过扫描判断该扫描行中各像素是否存在于矢量文件区域内，因此需要保证栅格影像文件和矢量文件是否在同一地理坐标和投影坐标框架内。

根据以上算法原理，设计基于矢量数据的影像裁切算法，流程如图 5-4 所示。

图 5-3　色彩空间变换算法流程图

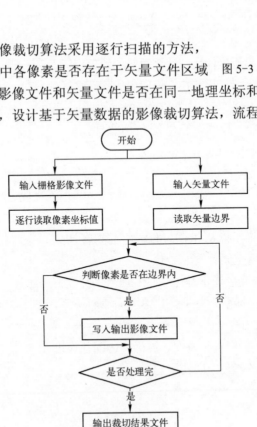

图 5-4　影像裁切（基于矢量）算法流程图

影像裁切主要算法判断在多边形内部的栅格像素点，并将对应的像素值输出。对于不在多边形内部的点，直接输出背景像素值。

在遥感影像处理时，采用扫描线算法，逐行扫描栅格图像，判断与多边形的交点。在两个交点间的像素值符合在多边形内部的条件，则输出。保证裁切算法的正确性，同时保证裁切的速度。算法原理流程如图 5-5 所示。

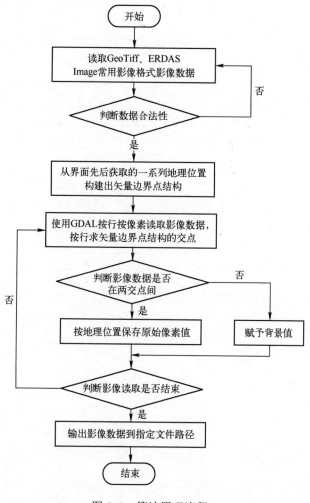

图 5-5　算法原理流程

5.1.5　影像增强

1. 亮度增强工具

实现图像的亮度增强如下式所示：

$$\begin{cases} g(x,y) = f(x,y) \cdot (1+ratio) \\ g(x,y) = 0, g(x,y) < 0 \\ g(x,y) = Max\_Value, \qquad g(x,y) > Max\_Value \end{cases} \tag{5-5}$$

式中，$g(x,y)$ 是亮度增强后的像素值，$f(x,y)$ 是原始像素值，$ratio$ 是增强的比率，范围从-1~1。

亮度增强流程如图 5-6 所示。

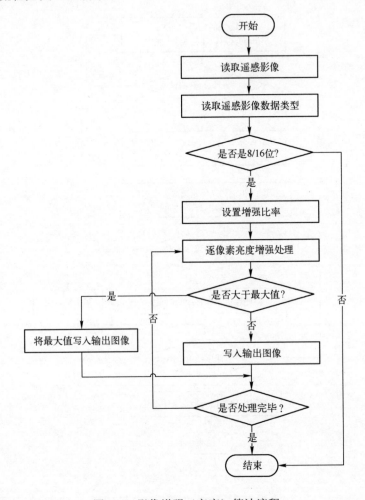

图 5-6　影像增强（亮度）算法流程

2．对比度增强工具

实现图像的对比度增强如下式所示：

$$\begin{cases} ave = \sum_{x=0}^{M-1}\sum_{y=0}^{N-1} f(x,y)/(M\cdot N) \\ g(x,y) = ave + (1+ratio)\cdot(f(x,y)-ave) \\ g(x,y) = 0,\, g(x,y) < 0 \\ g(x,y) = Max\_Value, \qquad g(x,y) > Max\_Value \end{cases} \quad (5\text{-}6)$$

式中，$g(x,y)$ 是对比度增强后的像素值，$f(x,y)$ 是原始像素值，M、N 分别是图像的宽度和高度，$ratio$ 是增强的比率，范围从-1～1。影像增强（对比度）算法流程如图 5-7 所示。

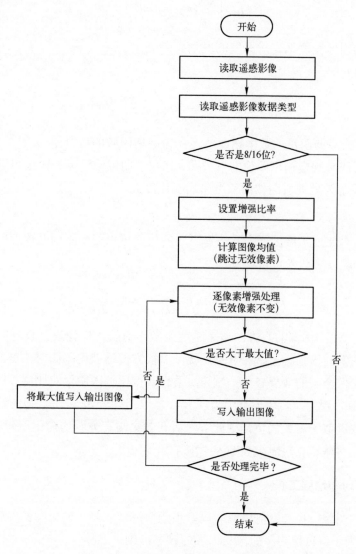

图 5-7　影像增强（对比度）算法流程

3. 高斯增强工具

一幅灰度级数为 l 的原始输入图像，其灰度概率密度函数可表示为 $p(r_i)$，其中 $1 \leqslant i \leqslant l$，则灰度平均值定义如下：

$$m = \sum_{i=0}^{l-1} r_i p(r_i) \tag{5-7}$$

图像方差定义为：

$$\mu = \left[\sum_{i=0}^{l-1} (r_i - m)^2 p(r_i) \right]^{1/2} \tag{5-8}$$

式中，μ 为图像灰度平均对比度的度量。

高斯函数可写为：

$$G(x) = \frac{1}{\sqrt{2\pi}\sigma} \exp\left(-\frac{(x-n)^2}{2\sigma^2} \right) \tag{5-9}$$

式中，n 值为高斯函数的数学期望值，σ 为高斯函数的均方差。

利用高斯曲线来规定输出图像的直方图，其数学期望值设定为输入图像的灰度平均值 m，高斯方差设定为处理后图像的灰度平均对比度 μ_1。

$$\mu_1 = k_1 \mu \tag{5-10}$$

式中，k_1 为对比度扩展因子，k_1 选择不同的值就可以得到不同对比度的输出图像。则令 $n=m$，$\sigma = \mu_1 = k_1\mu$ 代入可得：

$$p_z(r) = G(x) = \frac{1}{\sqrt{2\pi}(k_1\mu)} \exp(-\frac{(r-m)^2}{2(k_1\mu)^2}) \tag{5-11}$$

将 $p_z(r)$ 作为输出图像的直方图概率密度函数，对输入图像进行直方图归一化处理，就可实现输入图像的增强。选择不同的 k_1 就可以很方便地获得不同对比度的输出图像。因此 k_1 的选择对图像增强的效果较为关键，如果想获得比输入图像对比度高的输出图像，k_1 应取大于 1 的值，否则，其取值范围为（0，1），k_1 取值越大，所获得的输出图像对比度越高，如果 k_1 取近似无穷大的值，则此方法所获效果与直方图均衡化相同。

影像增强（高斯）算法流程如图 5-8 所示。

4. 直方图均衡增强工具

对于离散的图像，各灰度值出现的概率用频率近似表示。设 x 代表离散图像上的某个灰度值，用 p_x 表示灰度值为 x 的像素出现的频率，则：

$$p_x = \frac{n_x}{n} \tag{5-12}$$

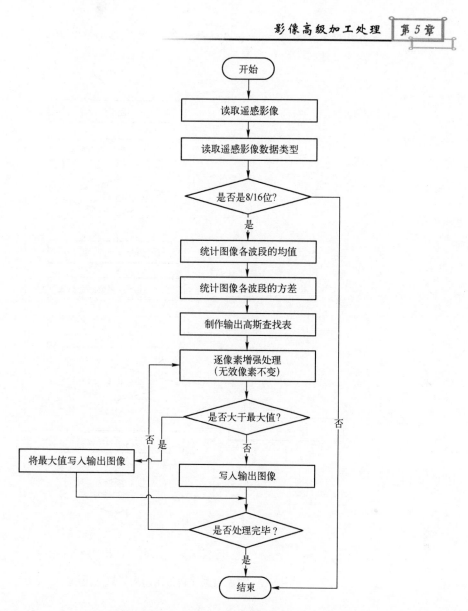

图 5-8 影像增强（高斯）算法流程

式中，n_x 为图像中灰度值为 x 的像素数目，n 是图像中像素总数。假设原始图像灰度值的分布范围为 $[x_{\min}, x_{\max}]$，则该图像上灰度值为 x 的累积频率 s_x 可近似表示为：

$$s_x = \sum_{j=x_{\min}}^{x} p_j = \sum_{j=x_{\min}}^{x} \frac{n_j}{n} \tag{5-13}$$

式中，$x_{\min} \leqslant x \leqslant x_{\max}$。

由于累积频率的数值一般在 [0，1] 区间内，必须将均衡化以后的图像灰度值 y 量化到适当的范围 $[y_{\min}, y_{\max}]$ 内，因此离散图像直方图均衡化算法的表达式为：

$$y = (y_{\max} - y_{\min})s_x + y_{\min} \tag{5-14}$$

影像增强（直方图均衡）算法流程如图 5-9 所示。

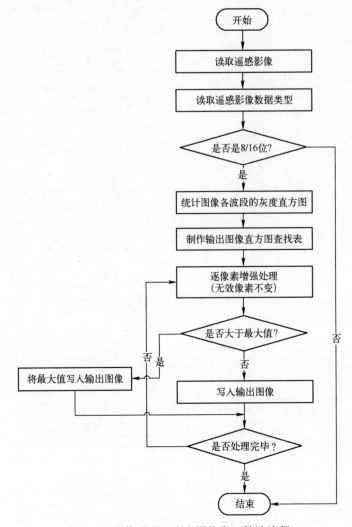

图 5-9　影像增强（直方图均衡）算法流程

5. 对数增强工具

图像的对数变换关系如图 5-10 所示。

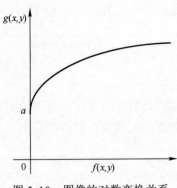

图 5-10　图像的对数变换关系

但对数函数作为图像的映射函数时，对数变换的一般形式为：

$$g(x,y) = a + \frac{\ln[f(x,y)+1]}{b \cdot \ln c} \tag{5-15}$$

这里 a、b、c 是为便于调整曲线的位置和形状而引入的参数，且 $b \neq 0$，$c \neq 1$。

影像增强（对数）算法流程如图 5-11 所示。

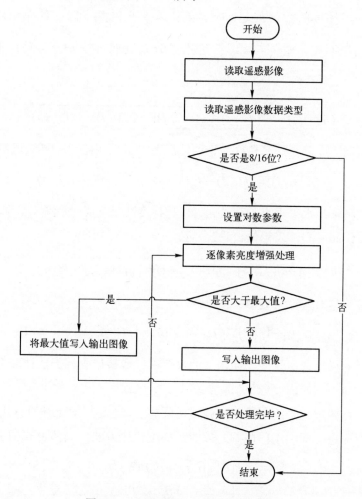

图 5-11 影像增强（对数）算法流程

6. 梯度锐化工具

在图像处理中，一阶微分是通过梯度法来实现的。对于一幅图像用函数 $f(x,y)$ 表示，定义 $f(x,y)$ 在点 (x,y) 处的梯度是一个矢量，定义为：

$$\boldsymbol{G}[f(x,y)] = \left(\frac{\partial f}{\partial x} \quad \frac{\partial f}{\partial y} \right) \tag{5-16}$$

梯度的方向在函数 $f(x,y)$ 最大变化率的方向上，梯度的幅度 $G[f(x,y)]$ 可由下式算出：

$$G[f(x,y)] = \sqrt{\left(\frac{\partial f}{\partial x}\right)^2 - \left(\frac{\partial f}{\partial y}\right)^2} \qquad (5\text{-}17)$$

由上式可知，梯度的数值就是 $f(x,y)$ 在其最大变化率方向上的单位距离所增加的量。对于数值图像而言，微分 $\frac{\partial f}{\partial x}$ 和 $\frac{\partial f}{\partial y}$ 可用差分来近似。按差分运算近似后的梯度表达式为：

$$G[f(i,j)] = \sqrt{[f(i,j) - f(i+1,j)]^2 + [f(i,j) - f(i,j-1)]^2} \qquad (5\text{-}18)$$

为了提高运算速度，在计算精度允许的情况下，可采用绝对差算法近似为：

$$G[f(i,j)] = |f(i,j) - f(i+1,j)| + |f(i,j) - f(i,j-1)| \qquad (5\text{-}19)$$

这种梯度法又称为水平垂直差分法，另一种梯度法是交叉进行差分计算，称为罗伯特梯度法（Robert Gradient），表示为：

$$G[f(i,j)] = \sqrt{[f(i,j) - f(i+1,j+1)]^2 + [f(i+1,j) - f(i,j+1)]^2} \qquad (5\text{-}20)$$

同样，可采用绝对差算法近似为：

$$G[f(i,j)] = |f(i,j) - f(i+1,j+1)| + |f(i+1,j) - f(i,j+1)| \qquad (5\text{-}21)$$

运用以上两种梯度近似算法，在图像的最后一行或最后一列无法计算像素的梯度时，一般用前一行或前一列的梯度近似值代替。

为了在不破坏图像背景的前提下更好地增强边缘，也可以对上述直接用梯度值代替灰度值的方法进行改进，即利用门限判断来改进梯度锐化方法。具体公式如下：

$$G(i,j) = \begin{cases} G[f(i,j)] + 100, & G[f(i,j)] \geqslant T \\ f(i,j), & \text{其他} \end{cases} \qquad (5\text{-}22)$$

$G[f(i,j)]$ 的计算方法可以采用上式。当设置一个阈值时，$G[f(i,j)]$ 大于阈值就认为该像素点处于图像的边缘，对结果加上常数 C，以使边缘变亮；而 $G[f(i,j)]$ 不大于阈值就认为该像素点是同类像素，常数 C 的选取可以根据具体的图像特点。这样，既增亮了物体的边界，同时又保留了图像背景原来的状态，比传统的梯度锐化方法具有更好的增强效果和适用性。

影像增强（梯度锐化）算法流程如图 5-12 所示。

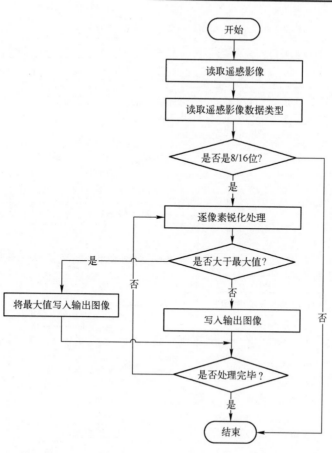

图 5-12　影像增强（梯度锐化）算法流程

7. 拉普拉斯锐化工具

拉普拉斯算子是最简单的各向同性微分算子，具有旋转不变性。一个二维图像函数 $f(x,y)$ 的拉普拉斯变换是各向同性的二阶导数，定义为：

$$\Delta f(x, y) = \frac{\partial^2 f}{\partial x^2} + \frac{\partial^2 f}{\partial y^2} \tag{5-23}$$

为了更适合图像处理，将该方程表示为离线形式：

$$\Delta f(x, y) = [f(x+1, y) + f(x-1, y) + f(x, y+1) + f(x, y-1)] - 4f(x, y) \tag{5-24}$$

另外，拉普拉斯算子还可以表示为模板的形式。拉普拉斯模板为 $\begin{pmatrix} 0 & 1 & 0 \\ 1 & -4 & 1 \\ 0 & 1 & 0 \end{pmatrix}$，扩展模板为 $\begin{pmatrix} 1 & 1 & 1 \\ 1 & -8 & 1 \\ 1 & 1 & 1 \end{pmatrix}$。

影像增强（拉普拉斯锐化）算法流程如图 5-13 所示。

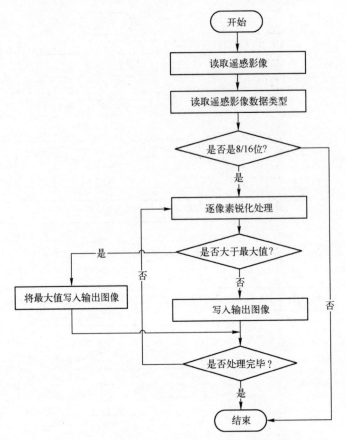

图 5-13　影像增强（拉普拉斯锐化）算法流程

5.1.6　影像滤波

1．加权平均滤波工具

在加权平均滤波中，对于同一尺寸的模板，可对不同位置的系数采用不同的数值。一般认为离对应模板中心像素近的像素对滤波结果有较大贡献，所以接近模板中心的系数应较大，而模板边界附近的系数应较小。在实际应用中，为保证各模板系数均为整数以减少计算量，常取模板周边最小的系数为1，而取内部的系数成比例增大，中心系数最大。

一种常用的加权方法是根据系数与模板中心的距离反比确定其他内部系数的值。

常用的模板为 $\frac{1}{10}\begin{pmatrix} 1 & 1 & 1 \\ 1 & 2 & 1 \\ 1 & 1 & 1 \end{pmatrix}$、$\frac{1}{5}\begin{pmatrix} 0 & 1 & 0 \\ 1 & 1 & 1 \\ 0 & 1 & 0 \end{pmatrix}$。还有一种方法是根据二维高斯分布来确定

各系数值，常称为高斯模板，模板为：$\frac{1}{16}\begin{pmatrix} 1 & 2 & 1 \\ 2 & 4 & 2 \\ 1 & 2 & 1 \end{pmatrix}$。对于邻域平均的卷积，加权平均也

称为归一化卷积。表示两幅图像之间的卷积。一是需要处理的图像，二是有加权值的图像，

写成矩阵形式为：

$$G = \frac{H \otimes (W \cdot F)}{H \otimes W} \qquad (5\text{-}25)$$

式中，H 是卷积模板，F 是需要处理的图像，W 是有加权值的图像，分母起归一化的作用。用卷积模板 H 进行的归一化卷积图像 F 和图像 W 变换为一幅新图像 G。

在本算法中，3×3 的模板采用高斯模板 $\dfrac{1}{16}\begin{pmatrix} 1 & 2 & 1 \\ 2 & 4 & 2 \\ 1 & 2 & 1 \end{pmatrix}$，$5\times5$ 的模板采用模板

$$\frac{1}{48}\begin{pmatrix} 0 & 1 & 2 & 1 & 0 \\ 1 & 2 & 4 & 2 & 1 \\ 2 & 4 & 8 & 4 & 2 \\ 1 & 2 & 4 & 2 & 1 \\ 0 & 1 & 2 & 1 & 0 \end{pmatrix}。$$

影像增强（加权平均滤波）算法流程如图 5-14 所示。

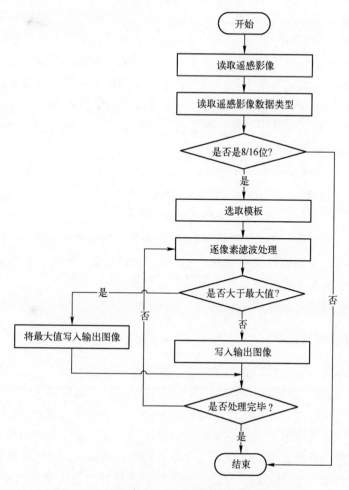

图 5-14　影像增强（加权平均滤波）算法流程

2．中值滤波工具

针对3×3中值滤波，将使用一种快速的并行中值滤波方法。该方法避免了大量的重复比较操作，每一窗口排序需要$O(m)$时间，整个计算需要$O(mN^2)$时间，易于实现且并行处理。

为了便于说明，将3×3窗口内各像素分别定义为$P_0 \sim P_8$，像素排列见表5-1。

表5-1　窗口内像素排列

行	列		
	第0列	第1列	第2列
第0行	P_0	P_1	P_2
第1行	P_3	P_4	P_5
第2行	P_6	P_7	P_8

首先对窗口内每一列分别计算最大值、中值和最小值，这样就得到了3组数据，分别为最大值组、中值组和最小值组。计算过程表示如下：

最大值组：$Max_0 = \max[p_0, p_3, p_6], \max[p_1, p_4, p_7], \max[p_2, p_5, p_8]$

中值组：$Med_0 = \text{med}[p_0, p_3, p_6], \text{med}[p_1, p_4, p_7], \text{med}[p_2, p_5, p_8]$

最小值组：$Min_0 = \min[p_0, p_3, p_6], \min[p_1, p_4, p_7], \min[p_2, p_5, p_8]$

公式中，max 表示取最大值操作，med 表示取中值操作，min 表示取最小值操作。

由此可以看出，最大值组中的最大值与最小值组中的最小值一定是9个像素中的最大值和最小值。此外，中值组中的最大值至少大于5个像素：本列中的最小值和其他两列中的中值和最小值；中值组中的最小值至少小于5个像素；本列中的最大值和其他两列中的最大值和中值。同样，最大值组中的中值至少大于5个像素，最小值组中的中值至少小于5个像素。即最大值组中最小值为 max_min，中值组中的中值为 med_med，最小值组中的最大值为 min_max，则滤波结果的输出像素值 Winmed 应该为 max_min、med_med 和 min_max 中的中值，这一计算过程表示如下：

$$
\begin{aligned}
Max\_min &= \min[Max_0, Max_1, Max_2] \\
Med\_med &= \text{med}[Med_0, Med_1, Med_2] \\
Min\_max &= \max[Min_0, Min_1, Min_2] \\
Min\_med &= \text{med}[Max\_min, Med\_med, Min\_max]
\end{aligned}
\tag{5-26}
$$

采用该方法，中值的计算仅需要 17 次比较，与传统算法相比，比较次数减少了近 2 倍，且该算法十分适用于在实时处理上做并行处理。

影像增强（中值滤波）算法流程如图 5-15 所示。

3．自适应平滑滤波工具

自适应平滑滤波是以模板运算为基础的，在此处的算法是采用5×5的模板窗口。在窗口内以(i, j)为基准点，制作 4 个五边形、4 个六边形、一个边长为 3 的正方形共 9 种形状的屏蔽窗口，分别计算每个窗口内的平均值和方差。由于含有尖锐边沿的区域，方差必定比平缓区域大，因此采用方差最小的屏蔽窗口进行平均化，这种方法在完成滤波操作的同时，又不破坏区域边界的细节。通过采用 9 种形状的屏蔽窗口，分别计算各窗口内的灰度值方差，并采用方差最小的屏蔽窗口进行平均化方法进行自适应平滑滤波处理。

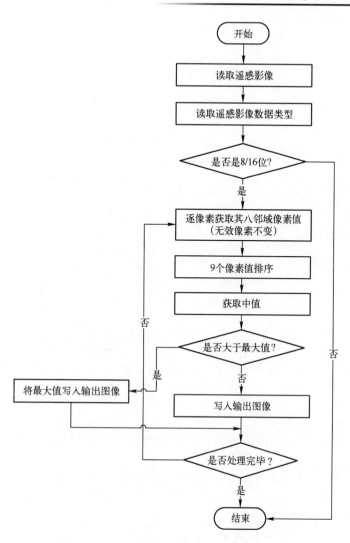

图 5-15 影像增强（中值滤波）算法流程

9 种屏蔽窗口的模板如图 5-16 所示。

根据上面 9 种模板分别计算各模板作用下的均值和方差。

均值的计算公式为：

$$M_i = \frac{\sum\limits_{k=1}^{N} f(i,j)}{N} \qquad (5\text{-}27)$$

方差的计算公式为：

$$\sigma_i = \sum\limits_{k=1}^{N} \left(f^2(i,j) - M_i^2 \right) \qquad (5\text{-}28)$$

式中，$k=1,2,3...,N$，N 为各掩膜对应的像素个数。

$$
\begin{bmatrix} 0&0&0&0&0 \\ 0&1&1&1&0 \\ 0&1&1&1&0 \\ 0&1&1&1&0 \\ 0&0&0&0&0 \end{bmatrix}
\begin{bmatrix} 0&0&0&0&0 \\ 1&1&0&0&0 \\ 1&1&1&0&0 \\ 1&1&0&0&0 \\ 0&0&0&0&0 \end{bmatrix}
\begin{bmatrix} 0&1&1&1&0 \\ 0&1&1&1&0 \\ 0&0&1&0&0 \\ 0&0&0&0&0 \\ 0&0&0&0&0 \end{bmatrix}
$$

$$
\begin{bmatrix} 0&0&0&0&0 \\ 0&0&0&1&1 \\ 0&0&1&1&1 \\ 0&0&0&1&1 \\ 0&0&0&0&0 \end{bmatrix}
\begin{bmatrix} 0&0&0&0&0 \\ 0&0&0&0&0 \\ 0&0&1&0&0 \\ 0&1&1&1&0 \\ 0&1&1&1&0 \end{bmatrix}
\begin{bmatrix} 1&1&0&0&0 \\ 1&1&1&0&0 \\ 0&0&1&0&0 \\ 0&0&0&0&0 \\ 0&0&0&0&0 \end{bmatrix}
$$

$$
\begin{bmatrix} 0&0&0&1&1 \\ 0&0&1&1&1 \\ 0&0&1&1&0 \\ 0&0&0&0&0 \\ 0&0&0&0&0 \end{bmatrix}
\begin{bmatrix} 0&0&0&0&0 \\ 0&0&0&0&0 \\ 0&0&1&1&0 \\ 0&0&1&1&1 \\ 0&0&0&1&1 \end{bmatrix}
\begin{bmatrix} 0&0&0&0&0 \\ 0&0&0&0&0 \\ 0&1&1&0&0 \\ 1&1&1&0&0 \\ 1&1&0&0&0 \end{bmatrix}
$$

图 5-16 9 种屏蔽窗口的模板

将计算得到的 M_i 进行排序，最小方差 $\sigma_{i_{min}}$ 对应的掩膜的灰度级均值 M_i 作为平滑结果的输出。

影像增强（自适应平滑滤波）算法流程如图 5-17 所示。

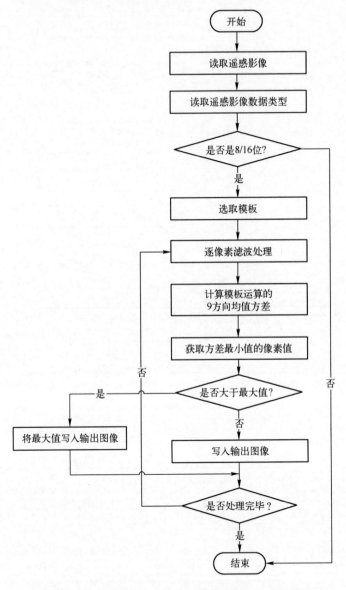

图 5-17　影像增强（自适应平滑滤波）算法流程

5.2　影像处理工具

影像处理工具包含辐射定标、大气校正、影像融合、几何校正、匹配、影像镶嵌、匀光匀色、影像分类、控制数据管理等功能。

（1）辐射定标

利用绝对辐射定标建立的遥感器记录的数字信号与对应的辐射能量之间的数量关系（辐射定标系数）将图像数字计数值 DC（DN 值）转化为其等效的表观辐亮度值，为遥感图像提供可用于定量化应用的物理量值。

（2）大气校正

大气校正从原来的辐射影像图生成反射率图，来校正由于大气作用对传感器造成的影响。软件重构了纯地表反射时的影像，从而使影像更加清晰，有利于用户的影像分析、提高分类精度以及辐射定量反演研究。通过对 CCD 影像、近红外影像进行大气校正，将消除大气气溶胶散射、折射、季节变化、太阳光照角度等对影像质量的影响。

（3）影像融合

支持红外影像融合、HIS 融合、PCA 融合、Brovey 融合、Pansharpening 融合、Gram-Schmidt Spectal 融合、Wavelet 融合。

（4）几何校正

支持影像的多项式校正、RPC 校正。

（5）匹配

支持控制点匹配、控制点影像匹配。

（6）影像镶嵌

支持红外拼接镶嵌、可见光影像镶嵌。

（7）匀光匀色

对产品亮度、反差、色调、饱和度分布不均匀现象进行校正，使整幅影像内各个位置的亮度、反差 、色调、饱和度基本一致。

（8）影像分类

包括监督分类（最大似然法监督分类和基于神经网络的监督分类）、非监督分类（ISODATA 非监督分类和 k-means 非监督分类）、决策树分类、面向对象分类、二进制编码分类、光谱角分类。

（9）控制数据管理

包括影像控制点和控制影像两种控制数据，支持影像控制点采集、入库、编辑、删除、查询等功能，控制数据管理统一考虑影像控制点和控制影像两种数据，影像控制点包括野外控制点、红外控制点等类型数据。

5.2.1 大气校正

1. CCD 大气校正

假设天空辐射各向同性，地表面是一个理想的朗伯体，并忽略大气的折射、湍流和偏振，由遥感方法，抵达卫星传感器的云顶太阳辐射反射可由下式表示：

$$L_{TOA}(\mu_s,\mu_v,\phi) = L_0(\mu_s,\mu_v,\phi) + \frac{T(\mu_s)T(\mu_v)E_0\mu_s\rho_s(\mu_s,\mu_v,\phi)}{\pi\left[1-\rho_s(\mu_s,\mu_v,\phi)S\right]} \tag{5-29}$$

式中，L_{TOA} 是传感器所接收到的云顶辐射；L_0 是路径辐射；$T(\mu_s)$ 是入射太阳光谱从大气顶部到地表沿路径的总透过率；$T(\mu_v)$ 是由地表到大气顶部沿传感器观测方向的总透过率，E_0 是大气顶部太阳辐射；$\rho_s(\mu_s,\mu_v,\phi)$ 是无大气条件下表面反射率，即需要经过大气校正模型求得的校正数据；S 是大气对各向同性入射光的反射率；μ_s 是太阳天顶角的余弦值 $\cos\theta_0$；μ_v 是观测方向角的余弦值；ϕ 是上述两个角度的相对方位角。利用入射太阳辐射项 $E_0\mu_s/\pi$ 归一化上式可得：

$$\rho_{TOA}(\mu_s,\mu_v,\phi) = \rho_0(\mu_s,\mu_v,\phi) + \frac{T(\mu_s)T(\mu_v)\rho_s(\mu_s,\mu_v,\phi)}{\left[1-\rho_s(\mu_s,\mu_v,\phi)S\right]} \tag{5-30}$$

上式整理后可得：

$$\rho_s(\mu_s,\mu_v,\phi) = \frac{\rho_{TOA}(\mu_s,\mu_v,\phi)-\rho_0(\mu_s,\mu_v,\phi)}{T(\mu_s)T(\mu_v)+S\cdot\left[\rho_{TOA}(\mu_s,\mu_v,\phi)-\rho_0(\mu_s,\mu_v,\phi)\right]} \tag{5-31}$$

上式中 ρ_{TOA} 是卫星遥感器在大气顶部测得的反射率，即需要进行大气校正的遥感观测值，ρ_0 是反射单元的路径辐射。

大气顶测得的表观反射率 ρ_{TOA}，用如下公式求得：

$$\rho_{TOA} = \frac{\pi\cdot d^2\cdot L_{TOA}}{E_0\cdot\cos\theta} \tag{5-32}$$

$$L_{TOA} = gain\cdot DN + offset$$

式中，L_{TOA} 为卫星表观辐亮度，单位为 $W\cdot m^{-2}\cdot sr^{-1}\cdot\mu m^{-1}$；$gain$ 和 $offset$ 分别是定标系数增益和偏置，它们由绝对辐射定标得到；E_0 是探测器波段等效顶层太阳辐照度；d^2 是太阳辐照度的日地距离修正系数，该系数可为常数；θ 为太阳天顶角，由卫星探测器提供。

因此，参数 ρ_{TOA} 可以根据图像灰度值等信息直接获得，而其他参数如 ρ_0、$T(\mu_v)$、$T(\mu_s)$、S 等需要利用 6S 模型进行反演。

采用在全球绝大部分陆地范围内占主导地位的大陆型气溶胶，使用 6S 辐射传输模型计算 ρ_0、$T(\mu_v)$、$T(\mu_s)$、S 等参数的查找表（LUT，Look Up Table）。其中：

太阳天顶角：0~80，步长 10。

观测天顶角：0~70，步长 10。

气溶胶光学厚度：0~0.8，步长 0.05。

实时计算时，参数程辐射 ρ_0 和反照率 S 等参数由上述查找表线性内插得到，然后带入公式即可求得无大气条件下表面反射率 $\rho_s(\mu_s,\mu_v,\phi)$。

CCD 大气校正算法流程如图 5-18 所示。

2. 红外大气校正

基于大气辐射传输模型的大气校正是目前国际上通行的方法。6S、FORTRAN 等成熟的大气校正模型已被成功应用于 MODIS 等卫星数据的预处理。本算法选用 6S 模型作为校正模型，为了提高处理效率，对 6S 模型采用通行的建立查找表的方法。

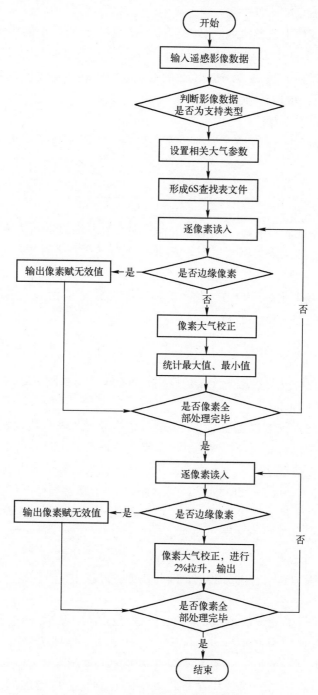

图 5-18　CCD 大气校正算法流程

大气校正首先通过辐射定标和反射率反演，得到大气上界的表观反射率；然后通过 6S 模拟得到不同气溶胶条件下的大气辐射传输特性并生成相应查找表，通过逐像元表观反射率及相应的气溶胶光学厚度条件查找得到对应校正系数，进而完成影像校正。

步骤一：表观辐亮度计算。

用定标系数将图像上原始 DN 值转换为大气层外反射的表观幅亮度 L，其关系为：$L_\lambda = DN \cdot gain + bias$。式中 L_λ 为测量的光谱幅亮度；DN 为记录的电信号值；$gain$ 为响应函数的斜率（通道增益）；$bias$ 为响应函数的截距。对于环境与灾害监测预报小卫星影像来说，定标系数也就是响应函数的斜率和截距。

步骤二：表观反射率算法。

基于辐射传输理论，假设地面为朗伯面，则在传感器处接受到的光谱幅亮度可以表示为：

$$L_m = L_0 + \frac{\rho}{1-s\rho} \cdot \frac{TF_d}{\pi} \qquad (5-33)$$

式中 L_0 表示零地表反射时大气引起的程辐射，T 表示地表到传感器的透过率，s 为大气球形反照率，ρ 为地表目标反射率，F_d 地表下行通量。所有变量都与波段范围有关。其中，s 是波长、大气光学性质以及一系列位置参数，如海拔高度、传感器高度、传感器方位角、视角以及太阳高度角方位角等的函数；F_d、T 为由大气条件及下垫面几何条件所决定的系数，与地表反射率无关。

表观反射率的计算公式为：$\rho_\lambda = \frac{\pi L_\lambda d^2}{ESUN_\lambda \cos\theta_s}$。式中 ρ_λ 为波段 λ 的表观反射率，L_λ 为波段 λ 的光谱幅亮度，d 为日地天文单位距离，$ESUN_\lambda$ 是波段 λ 处的大气上界太阳光谱辐照度，θ_s 是太阳天顶角。

步骤三：根据输入气溶胶光学厚度、表观反射率及查找表查找地表反射率。

在通用查找表中，自变量是大气模式、水平气象视距、太阳天顶角、地表反射率，因变量是光谱幅亮度。通过地表反射率算法知道，在一种大气参数（大气模式、水平气象视距、太阳天顶角）下，利用三个地表反射率和对应的三个光谱幅亮度可以求出公式（5-33）的三个参数；也就是一种大气参数对应一组参数。因此可以将查找表设置成自变量是大气模式、水平气象视距、太阳天顶角，因变量是 L_0，s 及 TF_d/π。

通用查找表中自变量大气模式只有中纬度夏季大气和中纬度冬季大气两种情况，而水平气象视距、太阳天顶角只有部分数据，因此在计算过程中，有时需要对这两个变量进行线性插值，也就是二元变量的线性插值。

二元插值是对两个变量的函数 $z = f(x,y)$ 进行插值。x,y 是两个独立变量，代表太阳天顶角和水平气象视距；z 是一个因变量，代表 L_0，s 或 TF_d/π。在插值过程中，如果 x 是查找表中已有的值，则只需要把 z 看成是 y 的函数，进行一元插值。如果 x 不等于查找表中已有的值，则首先在查找表中查找到与 x 值相邻的两个值，然后分别求得在这两个值处关于 y 变量一元插值的 z 值，最后对 x 值进行线性插值即可得到所需的 z 值。

利用辐射传输模型 6S 实现逐像元大气校正的算法流程如下。

根据输入的大气参数，6S 运行三次，这三次分别假设三个地表反射率($\rho = 0$，0.5，0.8)，每次运行的结果是得到三个模拟的星上幅亮度 L_m。

根据第一步得到的结果 ρ 和 L_m，建立三个以 L_0，s 及 TF_d / π 为变量的三元一次方程组；解方程组，求出一组与输入大气参数对应的 L_0，s 及 TF_d / π。

输入不同的大气参数，根据第二步和第三步的方法，建立通用查找表。查找表自变量是大气参数（大气模式、太阳天顶角、水平气象视距），因变量是地表反射率公式中的 L_0，s 及 TF_d / π。

读取 VRSS-1 PMC/WMC 第 4 波段或 TM4、5、7 波段红外数据，如果是 DN 值，则通过定标系数将 DN 值图像转化为表观幅亮度图像。

读取每个像元的气溶胶光学厚度（AOD）数据，根据气溶胶光学厚度值找到与该大气参数对应的三个参数 L_0，s 及 TF_d / π，逐像元校正影像数据。

大气校正（红外）首先通过辐射定标和反射率反演，得到大气上界的表观反射率；然后通过 6S 模拟得到不同气溶胶条件下的大气辐射传输特性并生成相应查找表，通过逐像元表观反射率及相应的气溶胶光学厚度条件查找得到对应的校正系数，进而完成影像校正。

该算法的执行流程如图 5-19 所示。

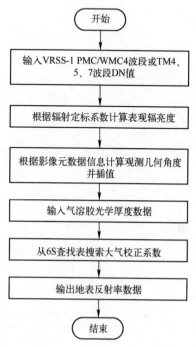

图 5-19 红外大气校正算法流程图

5.2.2 影像融合

1. HIS 融合

在图像数据融合中，主要有两种应用 HIS 技术的方式：一种是直接法，将 3 波段图像变换到指定的 HIS 空间。另一种是替代法，首先将由 RGB 3 个波段数据组成的数据集变换到相互分离的 HIS 彩色空间中，用 3 波段数据集的平均亮度表示 I、用主导波长值表示 H、用纯度表示 S。然后，HIS 三个成分之一被另一个波段图像所替代。将第 4 个波段图像设为高空间分辨率图像，但往往需要经过对比度拉伸的图像增强处理，以便获得与将要被替代图像几乎相同的方差或均值。将高分辨率图像替代强度图像，最后再经过 HIS 反变换，即替代后的 HIS 数据再返回到 RGB 图像空间生成融合图像。影像融合（HIS）算法流程如图 5-20 所示。

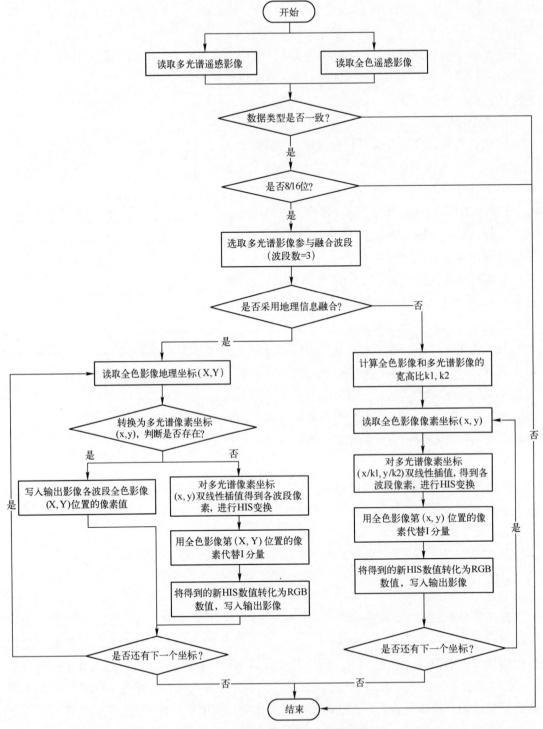

图 5-20　影像融合（HIS）算法流程

2．PCA 融合

首先对多光谱图像进行主成分变换，变换后的第一主分量含有变换前各波段图像的相同信息，而各波段中其余对应的部分，被分配到变换后的其他波段。然后将高分辨率图像和第一主分量进行直方图匹配，再将匹配之后的高分辨率图像代替主分量中第一主分量和其余分量一起进行主成分逆变换，得到融合影像。通过高分辨率的图像来增加多波段图像的空间分辨率。

主成分变换是对某一多光谱图像 X，利用 K-L 变换矩阵 A 进行线性组合，而产生一组新的多光谱图像 Y，表达式为：

$$Y = AX \tag{5-34}$$

式中，X 为变换前的多光谱空间的像元矢量；

Y 为变换后的主分量空间的像元矢量；

A 为变换矩阵。

在算法实现过程中，图像主分量分析步骤如下：

1）设有 n 幅图像，每幅图像观测 p 个分量，将原始数据标准化，得到：

$$X = \begin{pmatrix} x_{11} & \cdots & x_{1p} \\ \vdots & \ddots & \vdots \\ x_{n1} & \cdots & x_{np} \end{pmatrix} \tag{5-35}$$

2）建立变量的协方差矩阵 $R = (r_{ij})_{p \times p}$。

3）求 R 的特征值 $\lambda_1 \geq \lambda_2 \geq \cdots \geq \lambda_p$ 及相应的单位特征向量：

$$A_1 = \begin{pmatrix} a_{11} \\ a_{21} \\ \vdots \\ a_{p1} \end{pmatrix}, \quad A_2 = \begin{pmatrix} a_{12} \\ a_{22} \\ \vdots \\ a_{p2} \end{pmatrix}, \quad \ldots, \quad A_p = \begin{pmatrix} a_{1p} \\ a_{2p} \\ \vdots \\ a_{pp} \end{pmatrix} \tag{5-36}$$

4）写出主成分：

$$F_i = A_{1i}X_1 + A_{2i}X_2 + \ldots + A_{pi}X_p, \quad (i = 1, 2, \cdots, p) \tag{5-37}$$

由协方差矩阵求特征值和特征向量，由于各波段图像方差不同，将导致各波段重要程度不一致。如果采用相关矩阵求特征值和特征向量，由于相关矩阵中各波段的方差都归一化，从而使各波段具有同等的重要性。

以 TM 与全色图像融合为例，采用主分量分析法融合的具体步骤为：

1）计算参与融合的 n 波段 TM 图像的相关矩阵。

2）由相关矩阵计算特征值 λ_i 和特征向量 $A_i(i = 1, \cdots n)$。

3）将特征值按由大到小的次序排列，即 $\lambda_1 \geq \lambda_2 \geq \cdots \geq \lambda_n$，特征向量 A_i 也要做相应变动。

4）计算各主分量图像：$PC_k = \sum_{i=1}^{n} d_i A_{ik}$

式中，k 为主分量序数 $(k = 1, \cdots, n)$，PC_k 为第 k 主分量，i 为输入波段序数，n 为总的 TM 波段数，d_i 为 i 波段 TM 图像数据值，A_{ik} 为特征向量矩阵在 i 行、k 列的元素。经过上述主分量变换，第一主分量图像的方差最大，它包含原多光谱图像的大量信息（主要是空间信息），而原多光谱图像的光谱信息则保留在其他分量图像里（主要在第二、第三主分量中）。

5）将全色图像与第一主分量图像做直方图匹配。用直方图匹配后生成的全色图像代替第一主分量，并将它与其余主分量做逆分量变换，即可得到融合图像。

影像融合（PCA）算法流程如图 5-21 所示。

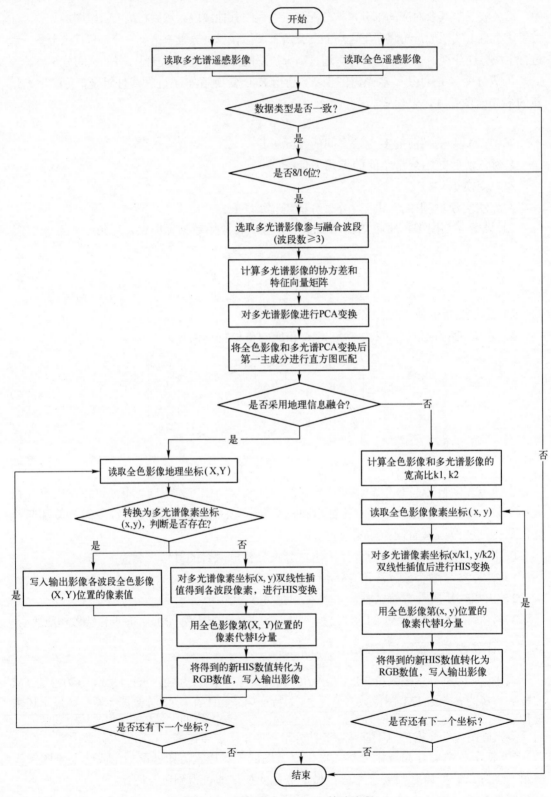

图 5-21　影像融合（PCA）算法流程

3. Brovey 融合

Brovey 融合也称为色彩正规化(color normalization)变换融合，由美国学者 Brovey 推广而得名。其算法是将多光谱影像空间（multispectral image space）分解为色度和亮度成分，并进行计算。其特点是简化了影像转换过程的系数，以最大限度地保留多光谱数据的信息。Brovey 融合法的表达式为：

$$MS_{H_i} = PAN \times \frac{MS_{L_i}}{\sum MS_L} \tag{5-38}$$

其中，MS_{L_i} 为多光谱低分辨率影像第 i 波段的像元大小，MS_{H_i} 为融合后影像第 i 波段的像元大小。

影像融合（Brovey）算法流程如图 5-22 所示。

4. Pansharpening 融合

PanSharpening 自动融合算法是通过合并高分辨率的全波段影像(PAN)处理多波段影像的空间分辨率的一种影像融合技术。此种算法要求全波段影像和多波段影像是同平台、同时间（或时间间隔很短）获得的。

假设低分辨率多光谱图像的值为 Y，在理想条件下观测的高分辨率传感器包括 B 个波段，每个波段的大小为 $P = M \times N$ 个像素，影像波段作为列向量，即

$$Y = \begin{pmatrix} Y^{1t} \\ Y^{2t} \\ \vdots \\ Y^{Bt} \end{pmatrix},$$

多光谱影像的每个波段可以写为一个按升序排列的列向量，以像素的形式表示为：

$$Y^b = \begin{pmatrix} Y^b(1,1) \\ Y^b(1,2) \\ \vdots \\ Y^b(M,N) \end{pmatrix}, \quad b = 1, 2, \cdots, B \text{。}$$

另外高分辨率全波段影像，假设用 x 表示，它的大小为 $p = m \times n$ 个像素，也可以用列向量的形式表述为

$$x = \begin{pmatrix} x(1,1) \\ x(1,2) \\ \vdots \\ x(m,n) \end{pmatrix} \text{。}$$

利用低分辨率多波段影像 Y 和高分辨率全波段影像 x，使用线性合并的思想把高分辨率多波段影像 y^b 在全波段影像中重建影像 y。数学模型如下：

$x = \sum_b \lambda^b y^b + \rho$，其中：$\lambda^b \geqslant 0$ 是已知量，为每个高分辨率多波段影像对全波段影像的权重贡献率。ρ 是观测噪声。每个高分辨率波段强制保留了相关低分辨率观测波段的光谱保真信息。

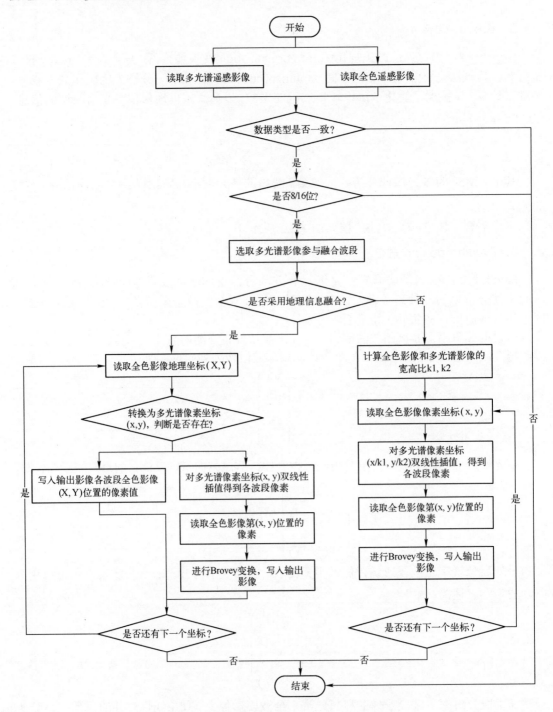

图 5-22　影像融合（Brovey）算法流程

　　基于 Pansharpening 思想的融合方法有 SVR、ISVR、SSVR 等方法，ISVR 方法虽有很好的融合效果，但也有一些缺陷，如：将空缺波长范围内的 Radiance 曲线看作直线缺乏依据，而且计算不方便。基于此，SSVR 改进了 ISVR 等方法，其核心思想是由低空间分辨率多波段模拟合成低空间分辨率的全色波段。

SSVR 方法是，使多光谱影像（MS）波段和全色影像（PAN）波段覆盖的光谱范围基本一致，低分辨率 MS 影像模拟生成的全色波段能量近似于高分辨率 PAN 影像重采样到低分辨率后对应像元的能量（定义辐射亮度和波谱宽度的乘积为能量值）。即 $E_{\mathrm{PAN}_{Lsyn}} \approx E_{\mathrm{PAN}_L}$，这样就可以用 E_{PAN_L} 代替 $E_{\mathrm{PAN}_{Lsyn}}$。

于是，SSVR 的计算公式可写为：

$$XSP_i = PAN_H \times \left(\frac{E_{XS_{Li}}}{E_{PAN_L}} \right)_H \tag{5-39}$$

式中，XSP_i 为融合后的高分辨率影像中第 i 个波段的辐射亮度值，PAN_H 是原始高分辨率全色波段影像中的辐射亮度值，$E_{XS_{Li}}$ 是原始低分辨率多光谱影像中第 i 个波段的能量值，E_{PAN_L} 是由原始高分辨率全色波段影像重采样到低分辨率后的能量值。

$\left(\dfrac{E_{XS_{Li}}}{E_{PAN_L}} \right)_H$ 表示为使低分辨率影像与高分辨率影像像元一一对应，能量的比值影像应

该由低分辨率转到高分辨率。其中，PAN_H 体现了融合影像的空间信息，$\left(\dfrac{E_{XS_{Li}}}{E_{PAN_L}} \right)_H$ 体现了

融合影像的波谱信息。

E_{PAN_H} 重采样为 E_{PAN_L} 采用的是平均值法：

$$E_{PAN_L} = \frac{E_{PAN_H}}{N} \tag{5-40}$$

式中，N 表示低分辨率影像对应高分辨率影像的像元个数。若 PAN_L 和 PAN_H 分别对应图 5-23a 和图 5-23b，则：

$$E_{PAN_L}(0,0) = \frac{\left[E_{PAN_H}(0,0) + E_{PAN_H}(0,1) + E_{PAN_H}(1,0) + E_{PAN_H}(1,1) \right]}{4} \tag{5-41}$$

能量的比值影像由低分辨率转化为高分辨率采用的方法是继承法，即低分辨率的 1 个像元分为"高分辨率"的 N 个像元，"高分辨率"的每个像元值都等于此低分辨率像元的值。

能量计算公式如下：

将遥感影像的 DN 值转化为 Radiance，转化公式为：

$$L_k = \frac{DN_k \times (C_k^{\max} - C_k^{\min})}{MAXVALUE} + C_k^{\min} \tag{5-42}$$

其中 L_k 是第 k 个波段的 Radiance；$C_k^{\max}$ 和 $C_k^{\min}$ 是 Radiance 的变换系数，DN_k 是第 k 个波段的 DN 值。

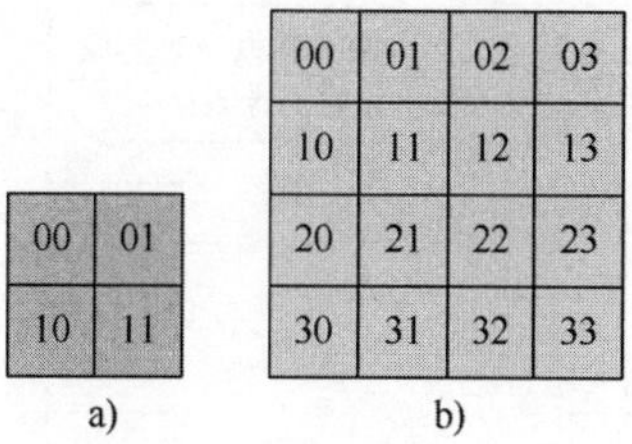

计算各波段各像元的能量值，计算公式为：

$$E_{XS_i} = L_i \times W_i \tag{5-43}$$

图 5-23　重采样示意图

式中，E_{XS_i} 是第 i 波段的能量值，L_i 是第 i 波段的 Radiance，W_i 是第 i 波段的宽度。

在改进的 SSVR 算法中，思想是将低分辨率多光谱影像进行重采样为和高分辨率全色影像同等大小的影像，再进行能量匹配。如果影像中不含相关波段范围信息，则进行 Brovey 融合。若用户输入相关波段范围信息，则进行 SSVR 融合。

影像融合（SSVR）算法流程如图 5-24 所示。

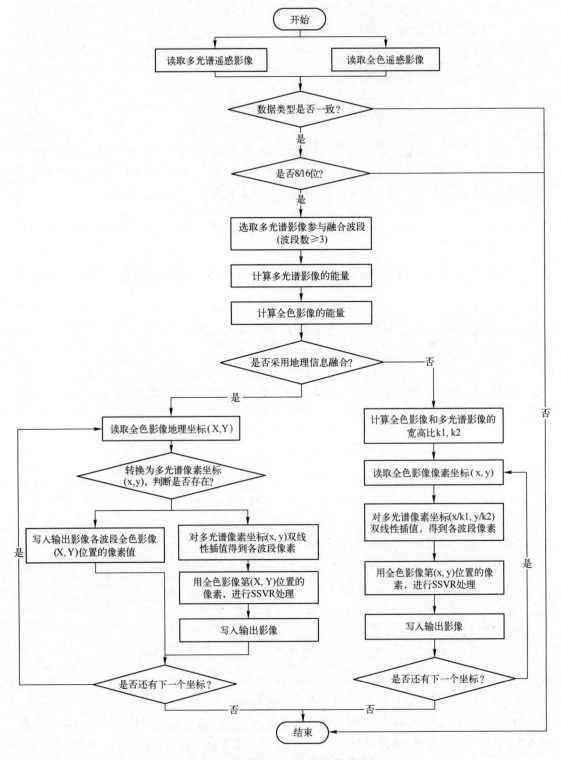

图 5-24　影像融合（SSVR）算法流程

5. GS 融合

本算法实现遥感影像的融合处理，支持施密特正交变换将较低空间分辨率的多光谱遥感影像（≥3 波段）和较高空间分辨率的全色遥感影像进行融合处理，生成较高空间分辨率的多光谱遥感影像。该算法支持用户选取多光谱影像中任意波段进行处理，选取波段个数必须大于或等于 3。

（1）使用多光谱低空间分辨率影像对高分辨率波段影像进行模拟。模拟方法是将低空间分辨率的多光谱波段影像，按照权重 W_i 进行模拟，即模拟的全色波段影像灰度值为 $p = \sum_{i=1}^{k} W_i \times B_i$（$B_i$ 为多光谱影像第 i 波段灰度值）。

模拟的高分辨率波段影像信息量特性与高分辨率全色波段影像的信息量特征比较接近。模拟的高分辨率影像在后面的处理中被作为 Gram-Schmidt 第一分量进行 GS 变换。由于在 GS 变换中第一分量 GS1 没有变换，故模拟的高分辨率波段影像将被用来与高分辨率全色波段影像进行变换，这样信息失真较少。

（2）利用模拟的高分辨率波段影像作为 GS 变换的第一个分量来对模拟的高分辨率影像和低分辨率波段影像进行 GS 变换。算法在实际应用时对 GS 变换进行了修改，将第 T 个 GS 分量由前 T-1 个 GS 分量构造，具体变换如下列公式描述：

$$\mathrm{GS}_T(i,j) = (B_T(i,j) - \mu_T) - \sum_{l=1}^{T-1} \varphi(B_T, \mathrm{GS}_l) \times \mathrm{GS}_l(i,j) \tag{5-44}$$

式中，GS_T 是 GS 变换后产生的第 T 个分量，B_T 是原始多光谱影像的第 T 个波段影像，μ_T 是第 T 个原始多光谱波段影像灰度值的均值。其中：

$$\mu_T = \frac{\sum_{j=1}^{C}\sum_{i=1}^{R} B_T(i,j)}{C \times R} \quad \text{（均值）} \tag{5-45}$$

$$\varphi(B_T, \mathrm{GS}_l) = \left[\frac{\sigma(B_T, \mathrm{GS}_l)}{\sigma(\mathrm{GS}_l, \mathrm{GS}_l)^2} \right] \quad \text{（协方差）} \tag{5-46}$$

$$\sigma_T = \sqrt{\frac{\sum_{j=1}^{C}\sum_{i=1}^{R} (B_T(i,j) - \mu_T)}{C \times R}} \quad \text{（标准差）} \tag{5-47}$$

（3）通过调整高分辨率波段影像的统计值来匹配 GS 变换后的第一个分量 GS1，以产生经过修改的高分辨率波段影像。该修改有助于保持原多光谱影像的光谱特征。

（4）将修改过的高分辨率波段影像替换 GS 变换后的第一个分量，产生新的数据集。

（5）将新的数据集进行 GS 反变换，即完成低分辨率的多光谱影像与高分辨率的全色影像的融合。GS 反变换公式如下：

$$B_T(i,j) = (GS_T(i,j) + \mu_T) + \sum_{l=1}^{T-1} \varphi(B_T, GS_l) \times GS_l(i,j) \tag{5-48}$$

6. 小波融合

本算法实现遥感影像的融合处理，支持小波变换将较低空间分辨率的多光谱遥感影像（≥3 波段）和较高空间分辨率的全色遥感影像进行融合处理，生成较高空间分辨率的多光谱遥感影像。该算法支持用户选取多光谱影像中任意波段进行处理，选取波段个数必须大于或等于 3。

基于小波变换的影像融合步骤如下：

（1）影像配准（粗配准）

在影像具有地理坐标的基础上，找出融合影像重叠区域。

（2）分块处理

由于影像数据量较大与小波变换的复杂性，为了减轻计算机内存负担，因此对影像进行分块处理。分块个数根据计算机内存每次可容纳的最大数据量来计算。再根据多光谱与全色影像大小比例关系决定两幅影像每次分别可读取的处理行数。

（3）多光谱影像重采样

分块后，对多光谱影像重采样，采样至与全色影像一致大小。

（4）小波变换

采样之后分别对多光谱与全色影像进行小波变换。小波变换过程如图 5-25 所示。

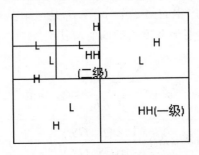

图 5-25　小波变换示意图

小波变换之后，由于低频部分表示影像的平坦区域，因此对两幅影像低频部分取其均值，而高频部分表示影像细节部分，因此对高频部分根据相应的规则选取。选取高低频之后，对影像进行小波逆变换得到融合后影像。

高频部分选取规则描述如下：

（1）分别计算两幅影像局部区域对应部分的能量值，以 3×3 区域大小为例：

$$E(x,y) = \sum_{n \in 3, m \in 3} \omega(n,m)[D(x+n, y+m)]^2 \tag{5-49}$$

（2）计算两幅影像对应方向、对应分辨率上局部区域匹配度：

$$M(x,y) = \frac{2\sum\limits_{n\in3,m\in3}\omega(n,m)D_A(x+n,y+m)D_B(x+n,y+m)}{E_A+E_B} \qquad (5\text{-}50)$$

（3）确定融合算子

首先定义匹配阈值 A，一般取值在$[0.5,1]$，若 $M(x,y) < A$，则：

$$\begin{cases} D_F(x,y) = D_A(x,y) & E_A(x,y) > E_B(x,y) \\ D_F(x,y) = D_B(x,y) & E_A(x,y) > E_B(x,y) \end{cases} \qquad (5\text{-}51)$$

若 $M(x,y) > A$，则：

$$\begin{cases} D_F(x,y) = W_{\max}D_A(x,y) + W_{\min}D_B(x,y) & E_A(x,y) > E_B(x,y) \\ D_F(x,y) = W_{\min}D_A(x,y) + W_{\max}D_B(x,y) & E_A(x,y) > E_B(x,y) \end{cases} \qquad (5\text{-}52)$$

其中：

$$\begin{cases} W_{\min}(x,y) = 1/2 - 1/2\left[\dfrac{1-M(x,y)}{1-A}\right] \\ W_{\max}(x,y) = 1 - W_{\min}(x,y) \end{cases} \qquad (5\text{-}53)$$

7. 红外影像融合

常见的红外与可见光图像融合的方法有：基于像素的融合、基于区域的融合、基于拉普拉斯金字塔分解的融合、基于小波变换的融合等。

（1）基于拉普拉斯金字塔分解的融合

拉普拉斯金字塔图像融合可分为拉普拉斯金字塔的构造、拉普拉斯金字塔结构中各对应点值的选取及融合图像的重构等阶段。要建立图像的拉普拉斯金字塔，首先要对图像进行高斯金字塔分解，具体步骤如下：

建立图像的高斯塔式分解。

设原图像 G_0 为高斯是金字塔的第 0 层（底层），则高斯金字塔的第 1 层图像为：

$$G_l = \sum_{m=-2}^{2}\sum_{n=-2}^{2}w(m,n)G_{l-1}(2i+m,2j+n) \qquad 0<l\leqslant N, 0<i\leqslant C_l, 0<j\leqslant R_l \qquad (5\text{-}54)$$

式中，N 为高斯金字塔顶层的层号；C_l 和 R_l 分别为高斯金字塔第 l 层图像的列数和行数，G_{l-1} 为第 l-1 层的图像；$w(m,n)$ 为 5×5 的窗口函数，其表示式为：

$$w = \frac{1}{256}\begin{pmatrix} 1 & 4 & 6 & 4 & 1 \\ 4 & 16 & 24 & 16 & 4 \\ 6 & 24 & 36 & 24 & 6 \\ 4 & 16 & 24 & 16 & 4 \\ 1 & 4 & 6 & 4 & 1 \end{pmatrix} \qquad (5\text{-}55)$$

$w(m,n)$ 必须满足可分离性、归一性、对称性及奇偶性等共性。

（2）由高斯金字塔建立图像的拉普拉斯金字塔

将 G_l 内插放大，得到放大图像 G_l^*，使 G_l^* 的尺寸与 G_{l-1} 的尺寸相同，表示为：

$$G_l^*(i,j) = 4\sum_{m=-2}^{2}\sum_{n=-2}^{2} w(m,n)G_l(\frac{i+m}{2},\frac{j+n}{2}) \quad 0<l\leqslant N,0<i\leqslant C_l,0<j\leqslant R_l \quad (5\text{-}56)$$

之后令：

$$\begin{cases} \mathrm{LP}_l = G_l - G_{l+1}^* & 0\leqslant l<N \\ \mathrm{LP}_N = G_N & l=N \end{cases} \quad (5\text{-}57)$$

（3）影像融合（对应像素点像素值的选取）

同样，若是将红外影像与可见光影像融合，对可见光影像可以先转换为 IHS 空间影像，然后对其 I 分量进行融合。假定两幅原图像 A、B 是经过严格配准的，生成的拉普拉斯金字塔为 $\{LA_{2^j}f\}_{0\leqslant j\leqslant N}$ 序列和 $\{LB_{2^j}f\}_{0\leqslant j\leqslant N}$ 序列，融合构成新的序列为 $\{LR_{2^j}f\}_{0\leqslant j\leqslant N}$。新序列生成过程中，需要对同一分辨率下的两幅图像选择对应点值。选取方法可选用上文所提到的加权平均、最大值、最小值的方式。

（4）拉普拉斯金字塔重构原图像

通过计算构成新的拉普拉斯金字塔序列后，从拉普拉斯金字塔的顶层开始逐层由上向下按下式进行递推，则可恢复其对应的高斯金字塔，并最终得到原图像。

$$\begin{cases} G_N = \mathrm{LP}_N & l=N \\ G_l = \mathrm{LP}_l + G_{l+1}^* & 0\leqslant l<N \end{cases} \quad (5\text{-}58)$$

5.2.3 几何校正

1. RPC 校正

RPC 模型几何精校正涉及的算法主要包括根据 RPC 参数计算图像对应的坐标、图像重采样、RPC 参数修正等步骤。

（1）RPC 模型原理

RPC 模型是由 Space Imaging 公司提供的一种广义的新型遥感卫星传感器成像模型，是一种能获得与严格成像模型近似一致精度的、形式简单的概括模型，其实质是有理函数模型（Rational Function Model, RFM）。

在摄影测量工作站，RPC 模型将会取代复杂的严格成像模型，一些摄影测量专家建议将 RPC 模型作为影像几何关系转换的标准，但是，在国内外学者的研究中，没有提及 RPC 参数求解中最低和最高高程获得问题，并且在求解 RPC 参数时，需要初值和迭代处理，求解过程相当复杂。

RPC 模型将地面点大地坐标与其对应的像点坐标用比值多项式关联起来。为了增强参数求解的稳定性，通常将地面坐标和影像坐标标准化到 -1 和 1 之间。对于一个影像，定义如下比值多项式：

$$Y = \frac{\mathrm{Num}_L(P,L,H)}{\mathrm{Den}_L(P,L,H)} \tag{5-59}$$

$$X = \frac{\mathrm{Num}_S(P,L,H)}{\mathrm{Den}_S(P,L,H)} \tag{5-60}$$

式中：

$$
\begin{aligned}
\mathrm{Num}_L(P,L,H) = {} & a_1 + a_2 L + a_3 P + a_4 H + a_5 LP + a_6 LH + a_7 PH + a_8 L^2 + a_9 P^2 \\
& + a_{10} H^2 + a_{11} PLH + a_{12} L^3 + a_{13} LP^2 + a_{14} LH^2 + a_{15} L^2 P + a_{16} P^3 + a_{17} PH^2 \\
& + a_{18} L^2 H + a_{19} P^2 H + a_{20} H^3
\end{aligned}
$$

$$
\begin{aligned}
\mathrm{Den}_L(P,L,H) = {} & b_1 + b_2 L + b_3 P + b_4 H + b_5 LP + b_6 LH + b_7 PH + b_8 L^2 + b_9 P^2 \\
& + b_{10} H^2 + b_{11} PLH + b_{12} L^3 + b_{13} LP^2 + b_{14} LH^2 + b_{15} L^2 P + b_{16} P^3 + b_{17} PH^2 \\
& + b_{18} L^2 H + b_{19} P^2 H + b_{20} H^3
\end{aligned}
$$

$$
\begin{aligned}
\mathrm{Num}_s(P,L,H) = {} & c_1 + c_2 L + c_3 P + c_4 H + c_5 LP + c_6 LH + c_7 PH + c_8 L^2 + c_9 P^2 \\
& + c_{10} H^2 + c_{11} PLH + c_{12} L^3 + c_{13} LP^2 + c_{14} LH^2 + c_{15} L^2 P + c_{16} P^3 + c_{17} PH^2 \\
& + c_{18} L^2 H + c_{19} P^2 H + c_{20} H^3
\end{aligned}
$$

$$
\begin{aligned}
\mathrm{Den}_s(P,L,H) = {} & d_1 + d_2 L + d_3 P + d_4 H + d_5 LP + d_6 LH + d_7 PH + d_8 L^2 + d_9 P^2 \\
& + d_{10} H^2 + d_{11} PLH + d_{12} L^3 + d_{13} LP^2 + d_{14} LH^2 + d_{15} L^2 P + d_{16} P^3 + d_{17} PH^2 \\
& + d_{18} L^2 H + d_{19} P^2 H + d_{20} H^3
\end{aligned}
$$

其中，b_1 和 d_1 通常为 1，(P,L,H) 为正则化的地面坐标，(X,Y) 为正则化的影像坐标。

$$
\begin{aligned}
P &= \frac{\mathrm{Latitude} - \mathrm{LAT\_OFF}}{\mathrm{LAT\_SCALE}} \\
L &= \frac{\mathrm{Longitude} - \mathrm{LONG\_OFF}}{\mathrm{LONG\_SCALE}} \\
H &= \frac{\mathrm{Height} - \mathrm{HEIGHT\_OFF}}{\mathrm{HEIGHT\_SCALE}} \\
X &= \frac{\mathrm{Sample} - \mathrm{SAMPLE\_OFF}}{\mathrm{SAMP\_SCALE}} \\
Y &= \frac{\mathrm{Line} - \mathrm{LINE\_OFF}}{\mathrm{LINE\_SCALE}}
\end{aligned} \tag{5-61}
$$

这里，LAT_OFF、LAT_SCALE、LONG_OFF、LONG_SCALE、HEIGHT_OFF 和 HEIGHT_SCALE 为地面坐标的正则化参数。SMAP_OFF、SAMP_SCALE、LINE_OFF 和 LINE_SCALE 为影像坐标的正则化参数。

研究表明，在 RPC 模型中，光学投影系统产生的误差用有理多项式中的一次项来表示，地球曲率、大气折射和镜头畸变等产生的误差能很好地用有理多项式中二次项来模型化，其他一些未知的具有高阶分量的误差如相机展动等，用有理多项式中的三次项来表示。

RPC 模型有 9 种模型形式，见表 5-2。

表 5-2　RPC 模型形式

形式	分母	阶数	待求解 RPC 参数	需要的最小控制点数目
1		1	14	7
2	$P_X \neq P_Y$	2	38	19
3		3	78	39
4		1	11	5
5	$P_X = P_Y \neq 1$	2	29	15
6		3	59	30
7		1	8	4
8	$P_X = P_Y = 1$	2	20	10
9		3	40	20

在上表中，给出了 9 种情况下待求解 RPC 参数的形式和需要的最少控制点。当 $P_X = P_Y = 1$ 时，RPC 模型退化为一般的三维多项式模型；当 $P_X = P_Y \neq 1$ 并且在一阶多项式的情况下，RPC 模型退化成 DLT 模型，因为 RPC 模型是一种广义的成像模型。

有理函数模型具有许多优秀的性质，简述如下：

1）因为 RFM 中每一个多项式都是有理函数，所以 RFM 能得到比多项式模型更高的精度。另一方面，多项式模型次数过高时会产生振荡，而 RFM 不会振荡。

2）在像点坐标中加入附加改正参数能提高传感器模型的精度。在 RFM 中则无须另行加入这一附加改正参数，因为多项式系数本身包含了这一改正参数。

3）RFM 独立于摄影平台和传感器，这是 RFM 最诱人的特性。这就意味着用 RFM 纠正影像时，无须了解摄影平台和传感器的几何特性，也无须知道任何摄影时的有关参数。这一点确保 RFM 不仅可用于现有的任何传感器模型，而且可应用于一种全新的传感器模型。

4）RFM 独立于坐标系统，像点和地面点坐标可以在任意坐标系统中表示，地面点坐标可以是大地坐标、地心坐标，也可以是任何地图投影坐标系统；同时像点坐标系统也是任意的。这使得在使用 RFM 时无须繁复的坐标转换，大大简化了计算过程。

当然，有理函数模型也有缺点：

1）该定位方法无法为影像的局部变形建立模型。

2）模型中很多参数没有物理意义，无法对这些参数的作用和影响做出定性的解释和确定。

3）解算过程中可能会出现分母过小或者零分母，影响该模型的稳定性。

4）有理多项式系数之间也有可能存在相关性，会降低模型的稳定性。

5）如果影像的范围过大或者有高频的影像变形，则定位精度无法保证。

（2）RPC 参数修正

无论是通过一些数学计算得到了影像的 RPC 系数，还是商业卫星运营公司已经直接提供了这些 RPC 系数，这些 RPC 系数并非总是能对影像成像时刻的空间几何形态进行精确的近似和模拟。通过一些附加的控制点信息，可以将 RPC 系数在像方空间或者物方空间内被进一步优化，提供给相应的 RFM 模型更高的定位精度。RPC 参数修正即是基于该思想对 RPC 参数修正以实现几何精校正处理所需要的 RPC 参数。

对于 RPC 模型系统性误差的补偿，可分为物方方案和像方方案两种。算法在直接重采样生成 3B 和 4 级图像时采用的是物方方案，生成 3A 级图像时采用的是 RPC 系数修正的像方方案。

1）物方方案

物方补偿方案是以 RPC 模型直接交会出的地面坐标即模型坐标 $(X_{RPC}, Y_{RPC}, Z_{RPC})$ 为基础，通过对其进行某种变换来消除系统性误差。

RPC 模型+物方平移(RPC&GT)方案如下：

$$\begin{pmatrix} X \\ Y \\ Z \end{pmatrix} = \begin{pmatrix} X_{RPC} \\ Y_{RPC} \\ Z_{RPC} \end{pmatrix} + \begin{pmatrix} X_0 \\ Y_0 \\ Z_0 \end{pmatrix} \tag{5-62}$$

式中，(X_0, Y_0, Z_0) 为 RPC 模型坐标系原点在测图坐标系的坐标，可利用一个或多个地面控制点解算。

RPC 模型+相似变换（RPC&ST）方案如下：

$$\begin{pmatrix} X \\ Y \\ Z \end{pmatrix} = \lambda \boldsymbol{R} \begin{pmatrix} X_{RPC} \\ Y_{RPC} \\ Z_{RPC} \end{pmatrix} + \begin{pmatrix} X_0 \\ Y_0 \\ Z_0 \end{pmatrix} \tag{5-63}$$

式中，λ 是尺度常量，$\boldsymbol{R}$ 为由 RPC 模型坐标系到测图坐标系的欧拉角 (Φ, Ω, K) 构成的旋转矩阵。

RPC&ST 方案是对 RPC&GT 方案的进一步推广，它严格建立了 RPC 模型坐标系和测图坐标系之间的几何关系。空间相似变换中共有 7 个参数，至少需要 3 个地面控制点才能解算。

2）像方方案

像方方案的实质是先消除像点坐标的系统性误差，之后利用改正后的像点交会地面点，即将像点坐标 (S, L) 和地面点坐标 (φ, λ, h) 之间的关系修正为：

$$\begin{cases} S + \Delta S = S_S \cdot F(\varphi, \lambda, h) + S_0 \\ L + \Delta L = L_S \cdot G(\varphi, \lambda, h) + L_0 \end{cases} \tag{5-64}$$

式中，ΔS，ΔL 为像点坐标系统误差。J. Grodecki 提出了如下的表示方式：

$$\begin{cases} \Delta S = e_0 + e_s \cdot S + e_L \cdot L + e_{SL} \cdot S \cdot L + e_{L2} L^2 + e_{S2} S^2 + \cdots \\ \Delta L = f_0 + f_s \cdot S + f_L \cdot L + f_{SL} \cdot S \cdot L + f_{L2} L^2 + f_{S2} S^2 + \cdots \end{cases} \tag{5-65}$$

其中，$e_0, e_s, e_L, \cdots$ 和 $f_0, f_s, f_L, \cdots$ 为改正参数。

当影像条带不超过 50km 时，可简单将 ΔS，ΔL 表示为 $\Delta S = e_0$ 及 $\Delta L = f$，相当于对像点坐标系进行平移，可称之为"RPC 模型+ 像方平移方案(RPC&IT)"，此时可以利用 ΔS 和 ΔL 更新原始的 RPC 模型：

$$\begin{cases} l = G(\varphi,\lambda,h) - \dfrac{\Delta L}{L_S} = \dfrac{\mathrm{Num}_L(U,V,W)}{\mathrm{Den}_L(U,V,W)} - \Delta L_n = \dfrac{\mathrm{Num}_L{}^C(U,V,W)}{\mathrm{Den}_L(U,V,W)} \\[3mm] s = F(\varphi,\lambda,h) - \dfrac{\Delta S}{S_S} = \dfrac{\mathrm{Num}_S(U,V,W)}{\mathrm{Den}_S(U,V,W)} - \Delta S_n = \dfrac{\mathrm{Num}_S{}^C(U,V,W)}{\mathrm{Den}_S(U,V,W)} \end{cases} \quad (5\text{-}66)$$

其中：

$$\begin{aligned}
\mathrm{Num}_L^C(U,V,W) &= \mathrm{Num}_L(U,V,W) - \Delta L_n \mathrm{Den}_L(U,V,W) = \\
&\quad (a_1 - \Delta L_n b_1) + (a_2 - \Delta L_n b_2)V + \\
&\quad (a_3 - \Delta L_n b_3)U + \cdots + (a_{20} - \Delta L_n b_{20})W^3 \\
\mathrm{Num}_S^C(U,V,W) &= \mathrm{Num}_S(U,V,W) - \Delta S_n \mathrm{Den}_S(U,V,W) = \\
&\quad (c_1 - \Delta S_n d_1) + (c_2 - \Delta L_n d_2)V + \\
&\quad (c_3 - \Delta L_n d_3)U + \cdots + (c_{20} - \Delta L_n d_{20})W^3
\end{aligned} \quad (5\text{-}67)$$

上式是经像坐标误差改正的 RPC 模型（以下简称为 C-RPC 模型），它将原始 RPC 模型中 a_k 替换成 $(a_k - \Delta L_n b_k)$，c_k 替换成 $(c_k - \Delta S_n d_k)$ $(k=1,2,\cdots 20)$，直接消除了 RPC 模型本身的系统性误差。

（3）获取 DEM 数据

进行正射校正或生成正射校正 RPC 参数时需要使用 DEM 数据，本算法主要考虑支持现有全球 30m 和 90m 的 DEM 数据。

由于规则格网 DEM 使用规则的离散高程点来表示地面地形，在进行影像纠正时要提取的与像点对应的地面点的高程可能不在格网点上，而是在格网点内部，这时就要用插值技术求解该地面点的高程。所谓 DEM 的空间内插，就是用一种根据已知数据点(样本点)可以近似地代替一定区域内的表面空间形态的数学模型，通过计算机的运算内插出按一定要求分布的格网点的高程值，在数学上叫曲面拟合。

通过获取图像位置（0，0），（width, 0），（0, height），（width, height）4 个角点对应经纬度 (P_0,L_0)，(P_1,L_1)，(P_2,L_2) 和 (P_3,L_3)，进而获取外接矩形经纬度范围：

$$\begin{aligned}
P_{\mathrm{LEFT}} &= \mathrm{MIN}\big(P_0, \mathrm{MIN}(P_1, \mathrm{MIN}(P_2,P_3))\big) \\
L_{\mathrm{TOP}} &= \mathrm{MAX}\big(L_0, \mathrm{MAX}(L_1, \mathrm{MAX}(L_2,L_3))\big) \\
P_{\mathrm{RIGHT}} &= \mathrm{MAX}\big(P_0, \mathrm{MAX}(P_1, \mathrm{MAX}(P_2,P_3))\big) \\
L_{\mathrm{BOTTOM}} &= \mathrm{MIN}\big(L_0, \mathrm{MIN}(L_1, \mathrm{MIN}(L_2,L_3))\big)
\end{aligned} \quad (5\text{-}68)$$

根据经纬度范围对 DEM 数据进行拼接裁剪，获取该区域对应 DEM 数据。针对每个点的 DEM 可能不在格网点上的情况，采用双线性插值返回。

（4）计算图像大小

基于 m 个控制点坐标，获取图像位置（0，0），（width, 0），（0, height），（width, height）4 个角点对应经纬度。在校正输出是等经纬度投影的情况下，直接获取经纬度最大、最小值，根据重采样分辨率获取图像大小。

在校正输出为特定投影情况下，通过投影计算大地坐标(X_0, Y_0)，(X_1, Y_1)，(X_2, Y_2)和(X_3, Y_3)，然后计算校正图像各角点大地坐标：

$$
\begin{aligned}
X_{\text{LEFT}} &= \text{MIN}\left(X_0, \text{MIN}\left(X_1, \text{MIN}\left(X_2, X_3\right)\right)\right) \\
Y_{\text{TOP}} &= \text{MAX}\left(Y_0, \text{MAX}\left(Y_1, \text{MAX}\left(Y_2, Y_3\right)\right)\right) \\
X_{\text{RIGHT}} &= \text{MAX}\left(X_0, \text{MAX}\left(X_1, \text{MAX}\left(X_2, X_3\right)\right)\right) \\
Y_{\text{BOTTOM}} &= \text{MIN}\left(Y_0, \text{MIN}\left(Y_1, \text{MIN}\left(Y_2, Y_3\right)\right)\right)
\end{aligned}
\tag{5-69}
$$

根据大地坐标和制定的重采样分辨率计算重采样图像大小：

$$
\begin{aligned}
\text{width} &= \frac{X_{\text{RIGHT}} - X_{\text{LEFT}}}{\text{PixelSize}} \\
\text{height} &= \frac{Y_{\text{TOP}} - Y_{\text{BOTTOM}}}{\text{PixelSize}}
\end{aligned}
\tag{5-70}
$$

式中 PixelSize 是像素大小。

（5）计算网格点映射坐标

数字影像的纠正可以采用两种方案进行，即直接法和间接法，如图 5-26 所示。

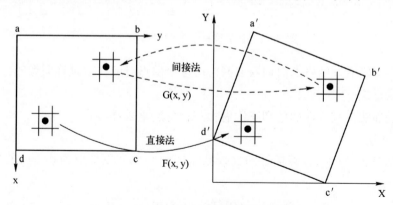

图 5-26   直接法和间接法纠正示意图

直接法是从原始影像上的像点坐标出发，按以下公式求出纠正后的影像上的像点坐标。

$$
\begin{aligned}
X &= F_x\left(x, y\right) \\
Y &= F_y\left(x, y\right)
\end{aligned}
\tag{5-71}
$$

然后将原始影像上像点(x, y)处的灰度值赋给校正后的影像上(X, Y)处的像点，式中(F_x, F_y)为直接校正的坐标变换函数。

使用该方法，会造成原始影像上排列整齐等间隔的灰度像元纠正到新的影像上就变得有漏缺像点，所以一般不采用直接法。

间接法是从校正后的影像上的像点坐标出发，按下列公式求出原始影像上的像点坐标。

$$x = G_X(X, Y)$$
$$y = G_Y(X, Y)$$

(5-72)

然后将原始影像上像点 (x, y) 处的灰度值赋给校正后的影像上 (X, Y) 处的像点，式中 (G_X, G_Y) 为间接校正的坐标变换函数。

在 RPC 模型校正过程中，(G_X, G_Y) 变换函数由 RPC 模型中经纬度与像素转换函数关系表示。计算网格点映射坐标主要是采用间接法校正针对校正后的影像范围划分网格，按照图 5-27 计算网格映射关系。

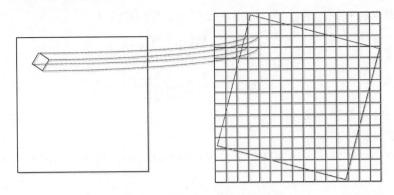

图 5-27　计算网格点映射坐标示意图

在重采样阶段通过网格点内插获取网格内每个像点对应在重采样图像的位置。

（6）图像重采样

提供最近邻法、双线性插值和三次卷积三种可选重采样方式。

1）最近邻法

最近邻法是将与 (u_0, v_0) 点最近的整数坐标 (u, v) 点的灰度值取为 (u_0, v_0) 点的灰度值，如图 5-28 所示。

$$f(u, v) = f(\text{INT}(u + 0.5), \text{INT}(v + 0.5))$$

(5-73)

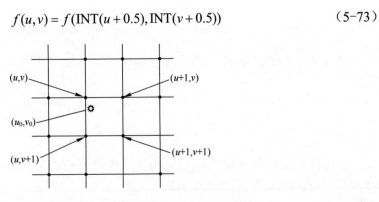

图 5-28　最近邻域法

在 (u_0, v_0) 点各相邻像素间灰度变化较小时，这种方法是一种简单快速的方法，但当 (u_0, v_0) 点各相邻像素间灰度差很大时，这种灰度估值方法会产生较大的误差。

2）双线性插值

双线性插值法是对最近邻法的一种改进，即用线性内插方法，根据(u_0, v_0)点的四个相邻点的灰度值，插值计算出$f(u_0, v_0)$值，如图5-29所示。具体过程如下。

● 先根据$f(u, v)$及$f(u+1, v)$插值求$f(u_0, v)$：

$$f(u_0, v) = f(u, v) + \alpha[f(u+1, v) - f(u, v)] \tag{5-74}$$

● 再根据$f(u, v+1)$及$f(u+1, v+1)$插值求$f(u_0, v+1)$：

$$f(u_0, v+1) = f(u, v+1) + \alpha[f(u+1, v+1) - f(u, v+1)] \tag{5-75}$$

● 最后根据$f(u_0, v)$及$f(u_0, v+1)$插值求$f(u_0, v_0)$：

$$\begin{aligned}
f(u_0, v_0) &= f(u_0, v) + \beta[f(u_0, v+1) - f(u_0, v)] \\
&= (1-\alpha)(1-\beta)f(u, v) + \alpha(1-\beta)f(u+1, v) + \\
&\quad (1-\alpha)\beta f(u, v+1) + \alpha\beta f(u+1, v+1)
\end{aligned} \tag{5-76}$$

在实际计算时，若对于任一 s 值，规定$\lfloor s \rfloor$表示其值不超过 s 的最大整数，则上式中$u = \lfloor u_0 \rfloor$，$v = \lfloor v_0 \rfloor$，$\alpha = u_0 - \lfloor u_0 \rfloor$，$\beta = v_0 - \lfloor v_0 \rfloor$。

上述$f(u_0, v_0)$的计算过程，实际是根据$f(u, v)$，$f(u+1, v)$，$f(u, v+1)$以及$f(u+1, v+1)$四个整数点的灰度值做两次线性插值（即所谓双线性插值）而得到的。上述$f(u_0, v_0)$插值计算方程可改写为：

$$\begin{aligned}
f(u_0, v_0) &= [f(u+1, v) - f(u, v)]\alpha + [f(u, v+1) - f(u, v)]\beta + \\
&\quad [f(u+1, v+1) + f(u, v) - f(u, v+1) - f(u+1, v)]\alpha\beta + f(u, v)
\end{aligned} \tag{5-77}$$

若把上式中α，β看作变量，则上式正是双曲抛物面方程。

双线性灰度插值计算方法由于已经考虑到了(u_0, v_0)点的直接邻点对它的影响，因此一般可以得到令人满意的插值效果。但是这种方法具有低通滤波性质，使得高频分量受到损失，图像轮廓模糊。如果要得到更精确的灰度值插值效果，可采用三次内插法。

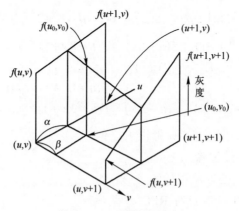

图5-29　双线性内插法

3）三次卷积

为得到更精确的(u_0, v_0)点的灰度值，不仅需要考虑(u_0, v_0)点的直接邻点对它的影响，还需要考虑到该点周围16个邻点的灰度值对它的影响。

由连续信号采样定理可知，若对采样值用插值函数 $S(x) = \sin(\pi x)/(\pi x)$ 插值，则可准确地复原函数，当然也就可以准确地得到采样点间任意点的值。三次内插法采用 $\sin(\pi x)/(\pi x)$ 的三次近似多项式：

$$S(x) = \begin{cases} 1 - 2|x|^2 + |x|^3 & |x| < 1 \\ 4 - 8|x| + 5|x|^2 - |x|^3 & 1 \leqslant |x| < 2 \\ 0 & |x| \geqslant 2 \end{cases} \quad (5\text{-}78)$$

利用上述插值函数，函数图像如图 5-30 所示。可采用下述步骤插值算出 $f(u_0, v_0)$。

● 计算 α 和 β：

$$\begin{aligned} \alpha &= u_0 - \lfloor u_0 \rfloor \\ \beta &= v_0 - \lfloor v_0 \rfloor \end{aligned} \quad (5\text{-}79)$$

则 $S(1+\alpha)$，$S(\alpha)$，$S(1-\alpha)$，$S(2-\alpha)$ 和 $S(1+\beta)$，$S(\beta)$，$S(1-\beta)$，$S(2-\beta)$ 可以得到。

● 根据 $f(u-1,v)$，$f(u,v)$，$f(u+1,v)$，$f(u+2,v)$ 计算：

$$\begin{aligned} f(u_0, v) &= S(1+\alpha)f(u-1,v) + S(\alpha)f(u,v) \\ &+ S(1-\alpha)f(u+1,v) + S(2-\alpha)f(u+2,v) \end{aligned} \quad (5\text{-}80)$$

同理可得 $f(u_0, v-1)$，$f(u_0, v+1)$，$f(u_0, v+2)$。

● 根据 $f(u_0, v-1)$，$f(u_0, v)$，$f(u_0, v+1)$，$f(u_0, v+2)$ 计算 $f(u_0, v_0)$：

$$f(u_0, v_0) = S(1+\beta)\,f(u_0, v-1) + S(\beta)\,f(u_0, v) + S(1-\beta)\,f(u_0, v+1) + S(2-\beta)\,f(u_0, v+2)$$

$$(5\text{-}81)$$

上述计算过程可紧凑地用矩阵表示为：

$$f(u_0, v_0) = \mathbf{ABC} \quad (5\text{-}82)$$

式中：

$$A = [\,S(1+\alpha), \ S(\alpha), \ S(1-\alpha), \ S(2-\alpha)\,]$$

$$C = [\,S(1+\beta), \ S(\beta), \ S(1-\beta), \ S(2-\beta)\,]^{\mathrm{T}}$$

$$B = \begin{pmatrix} f(u-1,v-1) & f(u-1,v) & f(u-1,v+1) & f(u-1,v+2) \\ f(u,v-1) & f(u,v) & f(u,v+1) & f(u,v+2) \\ f(u+1,v-1) & f(u+1,v) & f(u+1,v+1) & f(u+1,v+2) \\ f(u+2,v-1) & f(u+2,v) & f(u+2,v+1) & f(u+2,v+2) \end{pmatrix}$$

本方法与前两种方法相比，计算量很大，但精度高，能保持较好的图像边缘。

RPC 模型几何精校正处理流程如图 5-31 所示。3A 级产品主要是基于控制点对 RPC 模型参数进行修正；3B 级产品是无 DEM 的情况下基于控制点数据和 RPC 参数对图像进行重采样；4 级产品与 3B 级产品处理流程的不同是在计算映射关系时加入 DEM 信息。

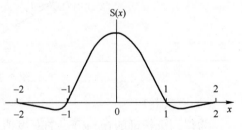

图 5-30　S(x) 的三次多项式近似

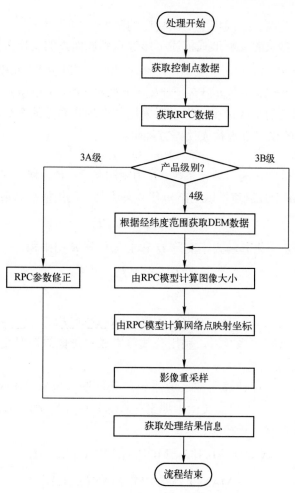

图 5-31　RPC 模型几何精校正处理流程

2. 多项式校正

（1）计算多项式系数

多项式模型的基本思想是回避成像的几何过程，而直接对影像的变形本身进行数学模拟。把遥感图像的总体变形看作平移、缩放、旋转、偏扭、弯曲以及更高次的基本变形综合作用的结果。因而，纠正前后影像相应点之间的坐标关系可以用一个适当的多项式来表达。该方法尽管有不同程度的近似性，但对各种类型传感器都是普遍适用的。实验证明，一般多项式正交化 QR 分解运算量少、形式简单、精度较高。

一般多项式校正算法的正解形式描述了地面点到影像点的变换关系：

$$u = a_{00} + a_{10}X + a_{01}Y + a_{20}X^2 + a_{11}XY + a_{02}Y^2 + a_{30}X^3 + a_{21}X^2Y + a_{12}XY^2 + a_{03}Y^3 + ...$$
$$v = b_{00} + b_{10}X + b_{01}Y + b_{20}X^2 + b_{11}XY + b_{02}Y^2 + b_{30}X^3 + b_{21}X^2Y + b_{12}XY^2 + b_{03}Y^3 + ...$$

（5-83）

式中，（u, v）为像点的像平面坐标；（X, Y）为其对应地面点的大地坐标；a_{ij}, b_{ij} 为多项式的系数。这里多项式的阶数一般不大于三次，因为更高阶的多项式往往不能提高精度反而会提高参数的相关性，造成模型定向精度的降低。

一般多项式校正算法的反解形式描述了影像点到地面点的变换关系：

$$X = a_{00} + a_{10}u + a_{01}v + a_{20}u^2 + a_{11}uv + a_{02}v^2 + a_{30}u^3 + a_{21}u^2v + a_{12}uv^2 + a_{03}v^3 + ...$$
$$Y = b_{00} + b_{10}u + b_{01}v + b_{20}u^2 + b_{11}uv + b_{02}v^2 + b_{30}u^3 + b_{21}u^2v + b_{12}uv^2 + b_{03}v^3 + ...$$

(5-84)

校正过程中控制点的个数最少应等于所采用的多项式系数的个数，每个控制点列出一组误差方程，n 个点的误差方程构成误差方程组：

$$V = A\Delta - L \tag{5-85}$$

其中 A 为系数矩阵，Δ 为多项式系数，L 为观测向量，V 为误差向量。每个控制点可以列出一组误差方程，m 个控制点可以列出 m 组误差方程，利用最小二乘原理组成方程：

$$A^{\mathrm{T}}PA\Delta = A^{\mathrm{T}}PL \tag{5-86}$$

系数矩阵 $A^{\mathrm{T}}PA$ 正交化分解为正交阵 Q 和上三角阵 R 的乘积：

$$QR\Delta = A^{\mathrm{T}}PL$$

最终求得：

$$\Delta = R^{-1}Q^{-1}A^{\mathrm{T}}PL = R^{-1}Q^{\mathrm{T}}A^{\mathrm{T}}PL \tag{5-87}$$

在求解得到多项式正解系数后，利用公式可完成对影像的近似校正。

（2）计算图像大小

基于 m 个控制点坐标计算图像反解系数，获取图像位置（0, 0），（width, 0），（0, height），（width, height）4 个角点对应大地坐标 (X_0, Y_0)，(X_1, Y_1)，(X_2, Y_2) 和 (X_3, Y_3)，根据以下位置计算校正图像大地坐标：

$$X_{\mathrm{LEFT}} = \mathrm{MIN}\left(X_0, \mathrm{MIN}\left(X_1, \mathrm{MIN}\left(X_2, X_3\right)\right)\right)$$
$$Y_{\mathrm{TOP}} = \mathrm{MAX}\left(Y_0, \mathrm{MAX}\left(Y_1, \mathrm{MAX}\left(Y_2, Y_3\right)\right)\right)$$
$$X_{\mathrm{RIGHT}} = \mathrm{MAX}\left(X_0, \mathrm{MAX}\left(X_1, \mathrm{MAX}\left(X_2, X_3\right)\right)\right)$$
$$Y_{\mathrm{BOTTOM}} = \mathrm{MIN}\left(Y_0, \mathrm{MIN}\left(Y_1, \mathrm{MIN}\left(Y_2, Y_3\right)\right)\right)$$

(5-88)

根据大地坐标和制定的重采样分辨率计算重采样图像大小：

$$\mathrm{width} = \frac{X_{\mathrm{RIGHT}} - X_{\mathrm{LEFT}}}{\mathrm{PixelSize}}$$
$$\mathrm{height} = \frac{Y_{\mathrm{TOP}} - Y_{\mathrm{BOTTOM}}}{\mathrm{PixelSize}}$$

(5-89)

式中 *PixelSize* 是像素大小。

（3）计算网格点映射坐标

数字影像的纠正可以采用两种方案进行，即直接法和间接法，如图 5-32 所示。

直接法纠正：是从原始影像上的像点坐标出发，按以下公式求出纠正后的影像上的像点坐标。

$$X = F_x(x, y)$$
$$Y = F_y(x, y)$$

(5-90)

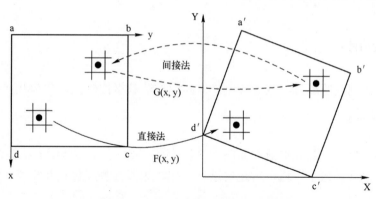

图 5-32　直接法和间接法纠正示意图

然后将原始影像上像点(x, y)处的灰度值赋给校正后的影像上(X, Y)处的像点，式中(F_x, F_y)为直接校正的坐标变换函数。

使用该方法，会造成原始影像上排列整齐等间隔的灰度像元纠正到新的影像上就变得有漏缺像点，所以一般不采用直接法。

间接法校正：是从校正后的影像上的像点坐标出发，按下列公式求出原始影像上的像点坐标。

$$x = G_X(X, Y)$$
$$y = G_Y(X, Y)$$

（5-91）

然后将原始影像上像点(x，y)处的灰度值赋给校正后的影像上(X, Y)处的像点，式中（G_X, G_Y)为间接校正的坐标变换函数。

在多项式校正算法中，（G_X, G_Y)变换函数由多项式校正反解函数描述的地面点到像点的反变换形式表示。计算网格点映射坐标主要是采用间接法校正针对校正后的影像范围划分网格，按照图 5-33 计算网格映射关系。

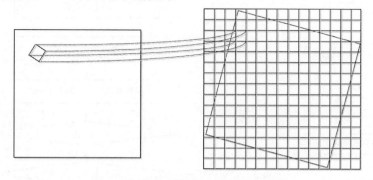

图 5-33　计算网格点映射坐标示意图

在重采样阶段通过网格点内插获取网格内每个像点对应在重采样图像的位置。

（4）图像重采样

同 RPC 校正，可以采用最近邻法、双线性插值和三次卷积 3 种重采样方式。

多项式几何精校正处理流程如图 5-34 所示。主要是基于控制点数据计算多项式系数，得到图像坐标到大地坐标映射关系，通过计算网格点坐标实现对输入图像的重采样。

5.2.4 影像匹配

可以采用控制点匹配方法或者控制影像匹配方法获得控制点，作为几何校正的参考。

1. 控制点匹配

多模控制点自动匹配处理流程如图 5-35 所示。采用金字塔匹配方法提高匹配效率，处理过程中先建立影像金字塔，再逐层进行匹配，相似性测度包括互相关、互信息等。

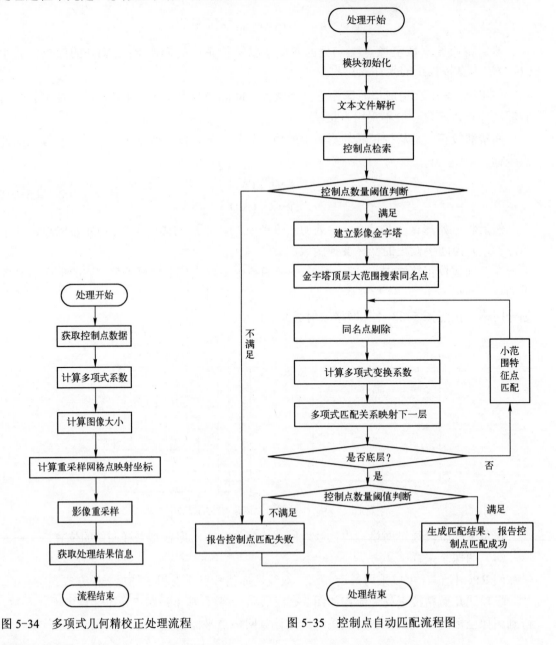

图 5-34 多项式几何精校正处理流程   图 5-35 控制点自动匹配流程图

（1）影像金字塔建立

金字塔是一种多分辨率层次模型，准确意义上讲，金字塔是一种连续分辨率模型，但在构建金字塔时很难做到分辨率连续变化，并且这样做也没有实际意义。因此在构建金字塔时总是采用倍率方法构建，从而形成多个分辨率层次(遥感影像)或多比例尺层次(系列比例尺图像)。从金字塔的底层到顶层，分辨率越来越低(比例尺越来越小)，但表示的范围不变，可以用一个公式来表示各层的分辨率或比例尺。

设图像数据的原始分辨率为 r_0，倍率为 m，则第 l 层的分辨率 r_l，为：

$$R_l = r_0 \cdot m \tag{5-92}$$

假设以原始影像数据作为金字塔的第 0 层，倍率 m 可以是任何大于 1 的整数，我们采用 2 作为构建金字塔的倍率，即每 2×2 个数据块合成为 1 个上层数据块。如果原始分辨率为 lm，则第 1 层的分辨率为 2m，第 l 层的分辨率为 $2^l m$。

高斯金字塔是图像序列中的每一级图像均是其前一级图像经过低通滤波后的图像。设矩阵 G_0 为原图像(输入图像)，则 G_0 作为高斯金字塔的第零层，在高斯金字塔的第 k 层可由如下一 5×5 的高斯模板 $w(m,n)$(也称高斯权矩阵)对第 k-1 层加权平均并降采样得到，级与级之间的运算可用函数 REDUCE 来表示。

$$G_k = \text{REDUCE}(G_{k-1}) = \sum_{m=-1}^{2} \sum_{n=-2}^{2} w(m,n) G_{k-1}(2i+m, 2j+n) \tag{5-93}$$

其中，$w = \dfrac{1}{256} \begin{pmatrix} 1 & 4 & 6 & 4 & 1 \\ 4 & 16 & 24 & 16 & 4 \\ 6 & 24 & 36 & 24 & 6 \\ 4 & 16 & 24 & 16 & 4 \\ 1 & 4 & 6 & 4 & 1 \end{pmatrix}$，$1 \leq k \leq N$，N 是金字塔层数，$1 \leq i \leq P_k$，$1 \leq j \leq Q_k$，

（P_k 和 Q_k 分别是 G_k 的行数和列数）。

采用高斯模板对图像处理后，得到的高斯金字塔结构中相邻两级图像的频带以 1/8 倍率减小，图像大小则以 1/4 倍率减小。金字塔中采样速度的减小正比于频带范围的减小，因而高斯金字塔可认为是一个多分辨多尺度低通滤波的结果。

定义函数 EXPAND 为函数 REDUCE 的逆运算，其作用是利用插值法在给定的数值间补插新的样本值，将高斯金字塔结构中某一级图像扩展成前一级图像的尺寸大小，即 G_k 进行 EXPAND 运算，获得的新图像将具有 G_{k-1} 同样的尺寸大小。

$$\text{EXPAND}(Q_k) = 4 \sum_{m=-1}^{2} \sum_{n=-2}^{2} w(m,n) G_{k-1}\left(\frac{i+m}{2}, \frac{j+n}{2}\right) \tag{5-94}$$

仅当 B_{nir} 和 $\dfrac{j+n}{2}$ 为整数坐标时才计算入和式。

（2）金字塔匹配

具体算法步骤如下：

1）从图像顶层开始，获取控制点和待匹配影像对应层的数据。

2）按照选定的相似性测度进行匹配，获取该层的匹配同名点。

3）该层的匹配同名点进行 RANSAC 剔除，获取正确的匹配点。

4）判断当前匹配层是否为最底层，不是的情况下进行如下处理，否则执行下一步。

5）根据当前匹配层获取的匹配同名点获取多项式映射关系。

6）利用获取的映射关系对下一层的控制点进行修正。

7）在下一层较小的范围内执行控制点匹配，回到步骤2）。

8）返回匹配同名点。

（3）相似性测度

1）互相关。相关系数是标准化的协方差函数，协方差函数除以两信号的方差即得相关系数。对信号 f，B'_{nir}，其相关系数为：

$$\rho(f,g) = \frac{c_{fg}}{(c_{ff}c_{gg})^{1/2}} \tag{5-95}$$

式中：c_{gf} 是两信号的协方差，c_{ff} 是信号 f 的方差，c_{gg} 是信号 g 的方差。

假设左片上有一个目标点，为了搜索它在右片上的同名点，需以它为中心取周围 B_{nir} 个像元的灰度序列组成一个目标区，一般 n 为奇数，以使其中心为目标点。根据左片上目标点的坐标概略地估计出它在右片上的近似点位，并以此为中心取周围 $l \times m$ 个影像灰度序列 $(l, m > n)$，组成搜索区。这样搜索区就有 $(l-n+1) \times (m-n+1)$ 个与目标区等大的区域，称为相关窗口，用计算目标区与相关窗口的相关系数。则相关系数绝对值最接近 1 时，对应的相关窗口的中点被认为是目标点的同名像点。

设目标区窗口灰度数据为 T，大小为 $n \times n$，搜索区窗口灰度数据为 S，大小为 $n \times n$。则：

$$\rho(c,r) = \frac{\sum_{i=1}^{n}\sum_{j=1}^{n}(T_{i,j}-\overline{T})(S_{i+r,j+c}-\overline{S}_{c,r})}{\sqrt{\sum_{i=1}^{n}\sum_{j=1}^{n}(T_{i,j}-\overline{T})^2 \sum_{i=1}^{n}\sum_{j=1}^{n}(S_{i+r,j+c}-\overline{S}_{c,r})^2}} \tag{5-96}$$

其中，

$$\overline{T} = \frac{1}{n \times n}\sum_{i=1}^{n}\sum_{j=1}^{n}T_{i,j}$$
$$\overline{S}_{c,r} = \frac{1}{n \times n}\sum_{i=1}^{n}\sum_{j=1}^{n}S_{i+r,j+c} \tag{5-97}$$

(i, j) 为目标区中的像元行列号，(c, r) 为搜索区中心的坐标，搜索区移动后，(c, r) 随之变化，ρ 为目标区 T 和搜索区 S 在 (c, r) 处的相关系数，当 T 在 S 中搜索完后，ρ 最大者对应的 (c, r) 即为 T 的中心点的同名点。

2）互信息。互信息法是近年来研究最多的一种度量方法，已经广泛应用于多模态图像配准中。互信息法以信息论为基础，从信息熵的角度衡量两个区域的匹配程度。该方法是基于互信息（MI）的最大值。两个变量 X 和 Y 之间的互信息 MI 通过下式给出。

$$MI(X,Y) = H(Y) - H(Y|X) = H(X) + H(Y) - H(X,Y) \tag{5-98}$$

式中，$H(X) = -E_X(\log(P(X)))$ 代表随机变量的熵，$P(X)$ 代表 X 的分布概率。

互信息相似性测度利用图像的灰度统计特性信息来进行图像配准，在两幅图像的重叠区域，根据像素的灰度值直接计算相似性测度函数，免去了图像特征点提取。互信息用熵来定义，熵有多种形式，其中基于 Shannon 熵的相似性测度是目前使用最广泛的多模态图像配准测度。

互信息测度是基于直观的物理概念，同一目标虽然在不同的成像方式下具有不同的灰度属性，但表现出分布一致性。Woods 认为在一种模态中某个灰度值的像素，在另一模态中呈现出以不同灰度值为中心的分布，在配准位置上分布的方差最小。表达式可表示为：

$$PIU = \sum_a \frac{n_a}{N} \frac{\sigma_B(a)}{\mu_B(a)} + \sum_b \frac{n_b}{N} \frac{\sigma_A(b)}{\mu_A(b)} \tag{5-99}$$

其中，N 是图像中全部像素的数目，n_a、n_b 分别是图像 A 和 B 重叠区域内灰度值为 a 和 b 的像素数目。

$$\mu_B(a) = \frac{1}{n_a} \sum_{\Omega_a} B(x_A) \tag{5-100}$$

$$\mu_A(b) = \frac{1}{n_b} \sum_{\Omega_b} A(x_B) \tag{5-101}$$

$$\sigma_B(a) = \frac{1}{n_a} \sum_{\Omega_a} (B(x_A) - \mu_B(a))^2 \tag{5-102}$$

$$\sigma_A(b) = \frac{1}{n_b} \sum_{\Omega_b} (A(x_B) - \mu_A(b))^2 \tag{5-103}$$

其中，$\sum_{\Omega_a} B(x_A)$ 表示在图像 A 中灰度值为 a 的像素在图像 B 的对应位置处像素灰度值之和，$\sum_{\Omega_a} A(x_B)$ 有相似的含义。

设 N 表示图像的大小，N_i 表示图像中灰度值为 i 的像素数目，N_{ij} 表示图像 A 和 B 对应位置灰度值分别为 i 和 j 的联合数目。图像的 Shannon 熵定义为：

$$H = -\sum_i p_i \lg p_i \tag{5-104}$$

其中 $p_i = N_i / N$。

图像 A 和 B 的联合熵为：

$$H(A,B) = -\sum_{ij} p_{ij} \cdot \lg p_{ij} \tag{5-105}$$

其中 $p_i = N_i / N$。用 $H(A)$，$H(B)$ 表示图像 A 和 B 的熵，图像的互信息和归一化互信息

(normalized mutual information)分别为：

$$I(A,B) = H(A) + H(B) - H(A,B) \tag{5-106}$$

$$\text{NMI} = \frac{H(A) + H(B)}{H(A,B)} \tag{5-107}$$

$I(A,B)$ 刻画了两幅图像的联合分布和独立分布之间的距离，是两幅图像相关性的测度。当图像配准时，图像 A 和 B 中的目标结构在空间位置上一一对应，如果某一目标在图像 A 中的灰度值为 a，而在图像 B 中的灰度值为 b，由于刚好重合，这两个灰度的联合数目 N_{ab} 取得最大值，从而 P_{ab} 也取得最大值，联合熵 $H(A,B)$ 取得最小值，互信息 $I(A,B)$ 取得最大值。反之，如果图像越不匹配，两个灰度的联合数目 N_{ab} 越小，使得 $H(A,B)$ 的值越大，$I(A,B)$ 的值越小。

关于互信息法与相关系数类方法之间的关系，Roche 证明它们都是不同参数下的最大似然估计，这两类方法在统计框架下得到了统一。

3）组合匹配。互相关互信息组合匹配主要是利用互相关（灰度）和互信息（统计）匹配结果相互校验，提供匹配可靠性，同时利用二元三点插值对相关系数插值获取亚像素匹配同名点。具体流程如下：

- 对输入数据进行互相关匹配，获取匹配位置。
- 对输入数据进行互信息匹配，获取匹配位置。
- 对两类匹配方法的匹配位置进行比对，如果 x 方向或 y 方向匹配位置偏差大于 1 则报告匹配失败，返回；否则继续进行。
- 获取匹配相关系数峰值位置，取相关系数矩阵峰值周围 5×5 区域进行二元三点插值，获取亚像素峰值位置。

（4）插值方法

如果为了获取亚像素精度的匹配点，可以对相关系数或互信息峰值进行插值，以获取非整数匹配点。算法主要采用二元三点插值实现。

插值是寻找亚像元匹配点的一种有效可行的方法。当前二元插值算法的研究已非常成熟，二元三点拉格朗日插值算法因高效性在实际的工程中应用较多，计算公式如下：

$$z(u,v) = \sum_{i=p}^{p+2} \sum_{j=q}^{q+2} \left[\prod_{k=p,k\neq i}^{p+2} \frac{x-x_k}{x_i-x_k} \right] \left[\prod_{l=q,l\neq j}^{q+2} \frac{y-y_k}{y_j-y_l} \right] \tag{5-108}$$

二元三次插值的计算过程为：选取最靠近插值点 (u,v) 的 9 个结点，其两个方向上的坐标分别为 $x_p < x_{p+1} < x_{p+2}$ 及 $x_q < x_{q+1} < x_{q+2}$；然后用二元三点插值公式计算点 (u,v) 处的近似值。

（5）RANSAC 粗差剔除

RANSAC 算法从随机抽取的 N 组样本中找出最优的抽样，并根据最优抽样来选择参与最后计算的原始数据，是当前广泛采用的粗差剔除算法。

在特征点经过粗略匹配以后，虽然可以去除大部分的不匹配区域，但是由于一幅图像中可能存在多个几何特征相近的强边缘区域，因此仅仅得到强边缘区域的一个模糊匹配。为了消除误匹配，采用了 RANSAC 方法。

RANSAC 算法的基本思想是从随机抽取的 N 组样本中找出最优的抽样，并根据最优抽样来选择参与最后计算的原始数据。具体估法是：迭代地在输入数据中采样所谓的最小点集，并利用每次采样所得到的最小点集估计出所要确定的参数，同时根据一定的判断准则来判别输入数据中哪些是与该参数一致的，即内点，哪些是不一致的，即外点。如此迭代一定次数后，将对应输入数据中内点比例最高的所估计参数值以及所筛选出来的内点作为 RANSAC 最后解。将此解作为其他方法的初始值进一步优化计算，从而得到最后的估计参数值。抽样次数 N 的计算公式如下：

$$N = \frac{\ln(1-s)}{\ln\left(1-(1-\sigma^R)\right)} \tag{5-109}$$

其中 σ 为预期的原始数据错误率，s 代表至少有一个最小子集包含所有内点的概率。采用随机抽样方法时，使用尽可能少的数据来确定一组解是非常重要的。因为使用较少的数据可以减少错误数据被抽中的概率，同时，所需要的抽样次数即计算量随所使用的数据量的增加成指数比例增长。因而达到相同的估计精度，使用数据量越少算法就越快。

针对图像特征点匹配过程，利用 RANSAC 方法消除误匹配的算法如下：

1）在模糊匹配的基础上，在两幅图像上各自相应地随机选择 3 个控制点。

2）分别在两幅图像上计算由这 3 个控制点所组成三角形的面积，如面积小于某一固定的阈值则转 1），否则继续执行。

3）由上面的 3 组控制点对计算出仿射变换的 6 个参数。

4）对所有对应的控制点对，判断该对控制点是否满足仿射模型。

5）若满足该模型的控制点对的个数大于某一固定阈值，则认为所选择的 3 对匹配同名点匹配正确；否则转 1）继续执行。

6）通过 RANSAC 方法可以找到控制点的精确对应关系，同时解出仿射变换的系数，再通过简单的坐标变换和双线性插值就可以得到最终的匹配图像。

2. 控制影像匹配

控制影像匹配主要是基于控制影像，开展特征点检测、匹配，获得控制点的过程。详细流程如图 5-36 所示。特征点提取主要包括 Moravec、SUSAN、Harris、Forstner、Sift、Fast 等；然后对待匹配图像建立影像金字塔，分层匹配，每一层匹配结果通过 RANSAC 方法进行粗差剔除，保证匹配结果的精度。

（1）特征点检测算法

1）Moravec 角点检测。Moravec 算子通过计算各像素沿不同方向的平均灰度变化，选取最小值作为对应像素点的特征点响应函数（即兴趣值）。定义在一定范围内具有最大角点响应的像素为角点。Moravec 算子计算简单，运算速度快，但是对边缘和独立的点比较敏感，在抑制噪声方面不佳，这是由于响应值是自相关的最小值而不是差值。

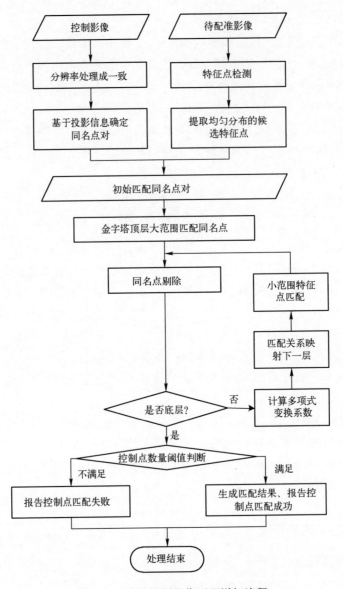

图 5-36　基于控制影像匹配详细流程

Moravec 于 1977 年提出了利用灰度方差提取点特征的算子，该算子计算各像素沿不同方向的平均灰度变化，选取最小值为对应像素点的角点响应函数 CRF（Conner Response Function），然后通过抑制局部非最大值点得到角点。Moravec 兴趣算子用 $w \times w$ 窗口计算每个像素在水平（horizontal）、垂直（vertical）、对角线（diagonal）、反对角线（anti-diagonal）4 个方向上的平均灰度变化，取这 4 个值当中的最小值为 CRF，若此值为局部最大则该像素点为角点。各个方向上的灰度变化计算公式为：

$$\begin{cases} V_1 = \sum_{j=-k}^{k} \sum_{i=-k}^{k-1} \left(g_{m+i,n+j} - g_{m+i+1,n+j} \right)^2 \\[2mm] V_2 = \sum_{j=-k}^{k-1} \sum_{i=-k}^{k-1} \left(g_{m+i,n+j} - g_{m+i+1,n+j+1} \right)^2 \\[2mm] V_3 = \sum_{j=-k}^{k-1} \sum_{i=-k}^{k} \left(g_{m+i,n+j} - g_{m+i,n+j+1} \right)^2 \\[2mm] V_4 = \sum_{j=-k}^{k} \sum_{i=-k}^{k-1} \left(g_{m+i,n+j} - g_{m+i+1,n+j-1} \right)^2 \end{cases} \qquad (5\text{-}110)$$

其中 $k = \lfloor w/2 \rfloor$，可以得到 $CRF = \min(v_1, v_2, v_3, v_4)$。

Moravec 算子最显著的优点是运算速度快，对边缘信息比较敏感，这是由于相应值是自相关的最小值而不是差值。算法缺点如下：

- Moravee 算子只利用了四个方向上的灰度变化实现局部相关，因此响应是各向异性的。
- Moravec 算子在抑制噪声方面效果不佳，算子的响应同时也包括了对噪声的响应，因此，在利用此算子检测图像的点特征时，应考虑使用平滑滤波来减弱噪声。

2）SUSAN 角点检测。Smith 和 Brady 于 1997 年提出了一种 SUSAN（Small Univalue Segment Assimilating Nucleus）角点检测算法。SUSAN 算子对角点的检测比对边缘检测的效果要好，适用于基于特征点匹配的图像配准。无须梯度运算，保证了算法的效率，而且还具有积分特性，这样就使 SUSAN 算子在抗噪和计算速度方面有较大的改进。而且，该算子对旋转前后的图像的特征点检测变化不是很大，受噪声的影响也不太大，提取特征点的效果也比较好。

SUSAN 角点检测算法根据以一个点为中心的局部区域内亮度值的分布情况来判断平滑区域、边缘及角点。如图 5-37 所示，圆形区域内的每一个像素点的灰度值与中心像素点的灰度值相比，灰度值与中心像素点相近的点组成的区域称为 USAN 区域。从图 5-37 中可知：A 点区域整个都处于 USAN 中，A 点处于背景中；B 点区域有半数的点在 USAN 中，B 点为边缘；C 点区域有大于半数的点在 USAN 中，C 点为边缘；D 点区域有小于半数的点在 USAN 中，D 点为角点。

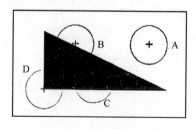

图 5-37 SUSAN 区域图解

以一个像素点作为核心（模板的中心点），这个像素点周围区域（大小与模板区域大小相同）内的像素点组成模板区域，USAN 的大小就是与中心点像素亮度相似或相同的像素点的个数。通过对图像中的每个像素计算 USAN，在局部区域内 USAN 最小的像素点就是所求的角点，Smith 就是根据这个原理提出的 SUSAN 算子。SUSAN 算子使用的是圆形模板进行角点检测，一般使用的模板的半径为 3～4 个像素，如图 5-38 所示。

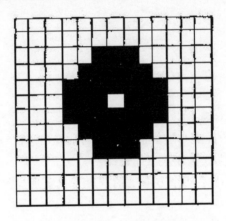

图 5-38　SUSAN 圆形模板

将模板中的各点亮度与核心点的亮度利用下面的函数进行比较：

$$c(r,r_0)=\begin{cases}1, & |f(r)-f(r_0)|\leqslant t\\0, & 其他\end{cases} \tag{5-111}$$

式中，$f(r)$ 为图像中像素 r 的灰度值，t 为灰度差别的阈值，r_0 为模板中心的像素，r 为其他的像素，c 为比较函数。模板中所有的像素都用这个函数进行比较，然后计算出函数 c 的和值 n。

通常对于上式采用更稳健的形式：

$$c(r,r_0)=e^{-\left(\frac{f(r)-f(r_0)}{t}\right)^6} \tag{5-112}$$

采用这个函数可以使比较函数具有更好的稳定性，当图像中的像素亮度值有很小的变化后，对 c 的取值不会产生很大的影响。计算模板内所有点 c 的和为：

$$n(r_0)=\sum_r c(r,r_0) \tag{5-113}$$

和值 n 就是 USAN 区域的像素个数，$n(r_0)$ 就是 USAN 区域的面积，然后把这个面积和几何阈值进行比较，得到最后的响应函数：

$$R(r_0)=\begin{cases}g-n(r_0) & n(r_0)<g\\0 & 其他\end{cases} \tag{5-114}$$

式中，R 为响应函数，g 为阈值，通常在探测角点时取值为 1/2 模板的像素个数，当采用 7x7 的模板时，$g=37\times1/2$。

SUSAN 角点检测算法在弱边缘上不易检验出正确的角点。因为仅有一个固定的阈值，所以在灰度差不大的情况下，角点不易检测出。阈值 t，g 不易设定，要随实际图像而改变，增加了人为因素，且定位不够精确，容易出现角点偏移和错误判断的情况。

3）Harris 角点检测。Harris 和 Stephens 于 1988 年提出了 Harris 角点检测算法，又称为 Plessey 角点检测算法。它是在 Moravec 算子基础上的改进，用一阶偏导来描述亮度变化，这种算子受信号处理中自相关函数的启发，提出了一个与图像的自相关函数相联系的矩阵 M，通过计算 M 的特征值，即自相关函数的一阶曲率来判定该点是否为角点。

Harris 算子是对 Moravec 算子的改进，它利用一阶偏导数来描述亮度的变化。Harris 特征点检测的基本思想是使用自相关函数来确定信号发生二维变化的位置。Harris 算子中只用到灰度的一阶差分以及滤波，操作简单，提取的特征点均匀而且合理，在纹理信息丰富的区域，Harris 算子可以提取出大量有用的特征点，而在纹理信息少的区域，提取的特征点则较少，由于它的计算过程中只涉及图像的一阶导数，所以即使存在图像的旋转、灰度变化、噪声影响和视点的变换，对角点的提取也是比较稳定的。

Harris 角点检测算子定义了任意方向上的自相关值 $E(u,v)$ 为一组方形区域中图像灰度误差的总和，即：

$$E(u,v) = \sum_{x,y} w(x,y) \left[f(x+u, y+v) - f(x,y) \right]^2 \tag{5-115}$$

其泰勒展开式为：

$$E(u,v) = \begin{bmatrix} u & v \end{bmatrix} M \begin{pmatrix} u \\ v \end{pmatrix} \tag{5-116}$$

其中，M 是 2×2 对称矩阵：

$$M = \begin{pmatrix} A & C \\ C & B \end{pmatrix} = e^{-\frac{x^2+y^2}{2\sigma^2}} \otimes \begin{pmatrix} f_x^2 & f_x f_y \\ f_x f_y & f_y^2 \end{pmatrix} \tag{5-117}$$

f_x 和 f_y 分别为图像 x，y 方向的梯度值，$w(x,y)$ 为高斯滤波器。$E(u,v)$ 可近似作为局部互相关函数，M 则描述了在这点上的形状。设 λ_1、λ_2 是矩阵 M 的两个特征值，则 λ_1、λ_2 可表示局部自相关函数的曲率。由于 Harris 算子各向同性，所以 M 保持旋转不变性。计算角点的响应函数可以写成：

$$R = \det(M) - k\text{trace}^2(M)$$
$$\det(M) = \lambda_1 \lambda_2 \tag{5-118}$$
$$\text{trace}(M) = \lambda_1 + \lambda_2$$

这避免了对矩阵特征值的求解，当某个区域矩阵 M 的主对角线之和很大时，表明这是一条边；当矩阵的行列式值很大时，表明是一条边或一个角点，其中 k 按经验一般取值为 $0.03 \sim 0.06$。根据上式的定义，可知 Harris 角点检测算子是各向同性的，当图像具有一定的旋转角度时，角点的检测不受其影响；由于需要求图像的一阶导数，所以光强的差异对角点检测的影响有限。一个好的角点检测算子无论图像如何改变，都能检测出同样的兴趣点。Harris 角点检测算子是一种比较有效的点特征提取算子，其优点在于计算简单，Harris

算子中只用到灰度的一阶差分以及滤波，操作简单。Harris 算子对图像中的每个点都计算其兴趣值，然后在邻域中选取最优点。

4）Forstner 角点检测。该算法通过计算各像素的 Robert's 梯度和像素 (c,r) 为中心的一个窗口（如 5×5）的灰度协方差矩阵，在影像中寻找具有尽可能小而接近圆的误差椭圆的点作为特征点。其步骤为：

- 计算各像素的 Roberts 梯度。

$$g_u = \frac{\partial g}{\partial u} - g_{i+1,j+1} - g_{i,j}$$
$$g_v = \frac{\partial g}{\partial v} - g_{i,j+1} - g_{i+1,j}$$

（5-119）

- 计算 $l×l$（如 5×5 或更大）窗口中灰度的协方差矩阵。

$$\boldsymbol{Q} = \begin{pmatrix} \sum g_u^2 & \sum g_u g_v \\ \sum g_v g_u & \sum g_v^2 \end{pmatrix}^{-1}$$

（5-120）

- 计算兴趣点的 q 与 w。
- 确定待选点，如果兴趣值大于给定的阈值，则该像元为待选点。阈值为经验值。
- 选取极值点，以权值 w 为依据，选择极值点。即在一个适当窗口中选择 w 最大的待选点，而去掉其余的点。

5）FAST 特征点检测。FAST 是一种运算简单、直观的特征点检测方法，在计算速度上优于 SIFT、Susan、Harris 等特征点检测方法，检测方法如图 5-39 所示。检查待检测点 c 周围的圆，寻找其中最长的圆弧，如果圆弧中所有的点的灰度值都大于 $I(c)$ 或都小于 $I(c)$，则被判定为角点，其中 $I(c)$ 为 c 的灰度值。在离散情况下，圆大小为 3×3 区域，弧长为离散点数目。

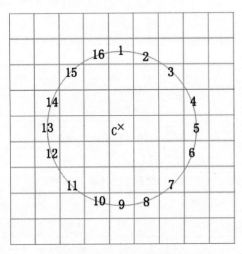

图 5-39　FAST 角点检测

灰度判定公式为：

$$|I(c') - I(c)| \leqslant t$$

（5-121）

其中，$I(c')$ 为 3×3 圆弧上的点的灰度值，t 为阈值。只要满足上述公式的连续弧长的数目大于或等于 9，则该中心点为角点。

6）SIFT 特征点检测。SIFT 方法是一种提取图像局部特征的有效算法，它能够在尺度空间内寻找到一些极值点，对图像的亮度、平移、旋转、尺度变化具有较强的适应性，利用特征点周围图像提取该特征点的特征描述符，从而可以在特征描述符之间进行匹配。SIFT 方法的主要步骤包括尺度空间和降采样图像的形成，尺度空间极值点的检测，特征点的精确定位，特征点方向参数生成、特征点描述符的形成。如图 5-40 所示。

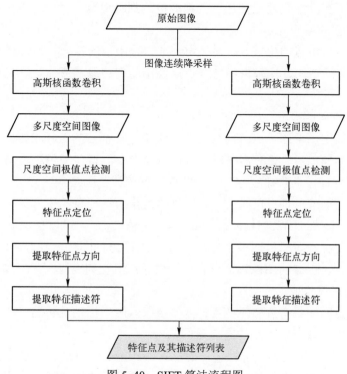

图 5-40　SIFT 算法流程图

● 图像尺度空间和降采样图像生成

尺度空间理论目的是为了模拟图像的多尺度特征，高斯卷积核是实现尺度变换的唯一线性核，二维图像的尺度空间定义为：

$$L(x,y,\sigma) = G(x,y,\sigma) * I(x,y) \tag{5-122}$$

其中，$G(x,y,\sigma)$ 是尺度可变高斯函数，(x,y) 是图像的空间坐标，而 σ 是尺度坐标，即：

$$G(x,y,\sigma) = \frac{1}{2\pi\sigma^2} e^{-(x^2+y^2)/2\sigma^2} \tag{5-123}$$

为了在尺度空间上检测到稳定的特征点，需要采用高斯差分尺度空间（DOG），即将不同尺度的高斯差分核和图像进行卷积。

$$D(x,y,\sigma) = (G(x,y,k\sigma) - G(x,y,\sigma)) * I(x,y) = L(x,y,k\sigma) - L(x,y,\sigma) \tag{5-124}$$

DOG 算子计算比较简单，是对尺度归一化 LoG 算子的一种近似。为了实现特征点对图像尺度的不变性，需要对图像进行分辨率的降采样，从而构建图像金字塔，这样图像按照降采样分成若干组，每组再采用高斯尺度卷积形成若干层，下一组的图像由上一组图像经过降采样生成。

● 尺度空间极值点的检测

若要寻找尺度空间中存在的极值点，就需要把每个采样点和它周围所有的相邻点进行比较，即判读它是否比周围图像域和尺度域的相邻像素点大或者小。每个检测点不仅需要和它同尺度的 8 个邻域点，而且还要和它上下两个相邻尺度内对应的 9×2 个点共 26 个点进行比较，以保证在尺度空间及图像空间都能检测到极值点。

● 极值点位置的精确确定

为了精确定位极值点的位置，需要采用三维二次函数的拟合，以达到亚像素的定位精度，此外还需要去除对比度比较低的特征点以及不稳定边缘响应点，以实现匹配稳定、抗噪声的要求。

● 特征点主方向的提取

利用特征点周围图像的梯度方向分布统计来确定特征点的特征主方向，使得 SIFT 算子具有旋转不变的性能。计算时需要对以特征点为中心的窗口图像进行采样，根据直方图统计窗口图像内所有像素的梯度方向，梯度直方图统计范围是 $0°\sim360°$，直方图的峰值就代表了该特征点处邻域梯度的主方向，用该数值作为特征点的主方向。在梯度方向直方图中，如果存在另一个峰值，且该峰值相当于主峰值 80%，可以把这个方向看作特征点的辅方向。一个特征点可以提取多个方向(例如一个主方向和一个辅方向)，大大增强特征点匹配时的鲁棒性。提取的图像特征点有三个信息：所在的位置、尺度和主方向。

● 特征点描述符生成

为了使特征点匹配具有旋转不变性，需要将图像的坐标轴旋转至特征点的主方向，然后再以特征点为中心取一定大小的窗口图像。

图 5-41 的左部分中央为当前特征点的位置，而每个小方格表示该特征点窗口图像所在尺度空间的一个像素，箭头的方向则代表该像素的梯度方向，箭头的长度代表了梯度的大小，圆圈代表了高斯加权的范围，越靠近特征点，像素梯度方向的贡献也就越大。在每个 4×4 的小块内计算出 8 个方向的梯度方向直方图，并统计每个梯度方向的累计值，得到一个种子点，如图 5-41 的右部分所示。图中一个特征点由 2×2 共 4 个种子点构成，每个种子点会有 8 个方向的向量值。采用邻域方向统计和加权，一方面是增强了算法抗噪声的能力，另一方面对定位误差的特征匹配提供了较好的稳健性。为了进一步增强特征匹配的鲁棒性，可以对每个特征点使用 4×4 共 16 个种子点的方式进行特征描述，每个特征点可以产生 128 维的特征数据，即 128 维的 SIFT 特征向量。此时 SIFT 特征向量已经去除了图像尺度、旋转等几何变形的影响，如果对特征向量进行长度归一化，就可以进一步去除图像灰度变化的影响。

对两幅待配准的图像分别提取特征点和特征描述符向量后，就可以根据特征匹配进行图像的配准。具体匹配时可以采用特征描述符向量的距离作为两幅图像中特征点的相似性判定标准，有多种距离可以衡量两个特征点之间的差别，最常用的是欧氏距离。

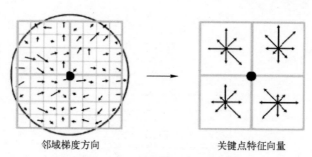

邻域梯度方向　　　　　　　　关键点特征向量

图 5-41　特征点描述示意图

首先对于第一幅图像的特征向量，计算它与第二幅图像特征向量集合中每一个特征向量间的欧氏距离，得到距离集合，然后对距离集合按照大小进行排序，从中提取最小距离和次最小距离，然后通过比较最小距离和次最小距离的比值，判定该比值和阈值的关系。如果最小距离和次最小距离的比值大于事先设定的阈值，则接受这一对匹配点。阈值越大，则 SIFT 匹配点数目越少，但也越稳定。

（2）影像匹配

影像匹配过程采用金字塔匹配方法，特征点检测后，金字塔匹配过程、相似性测度、粗差剔除方法等步骤与控制点匹配一致。

5.2.5　影像镶嵌

镶嵌算法模块基于一般镶嵌算法的处理流程，在镶嵌线选择上采用 Voronoi 图进行连接，作为模块包含以下几个功能。

（1）波段数一致、不同投影坐系、不同数据类型的影像输入。

（2）默认设置首幅影像或手动设置参考影像。

（3）输入影像数据进行降采样边缘检测，有效区域显示。

（4）相邻影像重叠区域内镶嵌线自动生成。

（5）手动设置镶嵌线周围羽化半径、外廓半径参数。

（6）手动设置输出镶嵌影像投影格式、数据类型等参数。

（7）重采样消除接缝线。

考虑镶嵌算法的处理图像的普适性、镶嵌效果及镶嵌批量化处理功能的优化，算法的建立和提高考虑以下几个方面的性能优化。

（1）建立影像输入顺序与镶嵌线的生成无关性。

（2）采用 Voronoi 图将影像间多度重叠的情况转为二度重叠，简化对多度重叠区域的处理，提高处理的效率。

（3）考虑经过几何校正的影像使原始的矩形图像区域由于拉伸变形成为不规则的区域，使用一般的镶嵌算法可能会造成黑边的存在。

（4）由于影像处理与影像顺序的无关性，可以通过对影像处理并行操作，提高效率。

针对 4 点算法性能优化的需求，对目前已有研究的镶嵌算法进行分析和对比，提出一种适应上述需求的算法，具体算法流程如图 5-42 所示。

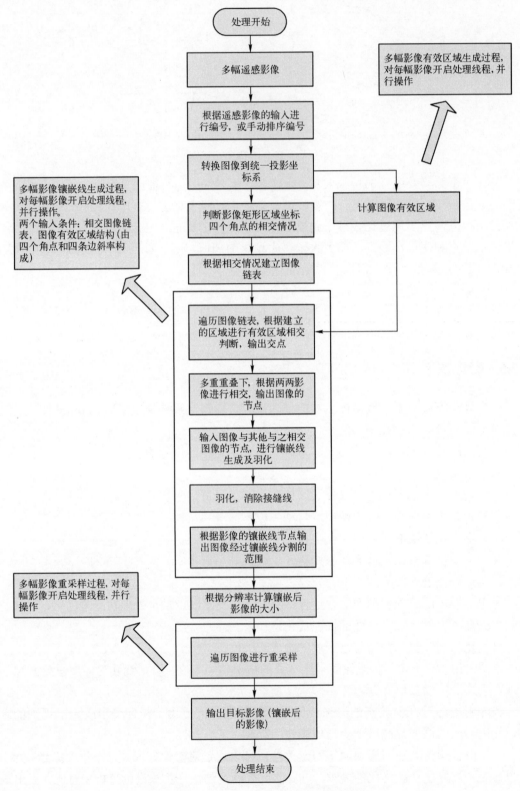

图 5-42　改进后的镶嵌算法具体处理流程

（1）影像重叠区域计算

首先为镶嵌线的生成做准备，先根据影像的输入顺序或者手动排序编号，影像与编号之间一一对应，作为处理过程中影像的标识。转换影像到统一的投影坐标系，计算整幅影像的重叠情况，只考虑影像矩形区域的重叠，建立影像相交关系。根据影像的矩形范围计算影像的重叠关系，矩形与矩形相交，采用判断点在多边形内方法进行判断，计算矩形边与边的交点，输出相邻重叠影像的重叠区域。

计算各正射影像的有效区域，采用影像重采样方法对原影像进行重采样，对重采样后得到的影像，以由上至下的顺序分别从左到右、从右到左扫描像素值，遇到首个非背景像素值时，停止当前行扫描，保存当前点的位置，并根据重采样率进行坐标恢复，在所有的边界点中寻找直线，由此获取影像有效区域的各个顶点，并以顺时针的顺序保存在有效区域结构中。

（2）重采样方法

从计算效率和精度方面考虑，重采样采用双线性插值法实现，双线性插值法与最近邻法不同，它利用插值点周围的四个邻近点确定插值点的灰度值。邻近点对插值点灰度值的贡献度大小，用一个分段函数表示，该分段线性函数为：

$$w(t) = \begin{cases} 1 - |t| & 0 \leqslant |t| \\ 0 & \end{cases} \tag{5-125}$$

假设插值点与其周围邻近的 4 个像素点分别表示为 p，(1,1)，(1,2)，(2,1)，(2,2)。其中，插值点 p 到像素点(1,1)的距离在 X 轴和 Y 轴方向上的投影分别为 Δx 和 Δy。令 D_{ij} 为像素点(i,j)的灰度值，则插值点 p 的灰度值 $\boldsymbol{D}_p$ 为：

$$\boldsymbol{D}_p = [\omega(\Delta x) \quad \omega(1 - \Delta x)] \begin{pmatrix} D_{11} & D_{12} \\ D_{21} & D_{22} \end{pmatrix} \begin{pmatrix} \omega(\Delta y) \\ \omega(1 - \Delta y) \end{pmatrix} \tag{5-126}$$

双线性插值法克服了最邻近插值法不连续的缺点，插值精度和运算量都比较适中。

（3）基于重叠区域中轴线的镶嵌线生成

基于相邻重叠影像的重叠区域计算对应的镶嵌线，主要采用重叠区域的中轴线计算方法计算重叠相邻影像初始镶嵌线，得到重叠影像初始镶嵌线列表，重叠区域中轴线生成示意图如图 5-43 所示。

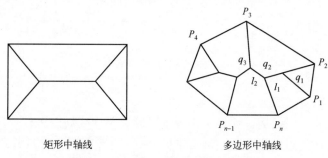

矩形中轴线　　　　　　　　多边形中轴线

图 5-43　重叠区域中轴线生成示意图

重叠区域的中轴线计算方法如下：

1）重叠区域的各顶点 $P_1, P_2, \cdots P_n$ 以逆时针方向排列，计算各顶点角的角平分线。

2）求顶点角 P_i 和 P_{i+1} 角平分线的交点，设为 q_i 计算 q_i 到边 $\overline{P_i,P_{i+1}}$ 的距离，设为 d_i，$i = 1 \cdots n$。

3）计算 $d = \min(d_1, d_2, \cdots, d_n)$，设为 $d = d_1$，即 q_1 至边 $\overline{P_1 P_2}$ 的距离最小，对顶点重新编号。

4）i←1。

5）计算 $\overline{P_n P_1}$ 延长线与 $\overline{P_{i+2} P_{i+1}}$ 延长线夹角的分角线 l_i，l_i 经过 q_i。

6）计算顶点角 P_n 的分角线，与 l_i 交于 q_{i+1}。

7）计算 $\overline{P_{n-i} P_{n-i+1}}$ 延长线与 $\overline{P_{i+2} P_{i+1}}$ 延长线夹角的分角线 l_{i+1}，l_{i+1} 经过 q_{i+1}。

8）计算顶点角 P_{i+1} 的分角线，与 l_{i+1} 交于 q_{i+2}。

9）计算 $\overline{P_{n-i} P_{n-i+1}}$ 延长线与 $\overline{P_{i+3} P_{i+2}}$ 延长线夹角的分角线 l_{i+2}，l_{i+2} 经过 q_{i+2}。

10）计算顶点角 P_{n-i} 的分角线，与 l_{i+2} 交于 q_{i+3}。

11）循环执行 9）与 10），执行 9）时按照降序、升序的顺序改变 $\overline{P_{n-i} P_{n-i+1}}$、$\overline{P_{i+3} P_{i+2}}$ 的下标；顶点角下标分别按升序、降序交替执行 10），直至执行 9）时两线段的夹角为顶点角。

12）输出折线 $q_1, q_2, \cdots, q_{n-2}$ 及折线各顶点与相应凸多边形顶点的连线。

（4）计算各个影像的镶嵌有效区域

计算各个影像的镶嵌有效区域，主要为对某个待镶嵌的影像，遍历重叠影像初始镶嵌线列表，采用当前与待镶嵌影像相交的影像镶嵌线对待镶嵌影像有效区域进行裁剪，裁剪后输出的影像范围作为与下个相交影像的镶嵌线进行裁剪的输入，如图 5-44 所示。

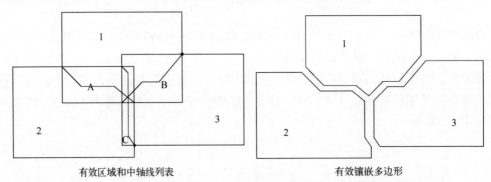

有效区域和中轴线列表　　　　　　　　有效镶嵌多边形

图 5-44　各个影像的镶嵌有效区域

（5）消除接缝线方法

确定两影像之间镶嵌线后，通过羽化技术对影像镶嵌线周围进行处理，消除镶嵌线。羽化目的是修正镶嵌线附近像元的灰度，使其有一个光滑的过渡。目前常见的方法主要有基于小波变换和基于重叠影像两种，这两种方法各有优缺点，前者效果明显，但是实现困难，处理效率不高，对处理计算机性能要求很高。后者算法简单，处理效率高，但当影像精度不高的情况下处理效果不好。

根据任务需求，镶嵌建立在高精度的几何配准基础上，采用基于重叠区影像的镶嵌线消除方法，即缓冲区加权平均法。

该方法通过在镶嵌线上向镶嵌线内侧回退两个缓冲半径，作为消除镶嵌线的缓冲区域；接着根据缓冲区内容采用加权平均法对像元进行重采样，缓冲区内的加权平均重采样公式为：

$$F(x,y) = \frac{0.5}{R}(R-t)f(x,y) + \frac{0.5}{R}(R+t)g(x,y) \tag{5-127}$$

式中，$F(x,y)$ 为输出像元值；$f(x,y)$ 为影像 1 缓冲区内像元值；$g(x,y)$ 为影像 2 缓冲区内像元值；R 为缓冲半径（$2R<$重叠宽度）；t 为缓冲区中的点到中心线的距离，左上为负，右下为正。

本算法考虑的羽化方法就是把镶嵌线处的色调差异平滑到整个缓冲区，方法简单可靠，但会影响到图像信息的质量，因此要选择一个合适的半径来生成缓冲区，故缓冲区半径的选取也是镶嵌线的关键。

5.2.6 匀光匀色

Wallis 滤波器可将局部影像的灰度均值和方差映射到给定的灰度均值和方差值。它是一种局部影像变换，使影像不同位置处的灰度方差和灰度均值具有近似的数值，即影像反差小的区域的反差增大，影像反差大的区域的反差减小，使得影像中灰度的微小信息得到增强。

Wallis 滤波器可以表示为：

$$f(x,y) = [g(x,y) - m_g]\frac{cs_f}{cs_g + (1-c)s_f} + bm_f + (1-b)m_g \tag{5-128}$$

式中，$g(x,y)$ 为原影像的灰度值；$f(x,y)$ 为 Wallis 变换后结果影像的灰度值；m_g 为原影像的局部灰度均值；s_g 为原影像的局部灰度标准偏差；m_f 为结果影像局部灰度均值的目标值；s_f 为结果影像的局部灰度标准偏差的目标值；$c \in [0,1]$ 为影像方差的扩展常数；$b \in [0,1]$ 为影像的亮度系数，当 b 趋于 1 时影像均值被强制到 m_f，当 b 趋于 0 时影像的均值被强制到 m_g，可表示为：

$$f(x,y) = g(x,y)r_1 + r_0 \tag{5-129}$$

式中，$r_1 = \dfrac{cs_f}{cs_g + (1-c)s_f}$，$r_o = bm_f + (1-b-r_1)m_g$，参数 r_1，r_0 分别为乘性系数和加性系数，因此 Wallis 滤波器是一种线性变换。

典型的 Wallis 滤波器中 $c=1$，$b=1$，此时 Wallis 滤波公式变为：

$$f(x,y) = [g(x,y) - m_g] \cdot (s_f / s_g) + m_f \tag{5-130}$$

此时，$r_1 = \dfrac{s_f}{s_g}$，$r_o = m_f - r_1 m_g$。

Wallis 变换实际上是一种局部影像变换。当 m_f、s_f 为另一幅影像的同名影像块的局部灰度均值和反差，Wallis 滤波器就能用于影像拼接时的影像辐射校正。在本算法中，采用全局 Wallis 变换，m_f、s_f 取标准影像的每波段均值和方差统计值，m_g、s_g 取待处理影像的每波段均值和反差，于是可以不用考虑同名区域的限制，在影像没有经过几何校正而严格重叠，甚至是没有重叠的情况下，也可以通过这种方式来控制待处理影像的整体颜色表现。

或者采用直接输入标准影像的 m_f、s_f 对图像进行变换，该方法具备的优点是可以减少计算量，同时对多幅影像进行统一的匀色匀光处理。

影像匀光算法流程如图 5-45 所示。

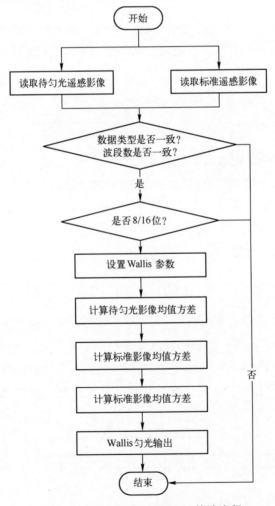

图 5-45　影像匀光（Wallis）算法流程

5.2.7 影像分类

1. 最大似然法监督分类

最大似然法分类算法是一种基于贝叶斯决策理论的分类算法，分类决策通常由计算特征的后验概率实现，即分类的决策函数等于特征的后验概率。下式为贝叶斯理论中后验概率的计算公式：

$$g(x) = p(\omega_i \mid x) = \frac{p(\omega_i, x)}{p(x)} = \frac{p(x \mid \omega_i) p(\omega_i)}{p(x)} \tag{5-131}$$

其中 x 为样本特征，ω_i 为第 i 个类。

在本算法中，样本特征的分布使用高斯分布表示，因此：

$$p(x \mid \omega_i) = \frac{1}{(2\pi)^{n/2} \sqrt{|\sum_i|}} \exp\left(-\frac{1}{2}(x - u_i)^{\mathrm{T}} \sum_i^{-1} (x - u_i)\right) \tag{5-132}$$

其中 u_i 为第 i 类的均值向量，$\sum_i$ 为第 i 类的协方差矩阵，n 为特征向量的维数。

实现算法时，通常认为每个特征元素等概率出现，每个类别也等概率出现，这样后验概率值仅正比于样本特征在概率密度函数中的取值。因此，决策函数可以简化为下面的表达形式：

$$g(x) = p(x \mid \omega_i) = \frac{1}{(2\pi)^{n/2} \sqrt{|\sum_i|}} \exp\left(-\frac{1}{2}(x - u_i)^{\mathrm{T}} \sum_i^{-1} (x - u_i)\right) \tag{5-133}$$

为了进一步简化决策函数的形式，减小算法的计算量，通常对高斯分布函数取对数处理，同时略去常数项和常数因子，决策函数可以简化为：

$$g(x) = -\ln\left(|\sum_i|\right) - (x - u_i)^{\mathrm{T}} \sum_i^{-1} (x - u_i) \tag{5-134}$$

分类时，对每一个输入特征计算其在各个类别上的决策函数值，输出决策值最大的类即为该特征所属的类别。

另外，针对遥感影像数据量大的特点，本算法在实际操作中采用影像分块处理的策略，减少算法处理对内存空间的要求。同时在保证内存空间可负荷算法运行的前提下，尽量减少文件的读写操作，保证算法运行的效率。

为了平衡内存空间占用和算法运行效率两项指标，算法根据输入影像的数据量大小（其中影像幅宽、波段数、位深度都考虑在内）自动计算分块大小和数目。常用的分块大小为 512 和 1024。

最大似然法分类算法的完整流程如图 5-46 所示。

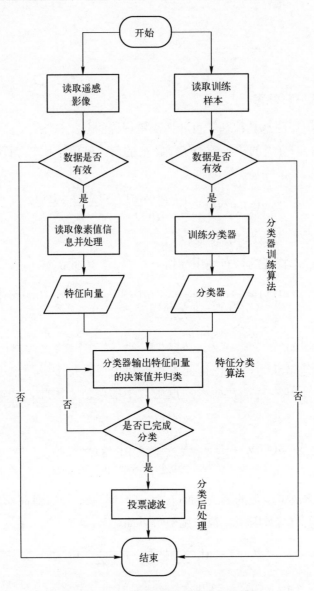

图 5-46　最大似然法分类算法完整流程

2. 基于神经网络的监督分类

（1）样本训练算法

设 $S = \{x_1, \cdots, x_n\}$ 表示待训练样本点的集合，其对应的标签向量为 $y = \{y_1, y_2, \cdots, y_n\}$，其中每个样本 $x_j = (x_{j1}, \cdots, x_{jd})$ 是 d 维实数空间 R^d 的一个向量，n 为所有训练样本的个数。令 $\|x\|$ 表示向量 x 的欧式距离长度。算法框架如下所述：

1）将所有训练样本规范化为单位向量，对于 $1 \leqslant j \leqslant n$，有：

$$x_j = x_j / \|x_j\| \tag{5-135}$$

2）初始化 BP 神经网络，包括构造网络结构和各层节点的权系数和输出阈值。

其中，将网络结构初始化为 1 个输入层、1 个隐含层、1 个输出层的结构，输入层的节点数目为样本的维数，输出层节点的数目为训练样本的类别数，隐含层的节点数目为经验值。将各层节点的权系数和输出阈值初始化为-1 到 1 之间的一个随机值。如图 5-47 所示。

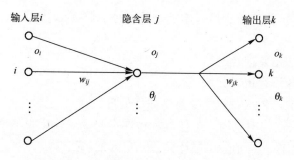

图 5-47　BP 神经网络的结构和符号约定

3）进行迭代。从训练样本集中随机选择一个本次迭代中未训练的样本，重复下述过程：

从神经网络的输入层到输出层计算各个节点单元的输出，如下式所示：

$$\text{net}_j = \sum_i w_{ij} O_i \tag{5-136}$$

$$O_j = 1/(1 + e^{-(net_j + \theta)}) \tag{5-137}$$

对输出层计算 δ_j 和迭代误差 rms，如下式所示：

$$\delta_j = (y - O_j) O_j (1 - O_j) \tag{5-138}$$

$$\text{rms} = \sum_i (y - O_k)^2 / 2 \tag{5-139}$$

从后向前计算各隐含层的 δ_j，如下式所示：

$$\delta_j = O_j (1 - O_j) \sum_k w_{jk} \delta_k \tag{5-140}$$

计算并保存各权值修正量，如下式所示：

$$\Delta w_{ij}(t) = \alpha \Delta w_{ij}(t-1) + \eta \delta_i O_i \tag{5-141}$$

修正权值和节点阈值，如下式所示：

$$w_{ij}(t+1) = w_{ij}(t) + \Delta w_{ij}(t) \tag{5-142}$$

$$\theta_k = \theta_k + \alpha \delta_k \tag{5-143}$$

$$\theta_j = \theta_j + \alpha \delta_j \tag{5-144}$$

4）如果没有训练完所有样本，回到步骤3）。

5）如果算法收敛（$rms < \xi$）或达到最大迭代次数，则结束迭代，否则，回到步骤3）。

6）保存神经网络各层的所有训练权值和节点阈值。

（2）大规模图像分类

设 $S = \{x_1, \cdots, x_n\}$ 表示待分类样本点的集合，其中每个样本 $x_j = (x_{j1}, \cdots, x_{jd})$ 是 d 维实数空间 R^d 的一个向量，n 为所有训练样本的个数。令 $\|x\|$ 表示向量 x 的欧式距离长度。算法框架如下所述：

1）从训练参数初始化神经网络。

2）对大规模图像进行逻辑分块。

3）读入一块图像，依次对每个像素做如下处理：

● 从读入的一块图像中选择一个样本，将样本向量规范化为单位向量。

● 从神经网络的输入层到输出层计算各个单元的输出。

● 神经网络输出层的输出转化为样本的标签，即选择输出向量中元素最大值的下标作为样本的标签。

4）若图像块未处理完成，回到上一步。

5）保存整个图像的标签。

3. ISODATA 非监督分类

ISODATA 图像聚类算法首先随机选取 K 个点作为初始聚类中心，通过一系列合并和分裂聚类的方式将样本聚类到一个合适的数目。下面介绍 ISODATA 算法的框架。

设 $S = \{x_1, \cdots, x_n\}$ 表示样本点的集合，其中的每个点 $x_j = (x_{j1}, \cdots, x_{jd})$ 是 d 维实数空间 R^d 的一个向量。n 为样本点的个数。如果样本点太多，除最后一次迭代使用全部样本外，之前的迭代过程可以在 S 中一个合适大小的随机子集上运行。令 $\|x\|$ 表示向量 x 的欧式距离长度。

（1）令 $k = k_{init}$，从样本集合 S 中随机选择 k 个样本作为初始聚类中心 $Z = \{z_1, z_2, \cdots, z_k\}$。

（2）计算样本集中每个样本与 k 个聚类中心的距离，给每个样本赋值一个离聚类中心最近的类别标签。对于 $1 \leqslant i \leqslant k$，相比于聚类中心集合 Z 中其他元素，令离 z_i 更近的样本点子集为 $S_i \subseteq S$，即对于任意 $x \in S$，如果 $\forall i \neq j$，$\|x - z_j\| < \|x - z_i\|$，则 $x \in S_j$。令 n_j 为集合 S_j 中样本点的个数。

（3）删除样本点数目小于 n_{min} 的聚类中心，并不删除样本，且相应地修改类别数目 k 并重新给所有样本赋值最近聚类中心的标签。

（4）更新每个类的中心为类中所有样本的均值向量，即对于 $1 \leqslant j \leqslant k$ 有：

$$z_j = \frac{1}{n_j} \sum_{x \in S_j} x \tag{5-145}$$

（5）在步骤（3）中，若有类被删除，则回到步骤(2)。

（6）令 Δ_j 为 S_j 中样本点到聚类中心 z_j 的平均距离，令 Δ 为所有这些距离的平均值。

即对于 $1 \leqslant j \leqslant k$，有：

$$\Delta_j = \frac{1}{n_j} \sum_{x \in S_j} \|x - z_j\| \qquad (5\text{-}146)$$

$$\Delta_j = \frac{1}{n} \sum_{n=j} n_j \Delta_j \qquad (5\text{-}147)$$

（7）若这是最后一次迭代，则置 $L_{\min} = 0$，去步骤（9），同样的，如果 $2k > k_{init}$ 且为第偶数次迭代或者 $k \geqslant k_{init}$，去步骤（9），否则，往下执行。

（8）在每个聚类 S_j 中，计算特征标准差向量 $v_j = (v_1, \cdots, v_d)$，其第 i 个坐标是 S_j 中每个样本点向量第 i 个坐标相对于其样本中心 z_j 第 i 个坐标的标准差。即对于 $1 \leqslant j \leqslant k$ 和 $i \leqslant i \leqslant d$，有：

$$v_{ji} = \left(\frac{1}{n_j} \sum_{x \in S_j} (x_i - z_{ji})^2 \right)^{1/2} \qquad (5\text{-}148)$$

（9）令 $v_{j,\max}$ 为 v_j 中最大的坐标值。

（10）对于每个聚类 S_j，判断是否同时满足以下两式（分裂条件），若满足，则将聚类 S_j 分裂为两个类。

$$v_{j,\max} > \sigma \qquad (5\text{-}149)$$

$$(\Delta_j > \Delta) 且 (n_j > 2(n_{\min} + 1)) 或 k \leqslant \frac{k_{init}}{2} \qquad (5\text{-}150)$$

（11）分裂类时，需要将类别数目 k 加 1，然后将 S_j 分裂为两个类，这两个的类聚类中心 z_j^+ 和 z_j^- 计算如下：

给定一个系数 λ，且 $0 < \lambda \leqslant 1$；

令 d 维向量 $\gamma_j = \lambda(0, \cdots, 0, v_{j,\max}, 0, \cdots, 0)$；

$$z_j^+ = z_j + \gamma_j, \quad z_j^- = z_j + \gamma_j \qquad (5\text{-}151)$$

（12）若有聚类被分裂，则回到步骤(2)。

（13）计算所有聚类中心两两之间的距离，对于 $1 \leqslant i < j \leqslant k$，如下式所示：

$$d_{ij} = \|z_i - z_j\| \qquad (5\text{-}152)$$

（14）升序排列步骤（9）所计算出来的距离，从中选择距离不大于 $L_{\min}$ 的最多 $P_{\max}$ 个最小距离，对于选择出来的每一对聚类(i, j)，若 S_i 和 S_j 在迭代中都没有被合并，则合并这两个聚类，合并为一个聚类后的聚类中心为它们的加权平均：

$$z_{ij} = \frac{1}{n_i + n_j} (n_i z_i - n_j z_j) \qquad (5\text{-}153)$$

（15）合并后，相应地更新样本点的标签并修改类别数目 k。

（16）判断迭代次数，若迭代次数小于 $I_{\max}$，则回到步骤（2）；否则结束算法迭代。

4．K-means 非监督分类

（1）K-means 算法

对于 K-means 算法流程中判断聚类数目、过聚类因子是否合适是指，聚类数目若大于或等于数据元素个数则是合适的，否则不合适；若过聚类因子乘以聚类数目大于或等于数据元素个数则是合适的，否则不合适。

K-means 算法首先随机选取 K 个点作为初始聚类中心，然后计算各个样本到聚类中心的距离，把样本归到离它最近的那个聚类中心所在的类，对调整后的新类重新计算新的聚类中心，如果相邻两次的聚类中心没有任何变化，说明样本调整结束，聚类准则函数已经收敛。

该算法通常采用平方误差准则，这是经常采用的准则函数，其定义如下：

$$J_c = \sum_{k=1}^{m} \sum_{X_i \in C_k} d(X_i, Z_k) \tag{5-154}$$

其中 Z_k 为第 k 个聚类的中心，$d(X_i, Z_k)$ 为样本到对应聚类中心距离，聚类准则函数 J_c 即为各类样本到对应聚类中心距离的总和。这里 $d(X_i, Z_k)$ 为欧氏空间的距离，即 $d(X_i, Z_k) = \|X_i, Z_k\|$。这个准则试图找出令平方误差函数值最小的 k 个划分，使得生成的结果尽可能地紧凑和独立。

该算法框架如下：

1）给出 n 个混合样本分成 m 类，令 $I = 1$，选取 K 个初始聚类中心 $Z_k(I), k = 1, 2, 3, \cdots, m$。

2）计算每个样本与聚类中心的距离 $d(X_i, Z_k(I))$，$i = 1, 2, 3, \cdots, n$，$k = 1, 2, \cdots, m$，如果满足 $d(X_i, Z_k(I)) = \min\{d(X_i, Z_k(I)), i = 1, 2, \cdots, n\}$，则 $X_i \in w_j$。

3）计算 m 个新的聚类中心：

$$Z_k(I+1) = \frac{1}{n_k} \sum_{i=1}^{n_k} X_i(k), k = 1, 2, \cdots, m \tag{5-155}$$

4）判断：若 $Z_k(I+1) \neq Z_k(I), k = 1, 2, \cdots, m$，则 $I = I + 1$，返回（2）；否则，算法结束。

从上面的算法思想和算法框架不难看出，K 个初始聚类中心点的选取对聚类结果具有较大的影响，因为在该算法中是随机地选取任意 K 个点作为初始聚类中心。如果有先验知识，可以选取具有代表性的点。

（2）聚类合并算法

对过聚类因子大于 1，经 K-means 聚类后，类别数目大于用户设定的类别数目时进行聚类合并的算法，以达到聚类为用户指定类别数目的目的。算法描述如下：

1）初始化剩余的类数为实际类数。

2）计算每个类与类之间的距离，即每个类中心与其他类中心之间的距离。

3）找到最小距离对应的两个类：分别为 first 和 second（first < second）。

4）更新类标签，将所有 second 类的标签修改为 first 类的标签。

5）更新 first 类的中心。

6）更新 first 类的元素个数，second 类的元素个数置零。

7）更新类之间的距离。

8）剩余的类数减 1，若达到用户指定类别数目则退出循环，否则，转向 3）。

（3）大范围遥感图像分块载入并减采样算法

该算法流程显示了对大范围遥感图像进行减采样，并保留减采样的信息，方便聚类后把图像扩张到原始大小。其中，设计了两种减采样的方法。

其一是取小块的均值作为减采样后对应的像素值，如下式所示：

$$v'_{m,n} = \frac{1}{pq} \sum_{i=mp-p/2}^{mp+p/2} \sum_{j=nq-q/2}^{nq+q/2} v_{i,j} \tag{5-156}$$

式中，$v'_{m,n}$ 为减采样后图像在第 m 行 n 列的像素值，p 和 q 分别为小块图像的行数和列数，$v_{i,j}$ 为原图像第 i 行 j 列的像素值。

其二是直接取小块图像中间位置的像素值作为对应的像素值，如下式所示：

$$v'_{m,n} = v_{i+(m-1/2)p,\,j+(n-1/2)q} \tag{5-157}$$

式中，$v'_{m,n}$ 为减采样后图像在第 m 行 n 列的像素值，p 和 q 分别为小块图像的行数和列数，$v_{x,y}$ 为原图像第 x 行 y 列的像素值。

（4）分类结果图像投票滤波算法

该算法进行逐像素滤波，首先在原图像中，统计像素对应滑动窗口内所有标签的个数，设原图像类别标签为 v，滑动窗口的行数和列数分别为 p 和 q，如下式所示，显示了统计原图像第 i 行 j 列对应滑动窗口内标签值为 v_0 的标签个数 c^{v_0}。

$$c^{v_0} = \text{count}(\{(x,y) \mid v_{x,y} = v_0, i - p/2 < x \leqslant i + p/2, j - q/2 < y \leqslant j + q/2\}) \tag{5-158}$$

式中，$\text{count}(\cdot)$ 为统计集合中元素个数的函数。然后找出最大标签个数对应的标签值，如下式显示了在标签个数集合中找到最大标签个数 $c^{v_k}_{\max}$，对应的标签值为 v_k。

$$c^{v_k}_{\max} = \max(\{c^{v_0}, c^{v_1}, \cdots, c^{v_{\max}}\}) \tag{5-159}$$

式中，$\max(\cdot)$ 为找出集合中最大值的函数。最后将最大标签个数对应的标签值赋值给目标图像第 i 行 j 列的位置，如下式所示：

$$v'_{i,j} = v_k \tag{5-160}$$

式中，$v'_{i,j}$ 为目标图像第 i 行 j 列的标签值。

5. 决策树分类

首先针对目标分类产品，确定需要应用的专家知识。

提取专家知识中需要的变量，确定并生成变量对应的数据产品。

将专家知识转述为表达式，并构造决策二叉树，作为参数提供给决策机。配置数据产品与变量的映射关系，也作为参数提供给决策机。

决策机获得数据映射和决策二叉树后，会读入数据并逐数据点代入决策二叉树执行表达式匹配，一旦匹配成功则输出到分类结果中，并进行下一数据点的决策分类。经过一轮决策树匹配后，依然无法确定的数据点将被分入"其他"类别，并输出到分类结果中。

最终可得到分类结果。

决策树分类算法流程如图 5-48 所示。

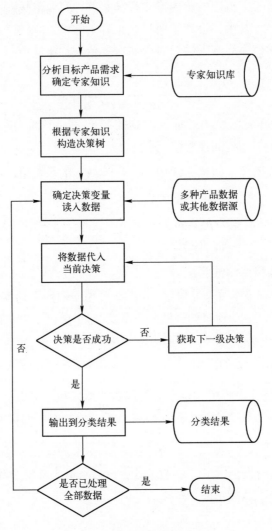

图 5-48　决策树分类算法流程

6. 面向对象分类

多尺度分割是对影像对象提取的一个专利技术。它可以是不同尺度、高质量的提取影像对象（粗和细的级别）。这种技术适合具有纹理信息的影像，例如 SAR、高分辨率卫星影像或者航空数据。它适合于根据特定的任务从影像数据中提取有意义的原始数据对象。多尺度分割是从一个像素的对象开始进行一个自下而上的区域合并技术，小的影像对象可以合并到稍大的对象中去。

　　多尺度影像分割采用异质性最小的区域合并算法，影像分割中像元的合并开始于影像中任意一个像元，先将单个像元合并为较小的影像对象，再将较小的影像对象合并成较大的多边形对象，分割过程中多边形对象不断增长的异质性最小。它是一个从下到上、逐级合并的过程。

　　区域合并方法的基本思想是将具有相似性质的区域集合起来构成区域多边形，先对每个需要分割的区域找一个种子像元作为生长的起点，然后将种子像元周围邻域中与种子像元有相同或相似性质的像元合并到种子像元所在的区域中，将这些新的像元当作新的种子像元继续进行上面的过程，直到没有满足条件的像元，这样一个区域就生成了。为了保证影像分割生成的多边形对象内部的同质性和相邻多边形对象的异质性适宜程度，在区域合并的分割过程中需要考虑两个标准：设置类似像元合并的准则与确定停止像元合并的条件，这两个条件在分割过程中控制像元的归属，因此标准设置合理与否直接影响分割后影像对象的有效性。

　　区域合并算法的目的是实现分割后影像对象的权重异质性最小化，仅仅考虑光谱异质性最小会导致分割后影像对象的多边形边界比较破碎，因此，常常把光谱异质性标准和空间异质性标准配合使用。在分割前需要确定影像异质性和紧密度异质性。只有保证光谱异质性、光滑度异质性、紧密度异质性最小，才能使整幅影像所有对象的平均异质性最小。

　　任何一个影像对象的异质性 f 是由四个变量计算而得到的：w_{color}（光谱信息因子）、w_{shape}（形状信息因子）、h_{color}（光谱异质性）、h_{shape}（形状异质性），且 $w_{color}+w_{shape}=1$。下式中 w 是光谱信息因子，取值范围为 0～1。

$$f = w \cdot h_{color} + (1+w)h_{shape} \tag{5-161}$$

光谱异质性 h_{color} 不仅与组成对象的像元数目有关，还取决于各个波段的标准差。

$$h_{color} = \sum_c w_c (n_{Merge} \cdot \sigma_c^{Merge} - (n_{Obj1} \cdot \sigma_c^{Obj1} + n_{Obj2} \cdot \sigma_c^{Obj2})) \tag{5-162}$$

其中 σ_c 为像元内部像元值的标准差，根据组成对象的像元值得到，n 为像元数目。

形状包括两个子因子：平滑度 h_{smooth} 和紧密度 h_{compct}。

$$h_{shape} = w_{cmpct} \cdot h_{cmpct} + (1 - w_{cmpct}) \cdot h_{smooth} \tag{5-163}$$

h_{mooth} 和 h_{compct} 取决于组成对象的像元数 n，多边形的边长 l 与同面积的最小边长 b。

$$h_{conpct} = n_{Merge} \cdot \frac{l_{Merge}}{\sqrt{n_{Merge}}} - \left(n_{Obj1} \frac{l_{Obj1}}{\sqrt{n_{Obj1}}} + n_{Obj2} \frac{l_{Obj2}}{\sqrt{n_{Obj2}}} \right) \tag{5-164}$$

$$h_{smooth} = n_{Merge} \cdot \frac{l_{Merge}}{b_{Merge}} - \left(n_{Obj1} \frac{l_{Obj1}}{b_{Obj1}} + n_{Obj2} \frac{l_{Obj2}}{b_{Obj2}} \right) \tag{5-165}$$

　　多尺度影像分割步骤为：（1）设置分割参数，包括各波段的权重，即单个波段在分割过程中的重要性；一个尺度阈值来决定像元合并停止的条件；根据影像纹理特征及所提取专题信息要求确定光谱因子与形状因子的权重；在形状因子中，根据大多数地物类别的结构属性确定紧密度因子和光滑度因子的权重。（2）以影像中任意一个像元为中心开始分割，第一次分割时单个像元被看作一个最小的多边形对象参与异质性值的计算；第一次分割完成后，以生成的多边形对象为基础进行第二次分割，同样计算异质性值，判断 f 与预订的阈值之间的差异，若 f 小于阈值 s，则继续进行多次分割，相反则停止影像的分割工作，形成一个固定尺度值的影像对象层。

多尺度分割后影像的基本单元已经不再是单个像元，而是由同质像元组成的多边形对象，每个多边形对象不仅包含光谱信息，而且还包含形状信息、纹理信息、邻域信息，对于光谱信息类似的地类而言，通过多边形对象，其他属性的差异就可以轻松地提取出来。多尺度分割不仅生成了有意义的影像对象，还将原分辨率的影像对象信息扩展到不同尺度上，实现了影像信息的多尺度描述。类比于人的视觉松弛过程，它是随着尺度逐步增大，对影像进行逐步综合的过程。

用于面向对象分类的对象特征包括：光谱特征、形状特征、纹理特征。执行完多尺度分割生成影像对象同质图后，特征列表和对象特征值列表即被激活。特征列表是一个非常强大的工具，用来发现区分不同影像对象类的特征。双击选定特征或在选定特征上右击选取"查看对象特征信息"可以使每个对象按照特征进行灰度赋值并在视图窗口显示。

下面对特征列表里的各项特征进行一个简单的介绍。

（1）均值

1）亮度。计算在选择通道内，对象像素亮度值的均值。

2）最大层间差异。计算对象在任意两个通道的均值差，并得到最大差值，以最大差值除以亮度值即为最大层间差异。

3）Layer 0，1，2，…，k，通道 0，1，…，k 的对象均值。

（2）标准差。通道 0，1，…，k 的对象标准差。

（3）像素

1）比值。通道的比率反映了通道对总亮度值的贡献度。需根据通道值创建新的"比值"。

2）最小像素值。需根据通道值创建新的"最小像素值"。

3）最大像素值。需根据通道值创建新的"最大像素值"。

4）与邻域反差。以距离 d 向外扩展当前对象的最小外接矩形边界，计算扩展范围内剔除对象内点后点的均值。需根据通道值创建新的"与邻域反差"，如图 5-49 所示。

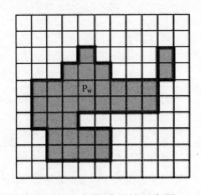

图 5-49　与邻域反差示意图

5）与邻域标准差。以距离 d 向外扩展当前对象的最小外接矩形边界，计算扩展范围内剔除对象内点后点的标准方差。需根据通道值创建新的"与邻域标准差"。

（4）与当前层关系

1）与当前层均值差。影像对象与当前层均值的差值。需根据通道值创建新的"与当前层均值差"。

2）与当前层比值。当前层均值与影像对象的比值。需根据通道值创建新的"与当前层比值"。

（5）HIS 变换

对当前的 RGB 影像进行 HIS 变换。需根据通道值创建新的"HIS 变换"。

形状特征：

（1）常用

1）面积。对于没有地理参考的图像，为对象内像元数目；对于有地理参考的图像，为对象覆盖的真实面积。

2）边界指数。即边界长度与最小外接矩形周长比$\left(\dfrac{b_v}{2(l_v+w_v)}\right)$，其中，$b_v$ 为影像对象的边界长，l_v 为影像对象的长，w_v 为影像对象的宽，如图 5-50 所示。

3）边界长度。一个影像对象的边界长度定义为其与其他相邻影像的共有边界长或者整幅影像的边界长。在没有地理参考的影像中，一个像素的边界长定义为 1，如图 5-51 所示。

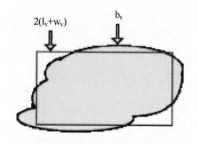

图 5-50　边界指数示意图

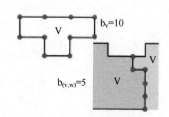

图 5-51　边界长度示意图

4）紧致度

影像对象的紧致度为对象的长与宽之积与像素总数量的比值。

5）密度。

6）长。定义为像素总数量与最小外接矩形的长宽比之积的平方根。

7）长/宽。通过最小外接矩形近似求得。

8）形状指数。定义为影像边界长与 4 倍的影像区域平方根的比值$\left(\dfrac{b_v}{4\sqrt{\# p_v}}\right)$，如图 5-52 所示。

9）宽。

（2）位置

1）与影像边界距离。与影像最近边界的距离。

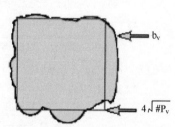

图 5-52　形状指数示意图

2）X 中心。影像对象的 X 中心（重心，即 X 方向的均值）。

3）距左边界距离（X）。与影像左边界的水平距离。

4）距右边界距离（X）。与影像右边界的水平距离。

5）X 距离最小。

6）X 距离最大。

7）Y 中心。影像对象的 Y 中心（重心，即 Y 方向的均值）。

8）距上边界距离（Y）。与影像上边界的垂直距离。

9）距下边界距离（Y）。与影像下边界的垂直距离。

10）Y 距离最小。

11）Y 距离最大。

纹理特征最重要的分析方法即灰度共生矩阵 （Gray Level Co-occurrence Matrix, GLCM）法。GLCM 描述了图像中，在 θ 方向上距离为 d 的一对分别具有灰度 i 和 j 的像素出现的概率。假定待研究的纹理区域是矩形的，其在水平方向有 N_x 个分辨率，在垂直方向有 N_y 个分辨率，图像的灰度级为 N_0，$L_x = \{0, 1, 2, \ldots, N_x-1\}$，$L_y = \{0, 1, 2, \ldots, N_y-1\}$ 分别为水平和垂直空间域。灰度为 i 和 j 的一对像素点位置方向为 θ，距离为 d 的概率记为 $p_{i,j}(d,\theta)$，具体计算公式为：

$$P = [p_{i,j}(d,\theta)] = \begin{cases} \#\{((k,l),(m,n)) \in (L_x \times L_y) \times (L_x \times L_y)\} \\ \quad |k-m=0, |l-n|=d\} \quad\quad\quad \theta=0° \\ \#\{((k,l),(m,n)) \in (L_x \times L_y) \times (L_x \times L_y)\} \\ \quad |k-m=d, l-n=-d) \text{或} \\ \quad (k-m=-d, l-n=d)\} \quad\quad \theta=45° \\ \#\{((k,l),(m,n)) \in (L_x \times L_y) \times (L_x \times L_y)\} \\ \quad ||k-m|=d, l-n=0) \quad\quad\quad \theta=90° \\ \#\{((k,l),(m,n)) \in (L_x \times L_y) \times (L_x \times L_y)\} \\ \quad |(k-m=d, l-n=-d) \text{或} \\ \quad (k-m=-d, l-n=d)\} \quad\quad \theta=135° \end{cases} \quad (5\text{-}166)$$

一幅图像的灰度共生矩阵反映了图像灰度在方向、相邻间隔和幅度变化方面的综合信息。

面向对象分类软件主要采取 GLCM 的七种特征来进行纹理特征的分类，即：GLCM 同质性、GLCM 对比度、GLCM 相异性、GLCM 熵、GLCM 角度（二阶矩）、GLCM 均值、GLCM 方差。GLCM 所表达的图像中像素对之间的关系如图 5-53 所示。

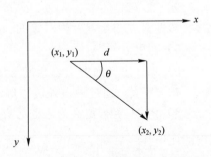

图 5-53　GLCM 所表达的图像中像素对之间的关系

（1）GLCM 同质性：

$$f_1 = \sum_{i,j=0}^{N-1} \frac{P_{i,j}}{1+(i-j)^2} \quad\quad (5\text{-}167)$$

同质性是对图像纹理局部变化大小的度量。f_1 值越大说明图像纹理的不同区域间越缺少变化，局部非常均匀。

（2）GLCM 对比度：

$$f_2 = \sum_{i,j=0}^{N-1} P_{i,j}(i-j)^2 \tag{5-168}$$

纹理中反差大的像素点越多，则对比度越大。对于粗纹理，$P_{i,j}$ 较集中于主对角线附近，对比度的值较小。

（3）GLCM 相异性：

$$f_3 = \sum_{i,j=0}^{N-1} P_{i,j} |i-j| \tag{5-169}$$

相异性描述了灰度共生矩阵中行或列元素间的相异程度，是灰度线性关系的度量。

（4）GLCM 熵：

$$f_4 = \sum_{i,j=0}^{N-1} P_{i,j}(-\ln P_{i,j}) \tag{5-170}$$

代表了图像的信息量，表示纹理的复杂程度，是图像内容随机性的度量。无纹理熵为零，有纹理熵最大。

（5）GLCM 角度（二阶矩）：

$$f_5 = \sum_{i,j=0}^{N-1} P_{i,j}^2 \tag{5-171}$$

角度二阶矩是图像灰度均匀性的度量，当 $P_{i,j}$ 值分布集中于主对角线附近，说明局部邻域的图像灰度分布是均匀的，图像呈现较粗的纹理，该值相应较大。

（6）GLCM 均值：

$$f_6 = \mu_{i,j} = \sum_{i,j=0}^{N-1} P_{i,j} / N^2 \tag{5-172}$$

（7）GLCM 标准差：

$$\sigma_{i,j}^2 = \sum_{i,j=0}^{N-1} P_{i,j}(i,j-\mu_{i,j}) \tag{5-173}$$

$$f_7 = \sigma = \sqrt{\sigma_{i,j}^2} \tag{5-174}$$

方差反映了纹理的周期。值越大，表明纹理的周期越大。标准差为方差的平方根。

规则分类主要依据为建立隶属度函数，隶属度函数可以精确定义对象属于某一类的标准。该分类方法首先对分类图像创建一个类别层次结构，为每一个类别选择一些样本对象，然后通过选择参与分类的特征，依据样本的特征值计算得到符合高斯分布的样本特征值隶属度函数曲线。系统默认的初始化函数模型为高斯模型，用户也可以选择表 5-3 中的其他函数模型。

表 5-3　初始化函数模型

函数斜率	说　　明	函数斜率	说　　明
⌐	布尔大于	⌐	布尔小于
∧	线性范围（取反）	∨	线性范围
⊥	单值	⊓	全范围
╱	线性大于	╲	线性小于
⌠	大于	⌡	小于

　　隶属度函数是一个以[0...1]同一范围来表达任意特征范围的简单方法。在评估完形成每个类的每个特征后，会由隶属度函数返回一个在 0 和 1 之间的隶属度值。这些值可以通过逻辑运算符组合起来进行类赋值的计算。隶属度函数提供了组合不同维数不同范围值的可能性。隶属度函数易于对每个特征进行编辑和调整，它提供了特征值和类隶属度之间非常透明的关系。

　　面向对象分类算法流程如图 5-54 所示。

7．二进制编码分类

　　二进制编码分类根据波段值是低于波谱平均值，还是高于波谱平均值，将像元和端元波谱编码为 0 和 1，然后使用"异或"逻辑函数对编码后的端元波谱和编码后的像元波谱进行运算，如果为端元类指定了临界匹配阈值，则符合条件的像元被分到与其匹配度最高的端元类中。

　　二进制编码的算法为：低于波谱平均值的编码为 0，高于波谱平均值的编码为 1：

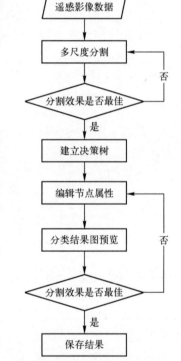

图 5-54　面向对象分类算法流程

$$h(i) = \begin{cases} 1, & x(i) \leqslant T \\ 0, & x(i) > T \end{cases} \qquad (5\text{-}175)$$

　　式中：$x(i)$ 是需要分类的像元或端元的第 i 波段的值，$h(i)$ 是其编码，T 是光谱的平均值。

$$\text{result} = \text{ph} \wedge \text{eh} \qquad (5\text{-}176)$$

　　式中：result 表示像元波谱编码 ph 与端元波谱编码 eh 异或运算结果。result 值越小表示匹配度越高。

　　二进制分类的具体流程如下：

　　（1）根据公式计算端元波谱与需要分类的像元波谱的二进制编码。

　　（2）根据公式计算需要分类的像元波谱编码与每个端元波谱编码的异或值。

　　（3）求出（2）中最小的异或值，根据是否小于阈值进行分类。

　　（4）判断是否计算完所有需要分类的像元。如果完毕，结束分类，如果未完，继续（1）～（3）计算。

　　二进制编码分类算法流程如图 5-55 所示。

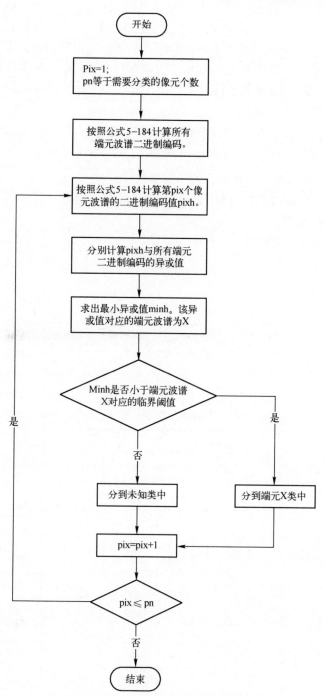

图 5-55 二进制编码分类算法流程

8. 光谱角分类

光谱角分类将光谱曲线作为光谱空间的向量，通过计算两个向量之间的夹角，即计算待识别光谱与端元光谱之间的"角度"，确定二者的相似性。光谱角的定义式如下所示：

$$a = \arccos\left(\frac{x \cdot y}{|x| \times |y|}\right) \quad (5\text{-}177)$$

式中：α 为影像像元光谱与端元光谱之间的夹角（光谱角），x 为影像像元光谱向量，y 为端元光谱曲线向量。$\cos\alpha$ 的值接近 1 时，有最好的估计光谱值和类别分类结果。

光谱角分类的具体流程如下：

第一步：根据公式 5-186，计算图像第 i 行每个像素与各个端元的波谱角，并且求出每个像素的最小光谱角进行分类。i 的取值范围 j [0,height),height 表示图像的高度。

第二步：把第 i 行的计算结果存入到结果文件中。

第三步：判断输入图像的所有行的像素是否计算完，如果没有计算完，回到第一步，直到计算完所有的行数据。

光谱角分类算法流程如图 5-56 所示。

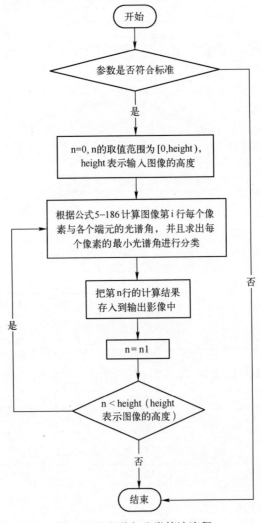

图 5-56　光谱角分类算法流程

5.2.8　控制数据管理

1.　控制点管理

影像数据应用的前提是确切地知道影像的地理位置，也就是进行影像的定位。地面控制点（Ground Control Points）是航空相片和卫星遥感影像匹配、几何校正及地理定位时重要的基准数据源。无论是地理定位还是影像匹配，都需要通过提取地面控制点来加以实现。控制点的数量、分布和精度等因素将直接影响地理位置的定位以及影像匹配的精度。

控制点影像数据库中存储的影像应该是不同分辨率、不同几何特征、不同辐射特征的不同传感器获取的多源遥感影像，而目标影像也应该是任意传感器获取的影像。高精度影像配准的过程中，需要分布均匀、精度符合要求的一定数量的控制点影像。利用遥感数据的影像自动匹配方法，进行控制点/控制影像库的设计，是提高控制点自动匹配的效率和精度的重要方法。

一般控制点管理包含地理位置上的检索查询、控制点数据浏览、控制点采集入库、控制点删除及控制点修改等操作。操作流程是首先通过控制点采集入库模块进行控制点的选择及入库，再由控制点管理软件进行后续的查询、删除、导入、导出等操作。

控制点管理模块对控制点库内的控制点数据进行管理，包含以下几个功能。

（1）提供控制点库管理功能，包含控制点信息的查询、控制点删除等操作。

（2）提供控制点查询的可视化浏览功能。

（3）提供可视化控制点采集、入库功能。

考虑控制点管理模块访问数据的效率、控制点数据的海量存储容量及用户良好的体验，在实现控制点管理时考虑以下几个方面的性能优化：

（1）建立控制点库，能符合多源遥感影像的控制点输入。

（2）采用 Oracle 提供的面向 C 语言程序员的编程接口 OCI（Oracle Call Interface）实现对 Oracle 内数据库的访问，延续 Oracle 数据库的高可靠性。

（3）提供可视化的控制点管理界面。

（4）提供可视化的控制点采集界面。

控制点管理的功能如图 5-57 所示。结合 Oracle OCI 进行数据库管理，对作为数据库访问空间数据的接口进行二次封装。

控制点管理按照功能分为管理层和显示层。显示层主要负责直观、灵活地显示现有控制点的具体位置，提供友好的影像浏览界面及控制点选取界面，主要分为控制点分布二维显示、控制点采集基准影像漫游显示、控制点查询显示与输出、控制点选取等功能。管理层主要负责控制点的入库更新工作及控制点数据的维护。

控制点库管理主要是通过显示层列举的功能调用管理层中的管理功能，与数据库中存储的数据进行交互，并将交互结果分别反馈至显示层和数据层。

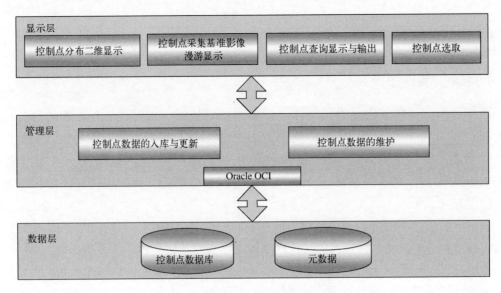

图 5-57　控制点管理功能说明图

（1）控制点分布二维显示

控制点分布二维显示功能支持对数据库中的控制点进行查询后显示在二维地图上，方便对已有控制点的分布情况进行查看。利用 GIS 软件的控件进行显示控件二次开发，与控制点查询模块统一接口，方便查询结果的直观显示。

（2）控制点采集基准影像漫游显示

控制点采集基准影像漫游显示功能支持在控制点采集模块进行基准影像的显示与漫游，辅助用户查看基准影像的具体信息，方便控制点的选取。

（3）控制点查询显示与输出

控制点查询显示与输出功能支持多种查询显示方式，包括基本属性查询和图形查询。

基本属性查询条件包括遥感影像获取时间、控制点/控制影像精度、分辨率等，用户通过输入基本属性值即可查询到对应的控制点/控制影像信息。

图形查询为拉框查询方式。拉框查询是指在矢量地图上手动拉框选取一定矩形区域，进行指定地理范围的控制点查询。

对查询出来的控制点进行控制点影像和基本属性信息的查看，同时用户可以对控制点查询项进行选择性输出。

（4）控制点选取

控制点选取功能提供了在基准影像上选取控制点的功能。该功能提供了基准影像的属性信息的获取，浏览基准影像及在基准影像上选取特定位置控制点。与管理层的控制点数据入库模块统一接口，将选取的控制点通过入库功能存储在数据库中。

（5）控制点数据的入库与更新

控制点数据的入库与更新功能与界面层进行交互，提供了对控制点数据的入库与更新等基本管理功能。

2．控制影像管理

一般控制影像管理包含基准影像标准分幅入库、地理位置上的检索查询、控制影像数据浏览、控制影像记录删除及控制影像记录修改等操作。操作流程是首先通过基准影像标准分幅入库模块进行分幅后影像的入库，再由控制影像管理软件进行后续的查询、删除、导入、导出等操作。

控制影像管理模块对控制影像库内的控制影像数据进行管理，包含以下几个功能。

（1）提供多尺度控制影像库管理功能，包含控制影像信息的查询、控制影像删除等操作。

（2）提供控制影像查询的可视化浏览功能。

（3）提供可视化控制影像的标准分幅及入库功能。

（4）提供查询区域覆盖的多源遥感控制影像的影像拼合输出。

考虑控制影像管理模块访问数据的效率、控制影像数据的海量存储容量、复杂图形化查询及用户良好的体验，在实现控制影像管理时考虑以下几个方面的性能优化：

（1）建立多尺度控制影像库，能符合多源遥感影像标准分幅后的控制影像输入。

（2）采用 OCI 实现对 Oracle 数据库的访问，延续 Oracle 数据库的高可靠性。

（3）采用 Oracle Spatial 空间数据库组件，通过 Oracle 数据库系统存储和管理空间数据，支持拓扑查询控制影像，可利用 OCI 接口实现。

（4）提供可视化的控制影像查询管理界面。

（5）提供可视化的控制影像标准分幅入库界面。

控制影像管理的功能如图 5-58 所示。结合 Oracle Spatial 进行数据库管理，通过 Oracle OCI 接口进行数据库的访问，其作为数据库访问空间数据的接口进行二次封装。

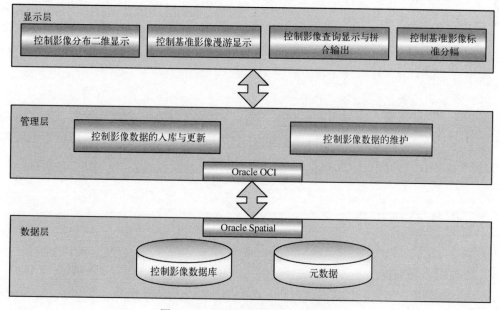

图 5-58　控制影像管理功能说明图

控制影像管理按照功能分为管理层和显示层。显示层主要负责直观、灵活地显示现有控制影像的具体位置，提供友好的影像浏览界面及控制影像选取界面，主要分为控制影像分布二维显示、控制基准影像漫游显示、控制影像查询显示与拼合输出、控制基准影像标准分幅等功能。管理层主要负责控制影像数据的入库与更新，控制影像数据的维护。

控制影像管理主要是通过显示层列举的功能调用管理层中的管理功能，与数据库中存储的数据进行交互，并将交互结果分别反馈至显示层和数据层。

（1）控制影像分布二维显示

控制影像分布二维显示功能支持对数据库中的控制点进行查询后显示在二维全球矢量地图上，方便对已有控制影像的分布情况进行查看。利用 GIS 软件的控件进行显示控件二次开发，与控制影像查询模块统一接口，方便查询结果的直观显示。

（2）控制基准影像漫游显示

控制基准影像漫游显示功能支持在基准影像标准分幅模块进行基准影像的显示与漫游，辅助用户查看基准影像的具体信息，方便标准分幅比例尺的选取。

（3）控制影像查询显示与输出

控制影像查询显示与输出功能支持多种查询显示方式，包括基本属性查询和图形查询。

基本属性查询条件包括遥感影像获取时间、控制影像精度、分辨率等，用户通过输入基本属性值即可查询到对应的控制影像信息。

图形查询为拉框查询方式。

对查询出来的控制点进行控制影像和基本属性信息的查看，同时用户可以对控制影像查询项进行选择性输出。

（4）控制影像标准分幅

控制影像标准分幅功能提供了依据标准分幅策略在基准影像上进行编码裁切的功能。该功能提供了基准影像的属性信息的获取，浏览基准影像及在基准影像上进行分幅影像裁切和编码命名。与管理层的控制影像数据入库模块统一接口，将控制影像标准分幅后得到的控制影像通过入库功能存储在数据库中。

（5）控制影像数据的入库与更新

控制影像数据的入库与更新功能与界面层进行交互，提供了控制影像数据的入库与更新等基本管理功能，在入库前对控制影像进行质量检查，对有效像素值的比例占到阈值以上的控制影像进行入库。

5.3 影像分析工具

影像分析工具支持以下功能：纹理分析、端元提取、降维处理、混合像元分解、缓冲区分析、坡度分析、坡向分析、高程分析、地形阴影图生成、栅格等高线生成、三维分析、几何精度分析、分类精度评价。

（1）纹理分析

支持对 VRSS-1/2 和 GF-1/2 等卫星遥感影像进行纹理分析，支持用户对纹理分析涉及的参数进行选择。

（2）端元提取

支持对高光谱影像进行纯净像元提取，支持 32 位、16 位的图像数据，支持 VRSS-1 数据、VRSS-2 和 GF-1 卫星遥感影像。

（3）降维处理

可减少影像数据集的维数，支持 32 位、16 位的图像数据，支持 VRSS-1 数据、VRSS-2 和 GF-1 卫星遥感影像。

（4）混合像元分解

支持对 MODIS L1B 图像（GeoTIFF 格式）进行混合像元分解，支持用户对混合像元分解涉及的参数进行选择。

（5）缓冲区分析

支持对已有 DEM 数据进行缓冲区分析，支持 VRSS-1、VRSS-2 和 GF-1 卫星遥感影像。

（6）坡度分析

对高程影像数据进行坡度分析，支持 VRSS-1、VRSS-2 和 GF-1 卫星遥感影像。

（7）坡向分析

依据设定的参数对高程影像数据进行坡向分析，支持 VRSS-1、VRSS-2 和 GF-1 卫星遥感影像。

（8）高程分析

依据给定的矢量数据完成对栅格数据的分带统计，支持 VRSS-1、VRSS-2 和 GF-1 卫星遥感影像。

（9）地形阴影图生成

依据设定的参数生成地形阴影图，支持 VRSS-1、VRSS-2 和 GF-1 卫星遥感影像。

（10）栅格等高线生成

通过对栅格数据进行插值后得到等高矢量线对象，支持 VRSS-1、VRSS-2 和 GF-1 卫星遥感影像。

（11）三维分析

采用数字微分纠正技术，通过周边邻近栅格的高程得到当前点的合理日照强度，进行正射影像纠正，支持 VRSS-1、VRSS-2 和 GF-1 卫星遥感影像。

（12）几何精度分析

包括外部几何精度评价、相对内部畸变评价和地面采样距离评价三种方法。

（13）分类精度评价

支持多种格式的遥感影像输入输出，支持 8 位、16 位、32 位整型像素值的图像数据和单精度 32 位、双精度 64 位浮点型像素值的图像数据，通过用户选择区域与分类结果图计算混淆矩阵，通过混淆矩阵计算各种分类精度、Kappa 系数，通过格式化输出混淆矩阵和各种分类精度、Kappa 系数。

5.3.1 纹理分析

纹理分析是指通过一定的图像处理技术提取出纹理特征参数，从而获得纹理的定量或定性描述的处理过程。组件通过计算图像的灰度共生矩阵提取影像的纹理特征，推进影像解译的自动化，帮助抑制异物同谱、同物异谱现象的发生。

灰度共生矩阵是像素距离和角度的矩阵函数，它通过计算图像中一定距离和一定方向的两点灰度之间的相关性，来反映图像在方向、间隔、变化幅度及快慢上的综合信息。

统计相邻两个灰度在图像中同时发生的概率，得到灰度共生矩阵。矩阵的行数和列数并非图像的宽度和高度，而是灰度级别。灰度共生矩阵中的元素点(i, j)的值表示在一定大小的窗口中一个像素的灰度值为i，另一个像素的灰度值为j，并且相邻距离为d，方向为α的这样两个像素出现的频率。

灰度共生矩阵用两个位置的像素的联合概率密度来定义，它不仅反映亮度的分布特性，也反映具有同样亮度或接近亮度的像素之间的位置分布特性，是有关图像亮度变化的二阶统计特征。它是定义一组纹理特征的基础。

本算法中灰度共生矩阵可以用下列公式表示：

$$P(i,j,d,\theta) = \{(x,y),(x+d,y+d) \in M \times N \mid f(x,y) \\ = i, f(x+d,y+d) = j, x(y) = 0,1,2,\cdots,N_{x(y)}\} \tag{5-178}$$

其中，(x,y)表示特定窗口中集合x中的像元，$f(x,y)$表示像元(x,y)的灰度，i和j的取值范围为$[0, L]$，其中L为灰度级别，d表示偏移量，取值范围为$[3, 25]$，θ表示方向，可取以下方向：$0°$、$45°$、$90°$、$135°$，N_x为水平方向上的像素总和，N_y为垂直方向上的像素总和。

本组件提供以下几种由灰度共生矩阵计算出来的参量，其中，n表示灰度值，$p(i,j)$表示灰度共生矩阵位置为(i,j)的值，i,j的取值范围为$[0, n]$。

（1）协同性

反映了纹理的清晰程度和规则程度，纹理清晰、规律性较强、易于描述的，值较大；杂乱无章、难以描述的，值较小。公式如下：

$$I = \sum_{i=0}^{n-1} \sum_{j=0}^{n-1} \frac{p(i,j)}{1+(i-k)^2} \tag{5-179}$$

（2）对比度

图像的对比度可以理解为图像的清晰度，图像纹理的沟纹越深，其对比度越大。公式如下：

$$C = \sum_{i=0}^{n-1} \sum_{j=0}^{n-1} (i-j)^2 p(i,j) \tag{5-180}$$

（3）角二阶矩

角二阶矩是图像灰度分布均匀的度量，用 E 表示。由于是灰度共生矩阵元素值的平均和所以也称为能量，纹理较粗，E 较大，说明其含能量较多，反之 E 较小则说明纹理较细，所含能量较低。

$$E = \sum_{i=0}^{n-1}\sum_{j=0}^{n-1} p(i,j)^2$$

（5-181）

（4）熵

熵是图像所具有信息量的度量，纹理信息也是图像的信息，熵值大小与纹理信息大小相关，若没有纹理信息时，熵值为零。

$$H = \sum_{i=0}^{n-1}\sum_{j=0}^{n-1} p(i,j)^2 \log(p(i,j))$$

（5-182）

（5）相关性

相关性是用来衡量灰度共生矩阵的元素在行方向或列方向的相似程度。

$$C = \sum_{i=0}^{n-1}\sum_{j=0}^{n-1} \frac{(i-ui)(j-uj)p(i,j)}{\sigma_i \sigma_j}$$

（5-183）

其中：

$$ui = \sum_{i=0}^{n-1}\sum_{j=0}^{n-1} ip(i,j)$$

$$ui = \sum_{i=0}^{n-1}\sum_{j=0}^{n-1} jp(i,j)$$

$$\sigma_i^2 = \sum_{i=0}^{n-1}\sum_{j=0}^{n-1} (i-ui)^2 p(i,j)$$

$$\sigma_j^2 = \sum_{i=0}^{n-1}\sum_{j=0}^{n-1} (j-uj)^2 p(i,j)$$

算法的流程如下：

第一步：计算第 b 个需要计算的波段的最值，b 的取值范围是[0,$bands$)。$bands$ 表示需要计算的波段数。

第二步：根据上述公式与相应的参量计算公式，计算图像第 b 个波段的第 i 行每个像素灰度共生矩阵与参量。i 的取值范围为[0,$height$)，$height$ 表示图像的高度。

第三步：把第 b 个波段第 i 行每个像素的参量计算结果存入到结果文件中。

第四步：判断波段 b 的所有行是否计算完，如果没有计算完，回到第二步进行计算，直到波段 b 的所有行计算完成。

第五步：判断是否所有需要计算的波段已经计算完成，如果没有计算完成，回到第一步进行计算，直到所有的波段计算完成。

5.3.2　端元提取

顶点成分分析（VCA）算法假设高光谱图像为标准的单形体分布，端元位于单形体的顶点。在每一步迭代中，VCA首先在与当前端元所生成正交子空间中产生一个随机向量，然后把图像投影到这个随机向量中，最后选择投影后具有最大长度向量的像元作为新的端元放入端元矩阵当中。

端元提取的算法流程如下：

（1）初始化端元矩阵 $E=()$，投影向量 $w=(1,0,\cdots,0)$。

（2）进入迭代循环开始搜索每一步的新端元，循环计数器为 $j=1$，$j=j+1$，直到 $j>m$ 结束，转到（6）。

（3）计算图像每一个像元在 w 方向上的投影长度 $x'=\mathrm{abs}(w\mathrm{T}x)$。

（4）找出具有投影长度最大的那个像元的图像位置（i_x,i_y），更新端元矩阵 $E=[E,X(i_x,i_y)]$。

（5）计算与 E 中每个端元都正交的向量 W，转到（2）；

$$W=I_k-EE\#,\ E\#=(ETE)^{-1}ET$$

I_k 为 k 阶单位矩阵；$E\#$ 为正交子空间投影矩阵，直接从 W 中选择一列作为 w。

（6）返回端元矩阵 E 以及所对应的坐标值。

（7）算法结束。

5.3.3　降维处理

降维处理功能主要利用主成分变换来实现。主成分变换可以生成互不相关的输出波段，用于隔离噪声和减少数据集的维数。由于多波段数据经常是高度相关的，主成分变换寻找一个原点在数据均值的新的坐标系，通过坐标轴的旋转来使数据的方差达到最大，从而生成互不相关的输出波段。

具体步骤如下：

（1）分别计算 n 个通道的均值和方差。

（2）生成 n 个通道对应的 $n\times n$ 的协方差矩阵。

（3）求该协方差矩阵的特征值和特征向量，特征向量即为主成分分量，特征值为其对应的权值。

（4）根据实际需要，选取前 m（$m\leqslant n$）个主成分进行主成分变换。

5.3.4　混合像元分解

通常情况下，高光谱图像中的每个像元都可以近似地认为是图像中各个端元的线性混合像元：

$$P = \sum_{i=1}^{N} c_i e_i + n = Ec + n \qquad (5\text{-}184)$$

$$\sum_{i=1}^{N} c_i = 1 \qquad (5\text{-}185)$$

其中，N 为端元数，P 为图像中任意一 L 维光谱向量（L 为图像的波段数），$E = (e_1, e_2, \cdots, e_N)$ 为 $L \times N$ 矩阵，其中每列均为端元向量，$c = (c_1, c_2, \cdots, c_N)$ 为系数向量，c 表示像元 P 中端元 e 所占的比例，n 为误差项。

线性混合模型一般可分为三种情形。第一种情形，为无约束的线性混合模型，加上约束条件则为部分约束混合模型。线性解混就是在已知所有端元的情况下求出它们在图像中各个像元中所占的比例，从而得到反映每个端元在图像中分布情况的比例系数图。利用最小二乘法可以得到方程的无约束解。

$$\hat{c} = (E^t E)^{-1} E^t p \qquad (5\text{-}186)$$

再加上上式，可以得到部分约束的最小二乘解：

$$\hat{c} = \left(I - \frac{(E^t E)^{-1} l l^t}{l^t (E^t E)^{-1} l} \right) (E^t E)^{-1} E^t p + \frac{(E^t E)^{-1} l}{l^t (E^t E)^{-1} l} \qquad (5\text{-}187)$$

其中：I 为 N 阶单位矩阵，l 为分量均为 1 的 N 维列向量。

混合像元分解的具体流程如下。

第一步：计算需要预先计算的矩阵：

$$\left(I - \frac{(E^t E)^{-1} l l^t}{l^t (E^t E)^{-1} l} \right) (E^t E)^{-1} E^t \text{与} \frac{(E^t E)^{-1} l}{l^t (E^t E)^{-1} l} \qquad (5\text{-}188)$$

第二步：计算第 i 行像素的混合线性模型的最小二乘解。i 的取值范围为 $[0, height)$，$height$ 表示图像的高度。

第三步：把第 i 行的计算结果存入到结果文件中。

第四步：判断输入图像的所有行的像素是否计算完，如果没有计算完，回到第二步，直到计算完所有的行数据。

5.3.5 坡度分析

坡度是地表单元陡缓的程度，通常把坡面的垂直高度 h 和水平距离 l 的比叫作坡度（或坡比），用字母 i 表示，即坡角的正切值，可写作：i=tan 坡角。坡度的表示方法有百分比法、度数法、密位法和分数法四种。其中百分比法和度数法较为常用，如图 5-59 所示。

1. 百分比法

表示坡度时最常用的方法，即两点的高程差与其水平距离的百分比，计算公式如下所示：

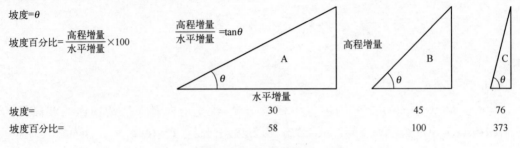

图 5-59　坡度原理图

$$坡度= (高程差/水平距离)×100\%$$

使用百分比表示为 $i = h / l×100\%$

例如：坡度 3%是指水平距离每 100m，垂直方向上升（下降）3m；1%是指水平距离每 100m，垂直方向上升（下降）1m。以此类推。

2. 度数法

用度数来表示坡度，利用反三角函数计算而得，其公式如下所示：

$\tanα$(坡度)= 高程差/水平距离

所以 $α$(坡度)= arctan(高程差/水平距离)

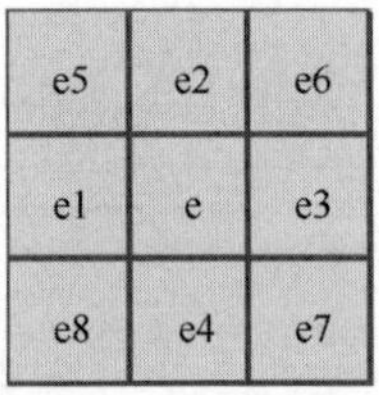

坡度计算采用拟合曲面法。拟合曲面一般采用二次曲面，即 3×3 的窗口，如图 5-60 所示。每个窗口的中心为一个高程点。

图 5-60　3×3 的窗口

上图中心点 e 的坡度的计算公式如下：

$$\text{Slope} = \tan \sqrt{\text{Slope}_{we}^2 + \text{Slope}_{sn}^2} \tag{5-189}$$

式中：Slope 为坡度，Slope_{we} 为 X 方向的坡度，Slope_{sn} 为 Y 方向的坡度。

而 Slope_{we} 和 Slope_{sn} 的计算采用下面方法：

$$\text{Slope}_{we} = \frac{(e_8 + 2e_1 + e_5) - (e_7 + 2e_3 + e_6)}{8×\text{Cellsize}} \tag{5-190}$$

$$\text{Slope}_{sn} = \frac{(e_7 + 2e_4 + e_8) - (e_6 + 2e_2 + e_5)}{8×\text{Cellsize}} \tag{5-191}$$

式中的 Cellsize 为 DEM 数据的间隔长度。

5.3.6　坡向分析

坡向（aspect）是指地形坡面的朝向。坡向用于识别从每个像元到其相邻像元方向上值的变化率最大的下坡方向。坡向可以视为坡度方向。坡向是一个角度，任意角度的倾斜方向可取 0°～360°中的任意方向，所以分析的结果范围为 0°～360°，从正北方向开始顺时针计算（如图 5-61 所示）。坡度图中每个像元的值代表其像元面的斜坡面对的方向，平坦的坡面没有方向，赋值为−1。

坡向计算采用拟合曲面法。拟合曲面一般采用二次曲面，即 3×3 的窗口，如图 5-62 所示。每个窗口的中心为一个高程点。

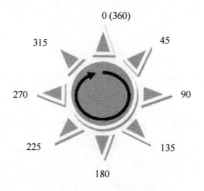

图 5-61　坡向原理图

图 5-62　3×3 的窗口

图中中心点 e 的坡度的计算公式如下：

$$\text{Aspect} = \text{Slope}_{we} / \text{Slope}_{sn} \tag{5-192}$$

式中：Aspect 为坡向，Slope_{we} 为 X 方向的坡度，Slope_{sn} 为 Y 方向的坡度。

而 Slope_{we} 和 Slope_{sn} 的计算采用下面方法：

$$\text{Slope}_{we} = \frac{(e_8 + 2e_1 + e_5) - (e_7 + 2e_3 + e_6)}{8 \times \text{Cellsize}} \tag{5-193}$$

$$\text{Slope}_{sn} = \frac{(e_7 + 2e_4 + e_8) - (e_6 + 2e_2 + e_5)}{8 \times \text{Cellsize}} \tag{5-194}$$

式中的 Cellsize 为 DEM 数据的间隔长度。

5.3.7　高程分析

高程分析即栅格分带统计，是以某种统计方法（如求和、平均值、最大值等）对每个单元格进行区域内的统计运算。栅格分带统计中参与运算的两个数据集，一个表示值数据（为栅格数据），一个表示分带数据（可以是矢量，也可以是栅格）。结果栅格中，一个统计区域内的所有栅格值都相同。图 5-63 展示了分带统计的算法，其中灰色单元格代表无值数据。

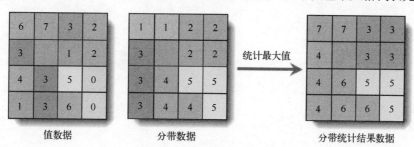

图 5-63　高程分析算法说明图

栅格常用统计，可以实现输入栅格数据集与一个数字进行逐单元格的比较，满足比较条件的，结果单元格值为 1，否则为 0。与一个数值进行比较，比较时会自动按该数值生成在分析范围内的常数栅格，再与输入的栅格数据集进行比较。

5.3.8　地形阴影图生成

地形阴影图即三维晕渲图，是通过模拟实际地表的本影与落影的方式反映地形起伏状况的栅格图。通过采用假想的光源照射地表，结合栅格数据集得到的坡度坡向信息，得到各像元的灰度值，面向光源的斜坡的灰度值较高，背向光源的灰度值较低，即为阴影区，从而形象表现出实际地表的地貌和地势。由栅格数据集计算得出的这种山体阴影图往往具有非常逼真的立体效果，因而称为三维晕渲图，显然，三维晕渲图的源数据一般为栅格数据集。三维晕渲图在描述地表三维状况和地形分析中都具有比较重要的价值，当将其他专题信息叠加在三维晕渲图上时，将会更加提高三维晕渲图的应用价值和直观效果。

在生成三维晕渲图时，需要指定假想光源的位置，该位置是通过光源的方位角和高度角来确定的。

方位角是用来确定光源的方向，是用角度来表示的。如图 5-64 所示，以正北方向为 0° 开始，沿顺时针方向测量，从 0° 到 360° 来给各方向赋角度值，因而正北方向也是 360°。正东方向为 90°，正南方向为 180°，正西方向为 270°。

高度角是光源照射时倾斜角度，范围是从 0° 到 90°，如图 5-65 所示，当光源高度角为 90° 时，光源正射地表。

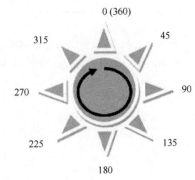

图 5-64　地形阴影图生成算法说明图 1

当光源的方位角为 315°，高度角为 45° 时，其与地表的相对位置如图 5-66 所示。

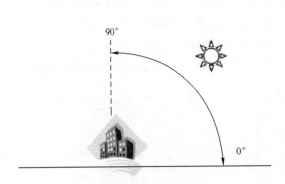

图 5-65　地形阴影图生成算法说明图 2

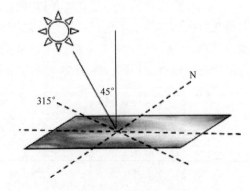

图 5-66　地形阴影图生成算法说明图 3

地形阴影图效果如图 5-67 所示。

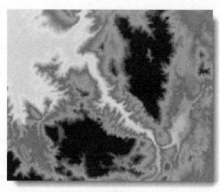 

DEM数据 三维晕渲图

图 5-67 地形阴影图效果

计算山体阴影的公式如下所示。公式中的 Zenith 表示太阳天顶角，Azimuth 表示太阳方位角，*Slope* 和 *Aspect* 分别表示坡度和坡向。后缀 *rad* 表示所有的角度都是以弧度为单位的。

$$
\begin{aligned}
Hillshade = 255.0\{ & [\cos(Zenith\_rad)\cos(Slope\_rad)] + \\
& [\sin(Zenith\_rad)\sin(Slope\_rad)\cos(Azimuth\_rad - Aspect\_rad)]\}
\end{aligned}
\tag{5-195}
$$

通过上式计算山体阴影时，计算的结果可能是小于 0 的值，此时应该将该值设置为 0。下面对计算山体阴影的过程进行拆分说明，主要有下面几个步骤。

（1）计算太阳入射角度

指定太阳的高度角必须大于地平线的角度（即 0°）。但是，用于计算山体阴影值的公式要求以弧度为单位表示角度并且要求是从垂直方向偏转的角度。将垂直于地表面的方向（头顶正上方）标注为天顶。天顶角是从天顶点到太阳的方向之间的角度，也就是太阳高度角的余角（即 90°减去太阳高度角）。要计算太阳入射角度，第一步是将太阳高度角转换为天顶角，第二步是将天顶角转换为弧度。

将太阳高度角转换为天顶角：

$$
Zenith\_deg = 90 - Altitude
\tag{5-196}
$$

转换为弧度：

$$
Zenith\_rad = Zenith \cdot \pi / 180.0
\tag{5-197}
$$

（2）计算太阳方位角

山体阴影公式要求方位角采用弧度作为单位。首先，将天顶角从地理单位（罗盘方向）转换为数学单位（直角）。然后将方位角转换为弧度。

转换太阳方位角的方法为：

$$
Azimuth\_math = 360.0 - Azimuth + 90
\tag{5-198}
$$

如果，Azimuth_math≥360.0 则：

$$
Azimuth\_math = Azimuth\_math - 360.0
\tag{5-199}
$$

转换为弧度：

$$Azimuth\_rad = Azimuth\_math \cdot \pi/180.0 \qquad (5\text{-}200)$$

5.3.9 栅格等高线生成

栅格等高线生成是将相邻的具有相同高程值的点连接起来的线。等高线的生成是通过对原栅格数据进行插值，然后连接等高点得到，所以得到的结果是棱角分明的折线，需要进行一定的光滑处理以模拟真实的等高线。模块实现光滑的方法有两种：B 样条法和磨角法。这两种方法都是随着光滑系数的增大而使提取的等高线变得光滑。当然光滑系数越大，计算所需的时间和占用的内存也就越大，一般推荐光滑系数设为 3。

（1）B 样条法

B 样条法是以一条通过折线中一些节点的 B 样条曲线代替原始折线来达到光滑的目的。B 样条曲线是贝塞尔曲线的一种扩展。如图 5-68 所示，B 样条曲线不必通过原线对象的所有节点。除经过的原折线上的一些点外，曲线上的其他点通过 B 样条函数拟合得出。

图 5-68　B 样条法原理图

对非闭合的线对象使用 B 样条法后，其两端点的相对位置保持不变。

给定 $n+1$ 个控制点 $P_0, P_1, ..., P_n$ 和一个节点向量 $\boldsymbol{U} = (u_0, u_1, ..., u_m)$，$p$ 次 B 样条曲线由这些控制点和节点向量 $\boldsymbol{U}$ 定义：

$$C(u) = \sum_{i=0}^{n} N_{i,p}(u)p_i \qquad (5\text{-}201)$$

其中，$N_{i,p}(u)$ 是 p 次 B 样条基函数。B 样条曲线形式与贝塞尔曲线相似，但 B 样条曲线包含更多信息，即：一系列的 $n+1$ 个控制点，$m+1$ 个节点的节点向量，次数 p。注意 n、m 和 p 必须满足 $m = n + p + 1$。如果给出了一个 $m+1$ 个节点的节点向量和 $n+1$ 个控制点，B 样条曲线的次数是 $p = m - n - 1$。对应于一个节点 u_i 的曲线上的点，$C(u_i)$ 被称为节点点。因此，节点点把 B 样条曲线划分成若干曲线段，每个曲线段都定义在一个节点区间上。

（2）磨角法

磨角法是一种运算相对简单、处理速度比较快的光滑方法，但是效果比较局限。它的主要过程是将折线上的两条相邻的线段，分别在距离夹角顶点三分之一线段长度处添加节点，将夹角两侧新添加的两节点相连，从而将原线段的节点磨平，故称磨角法。图 5-69

为进行一次磨角法的过程示意图。

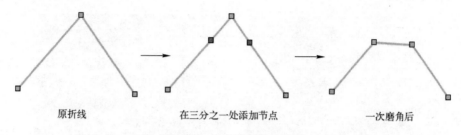

原折线　　　　　　　　在三分之一处添加节点　　　　　一次磨角后

图 5-69　磨角法过程示意图

　　DEM 栅格数据的每个栅格单元都有一个高程值作为像元值，而每一个栅格单元代表实际地面一定大小的区域，因此，栅格数据不能很精确地反映实际地面每一位置上的高程信息，而矢量数据在这方面相对具有很大的优势，因此，从栅格数据中提取等高线，把栅格数据转为矢量数据，就可以突出显示数据的细节部分，便于分析。效果如图 5-70 所示。

图 5-70　栅格等高线生成效果图

5.3.10　三维分析

　　三维正射影像具有明显的立体效果，对于表达区域地形状况具有良好的效果，便于了解山区地形的特点。与其他专题信息叠加，能够帮助我们进行各种空间分析，如选址。由DEM 生成的正射三维影像，能够达到一定的三维地形视觉效果。效果如图 5-71 所示。

　　计算原理如下。

　　（1）计算地面坐标

　　设正射影像上的任一点 P 的坐标为 (X',Y')，由正射影像左下角图廓点坐标 (X_0,Y_0) 与正射影像比例尺 M 计算 P 点对应的大地坐标 (X,Y) 如下：

$$\begin{aligned} X &= X_n + MX' \\ Y &= Y_n + MY' \end{aligned}$$

（5-202）

　　（2）灰度内插

　　由于像点坐标不一定落在像元中心，为此必须进行灰度内插，采用双线性内插，求得

像点 P 的灰度值 $g(X, Y)$。

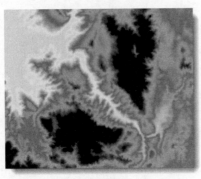

DEM数据   正射三维影像

图 5-71   三维分析效果图

（3）灰度赋值

最后将像点 P 的灰度值 $g(X, Y)$ 赋给纠正后的像素 P。

依次对每个像素完成上述运算，即能获得正射的数字图像。

三维分析算法流程如图 5-72 所示。

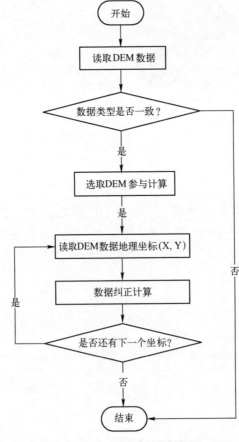

图 5-72   三维分析算法流程

5.3.11　几何精度分析

几何精度分析包括外部几何精度评价、相对内部畸变评价和地面采样距离评价。评价界面如图 5-73 所示。

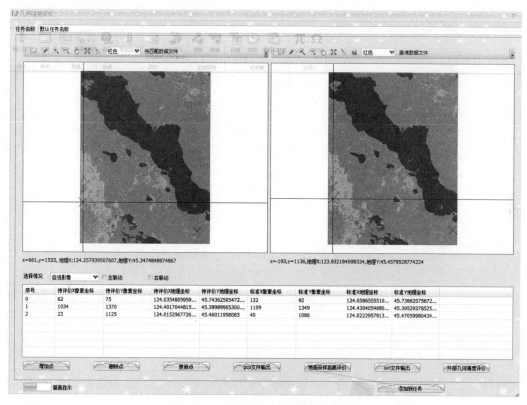

图 5-73　几何精度评价界面示意图

外部几何精度评价算法通过统计一定数量待评价影像点的图上地理坐标与参考地理坐标的误差，获得待评价影像的 X 坐标误差均方根、Y 坐标误差均方根、点位误差均方根、X 坐标误差标准差、Y 坐标误差标准差、点位误差标准差。

相对内部畸变算法通过将待评价影像点图上地理坐标和参考地理坐标分别两两做差，得到一系列两点间的待评价坐标向量与对应的参考坐标向量，然后将这些向量对投影到待评价影像的沿轨方向和垂轨方向。最后分别统计这些向量对沿轨方向和垂轨方向投影差的均方根误差，获得沿轨方向和垂轨方向的相对内畸变精度。

地面采样距离评价算法主要用于评价影像的标称地面采样距离、实际地面采样距离及地面采样距离误差。

1. 外部几何精度评价算法

计算控制点对待评价点与参考点的坐标差：

$$\Delta X_i = X_i - \tilde{X}_i$$
$$\Delta Y_i = Y_i - \tilde{Y}_i \qquad （5-203）$$
$$D_i = \sqrt{\Delta X_i^2 + \Delta Y_i^2}$$

其中，(X_i, Y_i) 为第 i 个控制点对的待评价坐标，$(\tilde{X}_i, \tilde{Y}_i)$ 为第 i 个控制点对的参考坐标位。

均方根误差统计：

$$RMS_{\Delta X} = \sqrt{\frac{\sum_{j=1}^{n} \Delta X_i^2}{n}}$$

$$RMS_{\Delta Y} = \sqrt{\frac{\sum_{j=1}^{n} \Delta Y_i^2}{n}} \qquad （5-204）$$

$$RMS_{D} = \sqrt{\frac{\sum_{i=1}^{n} \Delta D_i^2}{n}}$$

误差标准差统计：

$$\mu_{\Delta X} = \frac{\sum_{j=1}^{n} \Delta X_i}{n} \qquad （5-205）$$

$$\mu_{\Delta Y} = \frac{\sum_{j=1}^{n} \Delta Y_i}{n} \qquad （5-206）$$

$$\mu_{\Delta D} = \frac{\sum_{j=1}^{n} \Delta D_i}{n} \qquad （5-207）$$

$$STDEV_{\Delta X} = \sqrt{\frac{\sum_{j=1}^{n} (\Delta X_i - \mu_{\Delta X})^2}{n}} \qquad （5-208）$$

$$STDEV_{\Delta Y} = \sqrt{\frac{\sum_{j=1}^{n} (\Delta Y_i - \mu_{\Delta Y})^2}{n}} \qquad （5-209）$$

$$STDEV_{\Delta D} = \sqrt{\frac{\sum_{j=1}^{n} (\Delta D_i - \mu_{\Delta D})^2}{n}} \qquad （5-210）$$

2．相对内畸变评价算法

（1）获取地理坐标 X 轴方向到沿轨方向的顺时针旋转角：

$$\Delta X = X_1 - X_2 \tag{5-211}$$

$$\Delta Y = Y_1 - Y_2 \tag{5-212}$$

$$\theta = \arctan(\Delta Y, \Delta X) \tag{5-213}$$

其中，(X_1, Y_1)，(X_2, Y_2) 为沿轨方向上的两个点坐标。

（2）向量对计算：

$$X_{ij} = X_i - X_j \tag{5-214}$$

$$Y_{ij} = Y_i - Y_j \tag{5-215}$$

$$S_{X_{ij}} = S_{X_i} - S_{X_j} \tag{5-216}$$

$$S_{Y_{ij}} = S_{Y_i} - S_{Y_j} \tag{5-217}$$

其中，(X_{ij}, Y_{ij}) 为第 i 与 j 待评价点的向量，$(S_{X_{ij}}, S_{Y_{ij}})$ 第 i 与 j 参考点的向量。

（3）向量对投影到沿轨垂轨方向：

$$A_{ij} = X_{ij} \cos\theta + Y_{ij} \sin\theta \tag{5-218}$$

$$P_{ij} = X_{ij} \sin\theta + Y_{ij} \cos\theta \tag{5-219}$$

$$S_{A_{ij}} = S_{X_{ij}} \cos\theta + S_{Y_{ij}} \sin\theta \tag{5-220}$$

$$S_{P_{ij}} = -S_{X_{ij}} \sin\theta + S_{Y_{ij}} \cos\theta \tag{5-221}$$

其中，$A_{ij}, S_{A_{ij}}$ 分别为待评价向量和参考向量在沿轨方向的投影，$P_{ij}, S_{P_{ij}}$ 分别为待评价向量和参考向量在垂轨方向的投影。

（4）内畸变精度统计

$$\Delta A_{ij} = A_{ij} - S_{A_{ij}} \tag{5-222}$$

$$\Delta P_{ij} = P_{ij} - S_{P_{ij}} \tag{5-223}$$

$$\text{RMS}_A = \sqrt{\frac{\sum_{i=1}^{n} \sum_{j=1, i\neq j}^{n} \Delta A_{ij}^2}{n(n-1)}} \tag{5-224}$$

$$\text{RMS}_P = \sqrt{\frac{\sum_{i=1}^{n} \sum_{j=1, i\neq j}^{n} \Delta P_{ij}^2}{n(n-1)}} \tag{5-225}$$

3. 地面采样距离评价算法

影像标称地面采样距离评价算法与实际地面采样距离评价算法流程相同，前者使用的地理坐标为影像提供，后者使用的为对应的参考地理坐标。在此仅描述影像标称地面采样距离评价算法，实际地面采样距离评价算法仅需要地理坐标的替换。

（1）计算任意两点间的地理坐标差和像元坐标差：

$$X_{ij} = X_i - X_j \tag{5-226}$$

$$Y_{ij} = Y_i - Y_j \tag{5-227}$$

$$X_{ij} = x_i - x_j \tag{5-228}$$

$$y_{ij} = y_i - y_j \tag{5-229}$$

其中，(X_i, Y_i) 为第 i 个控制点的地理坐标，(x_i, y_i) 为第 i 个控制点对的像元坐标。

（2）对应两点间的地面采样距离计算：

$$DX_{ij} = \frac{X_{ij}}{x_{ij}} \tag{5-230}$$

$$DY_{ij} = \frac{Y_{ij}}{y_{ij}} \tag{5-231}$$

（3）地面采样距离统计值为：

$$\mu_{DX} = \frac{\sum_{i=1}^{n} \sum_{j=1, i \neq j}^{n} DX_{ij}}{n(n-1)} \tag{5-232}$$

$$\mu_{DY} = \frac{\sum_{i=1}^{n} \sum_{j=1, i \neq j}^{n} DY_{ij}}{n(n-1)} \tag{5-233}$$

$$\sigma_{DX} = \sqrt{\frac{\sum_{i=1}^{n} \sum_{j=1, i \neq j}^{n} DX_{ij} - n(n-1)\mu_{DX}}{n(n-1)}} \tag{5-234}$$

$$\sigma_{DX} = \sqrt{\frac{\sum_{i=1}^{n} \sum_{j=1, i \neq j}^{n} DY_{ij} - n(n-1)\mu_{DY}}{n(n-1)}} \tag{5-235}$$

由于外部几何精度评价和相对内畸变评价在计算过程中所需信息相似，在此将二者作为一个整体进行叙述，地面采样距离算法单独叙述。

（1）外部几何精度评价和相对内畸变评价算法

外部几何精度评价和相对内畸变评价算法的整体流程如图5-74所示。

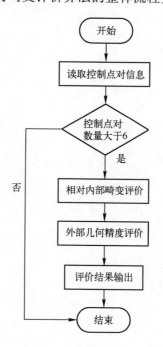

图5-74 几何精度分析算法流程

各个子算法的详细流程如下所示。

1）相对内畸变评价算法流程，如图5-75所示。

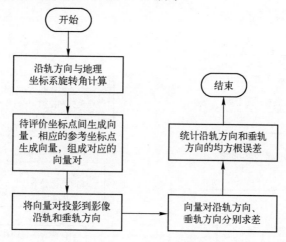

图5-75 相对内畸变评价算法

2）外部几何精度评价算法，如图5-76所示。

（2）地面采样距离评价算法

地面采样距离评价算法的流程为图5-77所示。

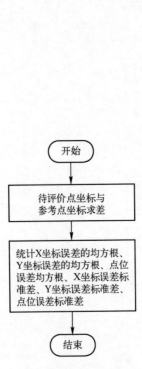

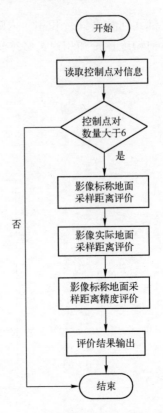

图 5-76　外部几何精度评价算法流程　　　图 5-77　地面采样距离评价算法流程

各个子算法的详细流程如图 5-78、图 5-79 所示。

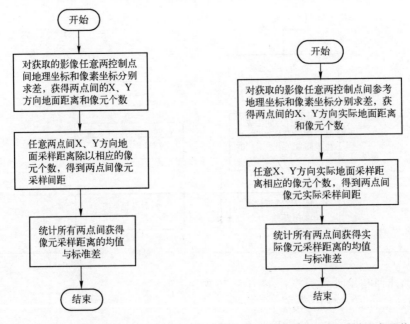

图 5-78　影像标称地面采样距离评价算法流程　　图 5-79　影像实际地面采样距离评价流程

1）影像标称地面采样距离评价流程
2）影像实际地面采样距离评价

5.3.12 分类精度评价

混淆矩阵用来评价 K 种地物类的分类精度，主体是一个 $K\times K$ 的方阵。该矩阵的列为地面参考验证信息，以感兴趣区域进行表示，行为遥感数据分析的类别（即分类结果）。行列相交的部分概括了分配到与野外验证的实际类别有关的某一特定类别中的样本单元数目。假设 $x_{i,j}$ 为位于第 i 行第 j 列的观测点的个数，x_{i+} 和 x_{+j} 分别表示第 i 行的和与第 j 列的和，检验样本的总数为 N。见表 5-4。

矩阵的主对角元素表示备份到正确类别的像元个数。对角线以外的元素为遥感分类相对于地面参考点的错误分类数，称为误差。误差既包含正确类别的漏分，也包括所划归的错误分类的多分。其中，行中各元素数表示分类结果中某类的集合和地面参考中各类集合的交集的像元个数；列中各元素数是地面参考信息中某类集合与分类结果各类集合的交集像元个数；列总计为地面参考信息的某类所有像元个数的总和。

表 5-4 混淆矩阵示意

分类结果		地面参考信息					行总计
	类别	1	2	3	⋯	K	
	1	$x_{1,1}$	$x_{1,2}$	$x_{1,3}$	⋯	$x_{1,K}$	x_{1+}
	2	$x_{2,1}$	$x_{2,2}$	$x_{2,3}$	⋯	$x_{2,K}$	x_{2+}
	3	$x_{3,1}$	$x_{3,2}$	$x_{3,3}$	⋯	$x_{3,K}$	x_{3+}
	⋮	⋮	⋮	⋮		⋮	⋮
	K	$x_{1,1}$	$x_{1,1}$	$x_{1,1}$	⋯	$x_{K,K}$	x_{K+}
列总计		x_{+1}	x_{+2}	x_{+3}	⋯	x_{+K}	N

生产者精度（product's accuracy, PA）为：

$$PA_i = \frac{x_{i,j}}{x_{+i}} \tag{5-236}$$

用户精度(user's accuracy, UA)为：

$$UA_i = \frac{x_{i,i}}{x_{j+}} \tag{5-237}$$

总体精度(overall accuracy, OA)为：

$$OA = \frac{\sum_i^K x_{i,i}}{N} \tag{5-238}$$

混淆矩阵能反应漏分误差和多分误差，其中漏分误差与生产者精度对应，多分误差与用户精度对应。

漏分误差（omission errors，OE）是指类别 i 在混淆矩阵中，有多少被错误地分到了其他类别，即这部分像元在第 i 类的记录被遗漏了。它主要从混淆矩阵的列考虑，类别 i 的漏分误差为：

$$OE_i = 1 - \frac{x_{i,i}}{x_{+i}} \qquad (5-239)$$

多分误差（commission error，CE）是指将其他类别像元错误地划分在第 i 类中，即这部分像元使类别 i 结果的错误变多了。它主要从误差矩阵的行考虑，某类别 i 的多分误差为：

$$CE_i = 1 - \frac{x_{i,i}}{x_{i+}} \qquad (5-240)$$

Kappa 分析是一种定量评价遥感分类图与参考数据之间一致性或精度的方法，能够体现整体图像的分类误差，它采用离散的多元方法，克服了整体分类过于依赖类别数和样本数的问题。

Kappa 系数通过混淆矩阵的对角线和行列总数给出的概率一致性来表达：

$$Kappa = \frac{N\sum_{i=1}^{K} x i,i - \sum_{i=1}^{K}(x_{i+} \times x_{+i})}{N^2 - \sum_{i=1}^{N}(x_{i+} \times x_{+i})} \qquad (5-241)$$

Kappa 系数大于 80%表示分类图和地面参考信息间的一致性很大或精度很高。40%～80%表示一致性中等，小于 40%表示一致性很差。

图 5-80 给出了本算法的流程。

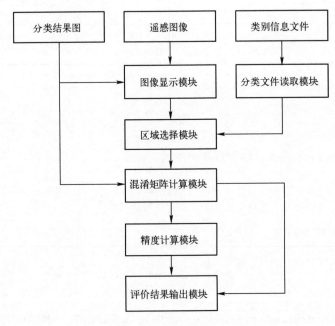

图 5-80　分类精度评价流程图

首先，用户通过图像显示模块将待评价分类结果图和相关遥感图像显示出来，分类文件读取模块一般可以通过分类结果图的命名自动搜索符合的类别信息文件，当找不到时会提示用户手动选择。

然后用户通过区域选择模块，标记其判定某种类别相关的区域。混淆矩阵通过用户标记区域和对应分类结果图中的区域，计算混淆矩阵。精度计算模块根据混淆矩阵计算上面介绍的各种分类精度、Kappa 系数。

最后评价结果输出模块提供格式化的混淆矩阵显示和各种分类精度的显示，并保存为.txt 格式的报告文件。

5.4 本章小结

影像高级加工处理作为 VRSS-2、VRSS-1 典型应用系统中的卫星遥感影像核心处理部分，通过响应生产调度分系统的任务指令，负责加工处理数据产品管理分系统中存储的 VRSS-1 数据、VRSS-2 数据和 GF-1、GF-2 数据等，为专题产品生产分系统提供遥感影像数据。影像通用工具、影像处理工具和影像分析工具为 VRSS-1、VRSS-2、GF-1、GF-2 等卫星数据处理提供通用工具，其输出的数据产品为后续专题产品的生产提供了数据源基础，是专题产品生产流程中重要组成之一。

第6章 卫星遥感智能分发服务

卫星遥感数据获取的速度加快，更新周期缩短，卫星影像数据量显著增加，呈指数级增长；当前卫星遥感数据已广泛应用于环保、减灾、农业、林业、地质、国土、测绘等不同的行业，呈现出多行业、多层级等个性化特点。面对如此庞大的卫星遥感数据，不同的用户有不同的数据需求，在资源和用户不断增加的同时，也出现了"信息过载"和"搜索迷失"问题。如何能够快速准确地获得所需的卫星数据是广大用户关注的重要问题。

卫星遥感数据是卫星应用的源头，卫星遥感数据分发是卫星应用产业发展的关键，只有实现面向不同用户需求的有针对性的、主动化的卫星遥感数据智能分发与应用，才能快速带动卫星应用产业及相关信息服务业快速发展。

6.1 卫星遥感智能分发需求理解与新型服务模式

由于卫星遥感应用用户需求呈现多样化、差异化、动态化的特点，因而需要深入开展卫星遥感分发应用需求分析与描述工作，在其上开展分发任务的语义需求理解，构建卫星遥感应用本体、突破面向卫星遥感分发任务需求的时空语义推理技术，为应用需求自动推理实现提供支撑。同时，从需求分析中梳理制定卫星遥感分发产品体系和卫星遥感分发等级规范，为智能分发产品的快速生产和分发优选提供依据。最终，归纳形成满足多用户差异化、动态化分发需求的新型服务模式，支持请求模式、订阅模式、主动推送模式和在线可视化模式的协同服务，为实现精准化、主动化、个性化的卫星遥感智能分发提供支撑。

卫星信息智能分发需求理解与新型服务模式研究框架如图 6-1 所示。

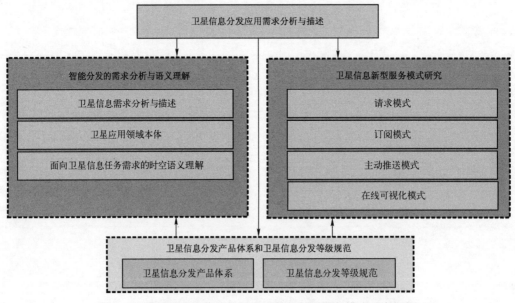

图 6-1 卫星信息智能分发需求理解与新型服务模式研究框架

6.1.1　卫星信息智能分发的需求分析与语义理解

　　卫星数据的分发用户包含卫星遥感知识背景专业人员，也涉及卫星遥感数据知识薄弱的普通用户。不同的知识背景对检索数据的要求不同，专业人员希望自己设定条件直接快速检索到需求数据，普通用户希望能够通过模糊的查询，进行数据对比选择满足自己需求的数据。卫星信息需求的表达通常以关键字或自然语言描述的方式提供，新型智能分发方式需要能自动理解用户的需求语义，形成标准化的用户查询条件。通过分析影像需求的表示方式和需求描述的内容，对需求描述的内容进行归类，对时间、空间、影像规格信息的组成要素进行划分；在时间、空间、影像规格描述已有概念基础上，进一步分析时空描述信息的语义结构和组成元素，建立影像需求的时间本体、空间本体、影像规格本体，为后续的时空推理提供知识基础；基于此设计卫星影像时空信息语义推理的框架，给出时空信息语义表示规则以及相应的推理计算规则，从影像的自然语言需求描述中得到规范化的时空语义信息，为用户提供更加高效智能的影像检索服务，提升影像分发服务质量。

1. 卫星信息需求分析与描述

　　在用自然语言进行卫星信息需求描述时，会存在各种表述方式，对需求的解析造成一定的困难。一般来说，对不具备专业知识的领域工作人员来说，由于对领域知识的欠缺，对时间描述、空间描述、影像规格不能准确理解；同时，不同领域用户在进行表达时会因领域知识的不同造成表达方式的差异。对时间描述、空间描述、影像规格来说，各领域采用相似的常规描述，但也存在和领域相关的描述。卫星信息需求描述的主要构成如图 6-2 所示，包含时间描述、空间描述、影像规格描述等。

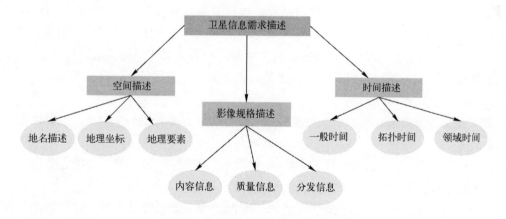

图 6-2　卫星信息分发需求描述构成

（1）时间描述

　　卫星信息需求中的时间是指用户请求的影像数据源的获取时间。用自然语言表达时间时，存在的时间描述可以分为：通用时间描述、拓扑时间、领域相关的时间描述。

1）一般通用时间。指常规时间表达，可通过常规的解析抽取得到的时间点或时间段，又可分为时间点和时间段的描述，时间点一般与一个具体时间对应，时间段一般用连接符连接两个时间点。

2）拓扑时间。该类型时间描述中包含了时间的拓扑关系，根据时间推算的方向分为前向拓扑关系和后向拓扑关系，前向拓扑表示由基准时间向前推算，后向拓扑表示以基准时间向后推算，该类型一般蕴含时间为时间段。

3）领域时间。该类型针对领域内的专有时间名词，领域时间按照其领域内涵不同，可以分为两类，一类是公用专有时间，这类时间利用某个指代词代表具体时间，被公众所熟知，一般有假日、节气、纪念日等时间，另一类时间则包含遥感影像应用领域专有时间词，这类时间一般与领域应用相关，不同的应用领域有不同的描述，如农业领域的专业词等。

（2）空间描述

卫星信息需求中的空间描述主要提供用户请求影像的覆盖范围信息，空间位置描述方式种类较多，总体上也可分为四类：基于地理坐标的描述、基于空间地名的描述、基于地理要素的描述、空间关系描述。

1）基于地理坐标的描述。基于地理坐标的描述具有具体的地理坐标信息，一般是经纬度坐标，根据包含坐标的不同形式，可以分为地理坐标点、地理中心点坐标、地理坐标串、地理区域坐标等方式。

2）基于空间地名的描述。基于空间地名的描述主要采用已知的表示空间位置的地名进行描述，主要包含行政区地名和领域专有空间区划，后者包括自然保护区、农业应用领域、专有地理区划等类型。

3）基于地理要素的描述。基于地理要素的空间位置描述，不包含空间位置的地理坐标信息，基于地理要素进行描述，该类型根据地理要素类型的不同又可以分为自然地理要素和人文地理要素，其中自然地理要素又可以分为水文地理要素和地形地貌要素。

4）空间关系描述。空间关系要素描述主要是对空间位置的空间关系进行描述，空间关系描述根据空间关系的类别不同分为三种：拓扑关系、方位关系、度量关系。

（3）影像规格描述

用户提交的卫星信息需求中往往也包含了对影像规格参数的一些限定，主要包含标识信息、内容信息、数据质量信息、分发信息等方面。

1）标识信息。标识信息主要包含影像的唯一标识符号、表示类型、覆盖范围、比例尺、空间分辨率等信息。

2）内容信息。内容信息主要涉及影像的观测平台、云斑覆盖比例、处理等级、波段信息、监控目标状态等相关内容。

3）数据质量信息。数据质量信息包含处理步骤、算法、数据来源、标称分辨率、适应领域等信息。

4）分发信息。分发信息包含分发格式、分发方、数字传输选项、分发程序信息等。

2．卫星应用领域本体

（1）时间本体构建

由于中文自然语言描述的时间表达形式多种多样，影像需求的时间表示具有复杂性和多样性，结合遥感影像的领域特殊性，通过构建时间本体来形成统一的抽象模型。因此，如何构建基本的时间概念模型，确定时间之间的关系并且准确描述，对时间的表达和推理起着基础和关键作用。结合时间需求描述分析，可以将时间本体分成五个子类，分别是：拓扑词、领域词、绝对词、单位描述、连接词，详情如图6-3所示。

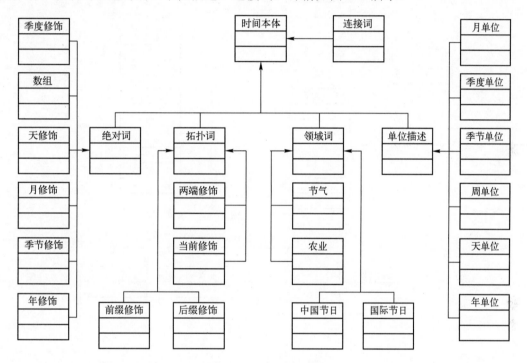

图6-3　时间本体构成

通过对卫星信息需求时间本体的组成元素及其关系的详细划分，可完成时间本体的设计。

（2）空间本体构建

针对卫星信息需求描述，对其空间位置描述进行本体建模，获取影像需求的空间本体知识，从而能够理解空间语义信息，达到空间信息推理计算的目的。从对空间位置的描述分析来看，依据空间位置描述的类别和空间位置的描述组成对空间本体进行构建，满足了空间位置描述的完整性，依据空间地理位置的修饰词和空间关系描述谓词又可以满足对空间语义推理解析的要求。可以将空间本体分成四个子类，分别是地理坐标、空间地名、地理要素和空间关系，具体如图6-4所示。

利用以上的空间本体组成要素类以及类层次关系完成空间本体的构建。

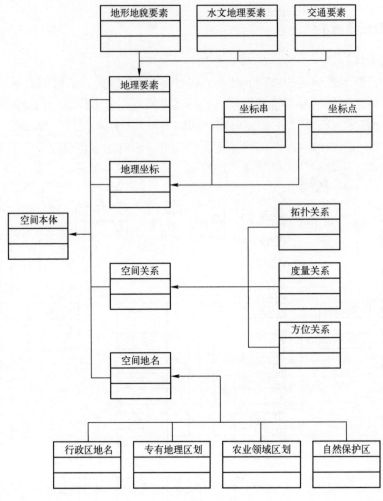

图 6-4　空间本体类组成

（3）影像规格本体构建

用户对影像规格的表达也存在不一致的地方，通过构建统一的影像规格本体，确立影像规格表达统一的语义内涵，为完成用户需求表达的自动处理和有效转换提供基础，依据影像规格需求分析的研究，将影像规格本体划分为标识信息、内容信息、数据质量信息、分发信息等 4 个部分，具体见表 6-1。

表 6-1　影像规格本体类组成

类　名	定　义	类　关　系	举　例
影像规格本体	表示用户对影像特征和内容的规范一致性描述	—	—
标识信息	唯一标识影像	part-of：影像规格本体	ID
内容信息	描述影像的具体内容信息	part-of：影像规格本体	5m 高分辨率

（续）

类　名	定　义	类　关　系	举　例
数据质量信息	描述影像处理及质量的信息	part-of：影像规格本体	NVDI 算法
分发信息	描述与分发相关的信息	part-of：影像规格本体	FTP 下载

3．面向卫星信息任务需求的时空语义理解

设计卫星信息任务需求的时空语义理解包含两层框架，分为语义单元表示层和语义计算层。语义单元表示层主要对用户输入的原始查询需求识别并抽取出时空信息相关的短语，结合时间本体、空间本体、影像规格本体，将抽取的时空信息按照其组成要素进行拆分。语义计算层根据语义单元表示层解析出的时空定性描述信息进一步推理计算其隐含的时空定量信息，采用产生式的 IF-THEN 推理机制对时空语义信息进行推理得到规范化的时空信息。在时空结合的语义推理中，采用时间模型、空间模型、影像规格模型关联组合的方式对需求查询信息进行推理。

（1）语义单元表示层分析

语义单元表示层分析技术方案如图 6-5 所示，首先从知识库中读入时间、空间、影像规格的本体描述，结合时空信息的表示规则生成相应的正则表达式，然后利用正则表达式匹配功能从需求文本中识别并抽取出时间、空间、影像规格的文本描述，由于汉语在表达上具有重叠性，在识别过程中要同时进行去重操作，避免重复不完全匹配的情况。

（2）语义计算层

语义计算层主要是利用从语义单元表示层得到的语义组成元素，对时空语义进行推理的过程，由于时空语义元素的类别和组成形式差异较大，需要根据不同的语义表达设计不同的推理计算规则。本书的推理计算规则主要利用产生式规则表示，产生式的推理结构包括前提和结论两部分：前提（或 IF 部分）描述状态，结论（或 THEN 部分）描述在前提状态存在的条件下所执行的操作，思路如图 6-6 所示。

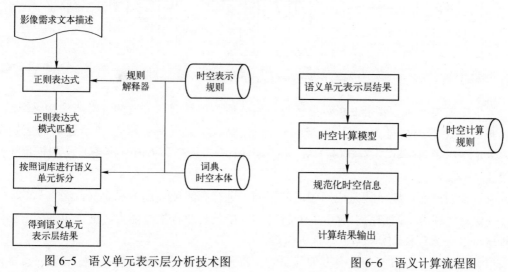

图 6-5　语义单元表示层分析技术图　　　　图 6-6　语义计算流程图

6.1.2　卫星信息分发产品体系和卫星信息分发等级规范

卫星信息及相关产品种类众多，包含光学载荷、雷达载荷、电磁载荷、气象载荷、导航、领域专题产品等，服务用户类型也具有多样性，包含气象、环境、国土、农业、林业、防灾、交通、海洋、水利、地震、学校、科研等各个领域和行业部门。为了实现卫星分发信息的规范化整理与高效管理，需要建立卫星信息分发产品体系，并进一步依据应用任务的重要和紧急程度进行分发等级的定义。

（1）卫星信息分发产品体系研究

卫星信息分发产品体系的划分需要参考不同的卫星传感器类型、领域专题产品、事件等进行统一设计，从而适应不同的用户需求，拟定的分类框架如图 6-7 所示。

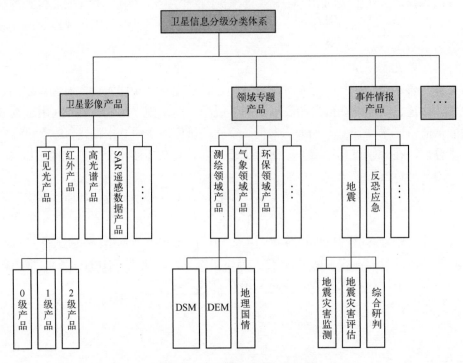

图 6-7　卫星信息分发产品体系

卫星影像类产品主要指卫星数据接收和预处理单位管理和分发的各类影像初级产品，可以按照传感器类型分为可见光、红外、高光谱、雷达等，进一步按照处理的级别划分，如光学影像可以定义为 0 级产品（原始影像）、1 级产品（辐射校正）、2 级产品（几何校正）。

领域专题产品主要是按照应用领域的不同，进行高级或专题产品定义，涵盖测绘、气象、环保、水利等不同部门，对于单个部门可以按照其业务生产能力，进一步细分，如测绘领域可以分为包含 4D 产品、地理国情等。

事件产品的分类按照各类突发的应急响应事件进行划分，如地震灾害、反恐应急事件等。对于某类特定事件可以按照不同阶段卫星信息的支持进一步细分，如地震灾害可以进一步划分为地震监测产品、地震评估产品、综合研判产品等。

（2）卫星信息分发等级研究

由于分发资源、带宽等各方面的限制，需要针对各类分发任务的重要程度和任务需求的紧迫性来确定卫星信息产品等级，从而进行分发任务的优化，制定产品处理和分发的优先顺序。本书拟定的卫星信息产分发等级如图 6-8 所示。

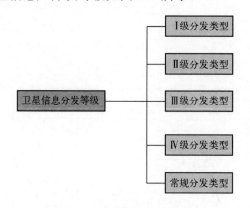

图 6-8　卫星信息分发等级

卫星信息分发等级的划分参考国家应急响应分级标准，可以划分为 I 级分发类型、II 级分发类型、III 级分发类型、IV 级分发类型和常规分发类型，各个类型可以按照不同的事件种类和监测对象进一步细分。

6.1.3　卫星信息新型服务模式

基于微服务架构，本书将构建卫星产品分发、天地协同管控、卫星产品生产三个微服务体系。图 6-9 展示了云平台中的微服务体系，以及与客户端和卫星的协同交互方式。

卫星产品分发微服务体系：提供了云-端协同所需的服务能力，提供需求智能解析与推理服务、卫星信息个性化订单服务、卫星信息产品智能检索服务、基于用户画像的智能推送服务以及可视化支撑服务。

天地协同管控微服务体系：提供了云-星协同能力，提供卫星智能筹划服务、卫星调度服务、多源卫星数据接入服务。

卫星产品生产微服务体系：提供了云端卫星数据处理以及产品定制生产的能力，提供卫星数据快速预处理服务、卫星数据智能分析服务，以及各种基础产品和专题产品生产服务。

通过云+端协同，为用户提供包含请求模式、订阅模式、推送模式和在线可视化模式四种服务模式在内的多样化、智能化、精准化、主动化的卫星信息分发服务。各个服务模式的流程如图 6-9 所示。

请求模式：用户提出卫星信息产品的需求，通过需求智能解析与推理，形成用户的产品订单，并通过产品的智能检索，查找是否存在符合要求的产品，如果不存在相关产品，则确定是否可以通过对已有数据进行定制加工而生产该产品。如果缺少相应的卫星数据，则通过卫星的智能筹划，来获取卫星数据。如果有对应的基础卫星数据，则启动定制化生产流程，生产对应的卫星产品。

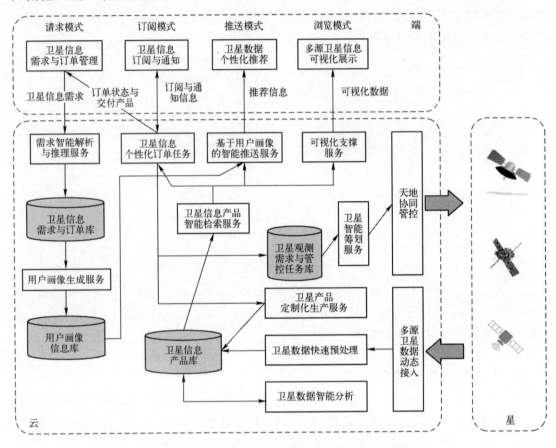

图 6-9　基于微服务架构卫星信息分发新型服务模式

　　订阅模式：用户可以订阅特定的周期性的卫星产品，当有新的卫星产品时，会通知用户进行获取，或者直接推送给用户。

　　推送模式：云平台根据用户的画像信息，主动推送用户需要的或者感兴趣的卫星产品。

　　在线可视化模式：用户可以通过二、三维可视化的方式，浏览已有的卫星信息产品，并自己下载对应的数据。

6.2　"云+端"卫星信息智能分发体系架构

　　"云+端"的卫星信息智能分发体系架构，在云端能够按需动态定制卫星分发产品，依据用户请求任务规模进行在线服务能力伸缩，并针对应用需求变化进行功能扩展，从而实现在线的快速分发响应与可靠的运行保障。在终端方面,针对用户终端平台与能力的差异,构建基于微内核的可扩展插件技术,实现终端功能的跨平台按需装配,同时为了保障分发信息的及时接收和高效在线可视化,研究自适应的数据传输与缓冲技术、受限环境下的终端数据高效组织与管理技术,保证分发信息在终端的高效接收、管理与在线可视化应用。其研究内容关系如图 6-10 所示。

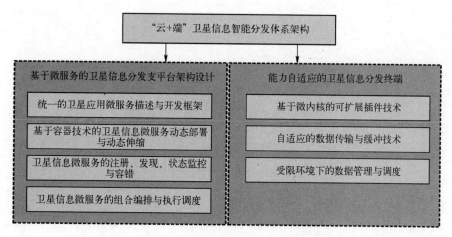

图 6-10 "云+端"卫星信息智能分发体系架构研究内容关系

6.2.1 基于"云+端"开放式微服务架构设计

针对卫星信息智能分发系统要求,基于微服务架构来构造云平台,其技术路线如图 6-11 所示,通过统一的卫星信息微服务描述与二次开发框架,支持卫星信息服务的快速开发,保障各个服务之间的有效协同。通过容器化部署、监控与动态伸缩技术,支持系统的功能扩展和性能弹性伸缩。通过微服务的动态注册发现与监控容错,支持卫星信息服务的高可靠运行。通过微服务的组合编排与调度执行,实现高效的服务组合和卫星产品的定制化生产。

(1)统一的卫星应用微服务描述与开发框架

在微服务开发阶段,首先需要对卫星应用的需求和架构进行梳理,将系统的功能分解为一系列微服务组件,然后对各个微服务组件进行独立开发和测试。

为了更高效地支持微服务开发,制定卫星信息微服务开发规范,针对卫星应用领域的特定需求,制定卫星应用微服务的描述和开发标准,对微服务开发中的各项技术要求进行规范化约定,包括服务接口标准、数据访问标准、组件制品格式、容器配置规范、服务编排规范等。

同时,提供微服务的二次开发框架,包括微服务项目模板库、通用类库以及可调用微服务 API,辅助程序员完成微服务组件的开发。微服务开发后产出的制品是可部署运行的微服务组件。微服务组件采用 Spring Boot 进行开发,是可以直接运行的 Jar 文件。同时,微服务开发后还会产生 DockerFile 文件，该文件可以用来产生微服务组件的 Docker 镜像。

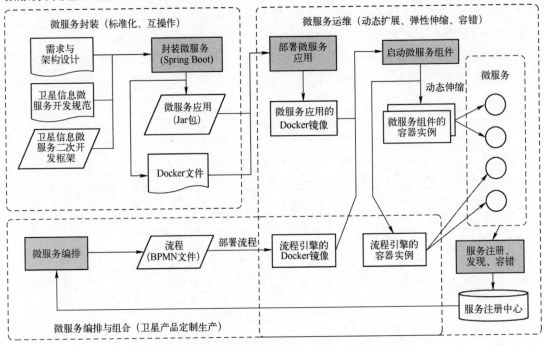

图 6-11　卫星信息微服务的封装、运维与组合技术体系

（2）基于容器技术的卫星信息微服务动态部署与动态伸缩

在微服务运维阶段，构建微服务运维管理工具，实现微服务的部署、卸载、启动停止、状态监控。对微服务组件进行部署时，会根据 DockerFile 文件产生 Docker 镜像。部署人员可以按需要配置部署微服务组件的各种参数，包括数据库连接参数，引用的微服务地址等。

针对卫星应用领域对功能扩展和性能伸缩的需求，提供基于容器的微服务组件封装和动态部署方法，以及微服务组件容器的运行时状态监控技术，对容器的状态和资源占用情况进行监控。

微服务组件的 Docker 镜像可以根据需要启动一到多个 Docker 容器实例。同一个镜像的 Dokcer 容器一般以集群方法运行，容器的数目可以根据微服务的访问量来动态伸缩。微服务组件启动后，在各个容器实例创建以后，容器内的程序将发布一系列微服务，供其他组件进行调用。

（3）卫星信息微服务的注册、发现、状态监控与容错

为了更好地保障卫星应用的可靠性，需要对微服务进行统一的管理监控以及容错处理。为此，将提供一个服务管理工具，该工具可以发现已经发布的微服务，并自动注册到服务注册中心，监控服务的状态，在压力较大或者服务出现故障时进行预警。通过提供服务的故障转移功能，在服务存在故障时，提供服务自动切换，保障系统能够可靠运行。

（4）卫星信息微服务的组合编排与执行调度

微服务通常完成相对独立的一项功能。在卫星信息发布和共享中，常常需要将多个服务组合执行。针对卫星信息需求的业务多样性，研究卫星信息微服务的组合编排和调度执

行方法，提供微服务的可视化流程编排工具，通过简单可视化拖曳的方式实现服务流程编排。能够根据预定义的业务流程，以服务的动态组合和调用快速形成卫星产品定制生产能力。

微服务组合主要采用流程编排技术来实现，开发流程编排工具，可以对已有的服务进行组合，设计服务执行次序以及服务之间的数据映射关系，形成一个可以执行的流程。流程将遵循 BPMN 规范。

此外，还将开发流程执行引擎，该引擎也将封装在 Docker 容器中。流程编排产生的流程文件将部署在引擎中，对外发布为新的微服务，该微服务可以被调用，实现多个微服务的联动执行，完成一个复杂的业务。

6.2.2　能力自适应的卫星信息分发终端

（1）基于微内核的可扩展插件技术

由于终端类型及应用的多样性，为提高终端应用系统的可扩展性与移植性，实现不同功能的"按需"加载，本书提出了基于微内核的可扩展的终端软件架构，采用基于"微内核"的插件技术，以适应不同的应用需求。

借用操作系统中的微内核思想，将终端应用中的核心功能模块抽象成最小的软件单元。采用基于微内核的可扩展插件技术，主要分为微内核框架、基于接口的插件扩展与面向属性的编程模式。微内核框架主要提供结构精简、稳定性强并具有高度可扩展性与可移植性的小型插件内核，提供基本的数据管理、消息通信和动态加载外部模块。基于接口的插件扩展用于实现数据管理能力动态升级与调整，其软件功能依赖于硬件能力，目的是满足各种终端的需求，也能减少软件代码量，既可缩短系统开发时间也便于维护。通过采用面向属性的编程模式，选择合适的编程方法与算法，将采集终端程序小型化，以满足不同硬件能力的各种限制性条件。技术如图 6-12 所示。

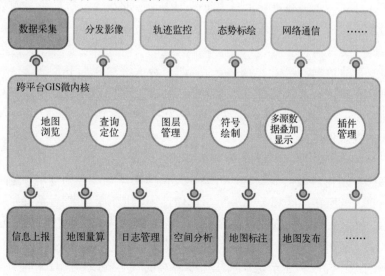

图 6-12　基于微内核的可扩展插件技术

根据不同终端应用对系统功能的不同要求，采用"懒加载"插件启用方式，内核在第一次启动时，自动扫描所有功能插件，获取其元信息并保存下来，此后，只有当用户需要用到某个具体的功能插件时，内核才进行加载，否则，只将插件元信息进行界面表现，以节约有限的系统资源，达到高效管理与快速反应的目的。同时，为了减少插件开发的工作量，采用面向接口与属性的插件开发方式，将具有动态特性的插件,采用面向接口与动态属性的方式进行封装和调用，解决各功能模块之间的"耦合"问题。

（2）自适应的数据传输与缓冲技术

针对终端应用中普遍存在的网络带宽受限、通信信号不稳定、无法及时可靠地上报信息等问题，本书提出了一种根据通信信道的传输能力和容量，自适应地调整信息传输内容和形式的数据传输方法。该方法提供优先传输、普通传输和后台传输三种传输模式，根据信息的重要性，自适应地调整信息传输模式，重要信息采用优先传输模式，一般信息采用普通传输模式，次要信息则在空闲时采用断点续传的方式在后台传输。在带宽受限的情况下，优先传输文字、矢量和经过编码后的信息等数据量小的信息。对于大数据量的影像和矢量数据，自适应地调整数据分辨率和细节层次，同时融合分块、压缩、增量更新和渐进传输等多种技术手段来提高传输效率。对常用的预定义信息进行优化编码，传输时只传输编码后的编号和参数，接收时根据收到的编号和参数还原得到原始信息，但编码和还原过程对用户来说是透明的，他们只与原始信息打交道，感觉不到编码和还原过程的存在。

采用手持终端提交分发需求时，容易出现 I/O 频繁读写问题，导致数据传输速度急剧下降，或引起数据无法传输，严重影响现场数据采集与上报效率。针对这一瓶颈问题，本书设计了一种基于环形缓冲的数据传输技术，如图 6-13 所示。环形缓冲区由多个缓冲块组成，每个缓冲块由多条实时数据组成。每个缓冲块对应的是数据库中的一条记录，而不是一条实时数据对应数据库的一条记录，这样有利于减少数据库记录条数，提高数据库读写效率。当一条实时数据到达后，系统将其写入环形缓冲区的当前缓冲块中；当前缓冲块被充满时，就会自动写入缓冲块异步写消息队列中，缓冲块会依次异步写入数据库中。通过采用异步写消息队列方式，使系统在向数据库中写数据的同时，保证实时数据同时写入缓冲块中，不影响实时消息的接收，从而保证系统的实时性。当前缓冲块到达环形缓冲头部后，将覆盖原来的数据，这样，在任何时刻两个数据缓冲区都不会有空，从而延长了插补读写任务可利用时间，有效地保证了插补运算的连续性。利用环形缓冲区不仅解决了网络延迟问题，而且，通过将环形缓冲区划分为多个缓冲块向数据库中写入数据，还可以提高服务器的处理速度。

（3）受限环境下的数据管理与调度

为保证终端应用作业人员能及时且可靠地反馈应用现场所在的环境，提高分发的准确性，需要将作业人员所在地区相关的矢量与影像地图数据预先加载至手持终端，从而提供地理参考信息。然而，目前的嵌入式终端数据处理速度与内存大小仍有限，导致地图数据加载量不能太大，否则，系统将无法运行或运行缓慢。如何实现在资源受限的运行环境下，保障空间数据的快速提取和显示是本系统需要解决的核心问题。针对该问题，综合运用空间索引、无对象化的空间数据结构来提高整体运行速度。

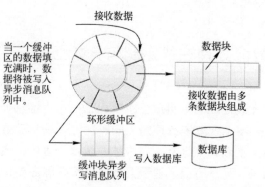

图 6-13　实时数据的缓冲技术原理描述

　　针对空间数据对象化耗时较多、容易导致内存碎片、引起嵌入式系统不稳定性等问题，本书提出了一种无对象化的空间数据结构，该数据结构是基于内存块的紧凑型数据结构。对于矢量数据存储，采用了 RTree 空间聚簇技术，将矢量数据分割为具有高度空间特性的数据块。对于影像数据，则采用多级分块的金字塔方式进行组织和管理，所有的数据都以磁盘页为单位，将位于相同区域的空间数据在磁盘上组织成同一个块聚簇，以减少读磁盘页的数量，加快访问速度，如图 6-14 所示。在此基础上，再通过无对象化空间数据结构来组织数据的内存存储结构，以减少对象化过程中对象的构造与销毁所带来的资源消耗，实现海量数据快速获取与可视化。

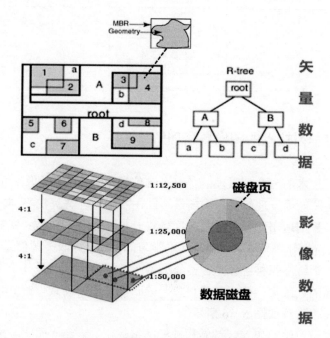

图 6-14　受限环境下的数据管理与调度

　　通过上述方法，能在低内存消耗的基础上保证空间数据的高效访问，使终端用户能在嵌入式设备上平滑地浏览海量空间数据。

6.3 卫星数据智能处理在线定制与分析服务

卫星数据智能处理在线定制与分析服务主要包括两个方面的研究内容，一方面是融合深度学习等技术，对接入图像或专题图件的空间属性进行场景理解，为用户提供场景理解信息，包括场景的主体地物和重点地物，如水体、城镇、植被、飞机等，进而为用户提供更为精细的在线信息服务。另一方面，基于卫星信息智能服务架构，提供多源卫星影像数据的感兴趣地物在线提取流程定制与分析服务，通过用户在线定制感兴趣目标，建立基于CART复合优化技术的定制目标在线识别，进而为用户提供在线目标提取与分析服务。同时为满足在线可视化需求，开展全分辨率影像实时发布技术研究，实现从接入遥感影像数据到终端实时显示全分辨率影像的能力，达到"所见即所得"的影像实时浏览效果。整个处理流程如图6-15所示。

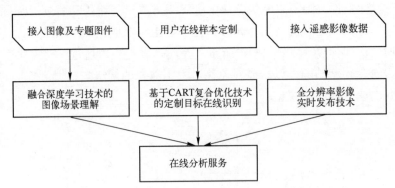

图 6-15　卫星数据智能处理在线定制与分析服务流程

6.3.1　融合深度学习技术的图像场景理解

融合深度学习技术的图像场景理解针对多源信息数据，利用图像空间特征、光谱特征、几何特征等，开展图像场景理解。图像场景不同，需求的理解算法不同。针对植被、水体等光谱特征显著场景则适用比较简单的分类器进行场景检测与提取；针对飞机、停车场等纹理、形状等空间特征显著场景，则利用深度学习的方法，提取多源信息样本的特征表达，建立一个甚至多个训练卷积神经模型。各分类器或者网络训练模型基于交叉验证评优，选择平均准确率最高的训练模型作为最优模型，进而开展图像场景理解。融合深度学习技术的图像场景理解技术流程如图6-16所示。

本书采用深度学习中的快速区域卷积神经网络算法，结合特征学习技术构建监督学习方式。采用分割和人工标记进行大样本采集与学习训练，提高模型学习效率，通过采用CNN系列算法和其最新的速度改进型算法Faster-RCNN，实现具有较强特征区分能力的分类模型，完成图像场景理解和目标提取，如图6-17所示。

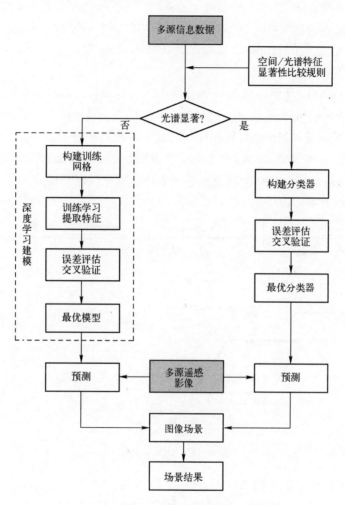

图 6-16 融合深度学习的图像场景理解技术流程

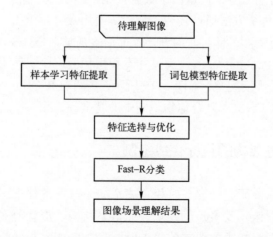

图 6-17 基于 CNN 模型的复合地物图像场景理解流程

Faster R-CNN 中的 R 表示"Region（区域）"，是基于深度学习 R-CNN 系列目标检测最佳方法。目标检测的速度可以达到每秒 5 帧。技术上将 RPN 网络和 Fast R-CNN 网络结合到一起，将 RPN 获取的 proposal 直接连到 ROI pooling 层，是一个 CNN 网络实现端到端目标检测的框架。

RPN 特征如图 6-18 所示。该特征图使用 3×3 的卷积核（滑动窗口）与特征图进行卷积，3×3 的区域卷积后可以获得一个 256 维的特征向量。因为在 3×3 的区域上，每一个特征图上有一个 1 维向量，256 个特性图即可得到 256 维特征向量。3×3 滑窗中心点位置，对应预测输入图像 3 种尺度（128,256,512），3 种长宽比（1:1,1:2,2:1）的建议区域。40×60 的 feature map 总共有约 20000 个建议区域。最后根据建议区域得分高低，选取前 300 个建议区域作为 Fast R-CNN 的输入进行目标检测。

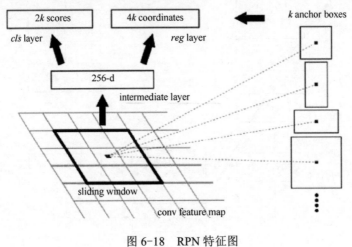

图 6-18　RPN 特征图

同时，R-CNN 要求输入的待检测影像块尺寸固定且相同，而不同复合地物在规模、形状、造型等方面存在显著差异，使得输入到 R-CNN 模型中的图像块的尺寸并不一致，而全连接层和分类器对输入特征向量的维数有限制，R-CNN 通常要求输入的图像块尺寸相同（如 256×256）。传统方法通过裁剪、缩放等通用尺寸规整方法实现尺寸归一化，必然导致信息损失和几何变形。针对此问题，本书借鉴视觉词袋（BoVW）中的空间金字塔池化（Spatial Pyramid Pooling, SPP），通过在卷积层和全连接层间附加一个 SPP 层实现图像信息保真和特征矢量维度规整，如图 6-19 所示，在拓展 R-CNN 适用范围的同时可避免信息损失，从而提高 R-CNN 在复合地物识别中的精度。

6.3.2　基于智能服务架构的目标在线定制

针对用户定制目标特征，研究多时相、高空间分辨率条件下遥感影像地物目标与光谱对应关系，结合不同谱段及多尺度纹理、光谱、结构、形状等多种特征指数构建多特征组合模型，采用基于智能服务架构的 Adaboost 和 CART 相结合的优化识别算法，以特征为节点生成 CART 二叉树，用 CART 二叉树代替传统 Adaboost 算法中的弱分类器，在此基础上生成强分类器，实现用户定制目标，如飞机等地物的高精度识别，为用户提供在线定制与分析服务，技术流程如图 6-20 所示。针对卫星遥感数据，主要考虑中、高尺度的特征获取与模型优化，基于面向对象分类体系框架，采用 Adaboost 和 CART 的复合优化分类模型。主要包括分类策略研究、多尺度分割与特征提取、识别算法优化等三部分。

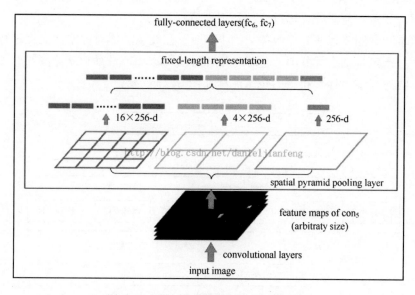

图 6-19 附加 SPP 层的 R-CNN 模型图

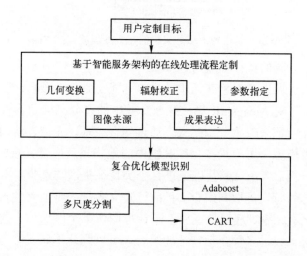

图 6-20 基于智能服务架构和 CART 技术的目标定制与识别技术流程

（1）基于智能服务架构的在线处理流程定制

基于智能服务架构的在线处理流程定制的目标是提供数据分析的在线定制、计算与服务能力，即按照用户的需求，利用内置的数据分析工具或者用户定制的数据分析工具，在云端完成计算流程定制、数据处理、结果分析服务。内置数据分析工具如辐射定标、空间提取、无效值掩码等,用户定制的数据分析工具是基于智能服务架构统一接口编制的代码,主要用于用户感兴趣的图像信息处理。

样本定制主要是基于用户对感兴趣地物或目标的理解,设定参考样本,包括点、线、面等不同类型。

流程定制主要基于单个原子算法,将不同的原子按处理流程进行搭建,构建合理有效的处理流程,涵盖几何流程、辐射流程和识别流程。

定制样本和定制流程在智能服务架构下,通过在线驱动器对样本和流程进行解析,将样本和流程按既定规则进行分解,进而对分解后的每个环节进行独立计算与处理,最终获取用户定制的感兴趣目标。相关的技术流程如图 6-21 所示。

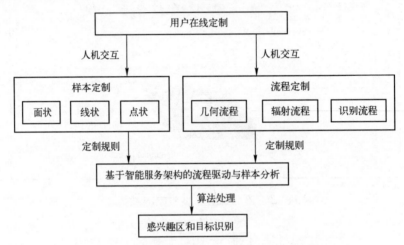

图 6-21　基于智能服务架构的在线处理流程技术路线

（2）基于多尺度分割的特征提取与选择

图像分割是面向对象提取对象基元中的重点和难点,直接影响到后续特征提取和对象分类的质量和性能。针对 Meanshift 算法区域合并中的过分割问题,采用分层分割方法能综合局部和全局统计特征来改善分割结果,通过结合纹理、光谱、结构、形状等多种特征指数构建多特征分类模型,可改进多尺度分割中的地物自适应合并规则。

在经过多尺度分割后,在对象基础上进行分类特征提取与选择。本书采用常规特征结合视觉显著性特征进行特征提取与组合。目前已建立多种视觉显著性目标检测模型,这些模型利用亮度、颜色、边缘等底层特征属性来计算图像某个区域和它周围的关系,从而获取图像的显著性目标,通过多种视觉特征的组合,可以强化形状、纹理等差异,实现对地物目标的高精度提取,相关技术流程如图 6-22 所示。

特征选择是寻找能够有效识别目标的特征子集,选择的特征结果直接影响分类精度和分类器的泛化性能。关于特征选择的方法很多,其中,ReliefF 算法因为其效率高、不限制数据类型等特点,被公认为较好的特征选择算法之一。基于面向对象具有小样本的特点,本书采用遍历每个样本的方式进行 ReliefF 权重的计算,将 ReliefF 权重小于 0 的特征剔除,计算公式如下:

$$W_j^i = W_j^{i-1} + \frac{1}{n}\left(\frac{\sum\limits_{c \neq class(X_i)} \text{diff}_f(X_i, M(X_i))}{(n-1) \times m_{class(X_i)}} - \frac{\text{diff}_f(X_i, H(X_i))}{m_{class(X_i)}} \right) \qquad (6\text{-}1)$$

其中，diff()是不同样本间的距离，n 是样本数量，f 是评价的特征，i 是随机被抽中的样本。

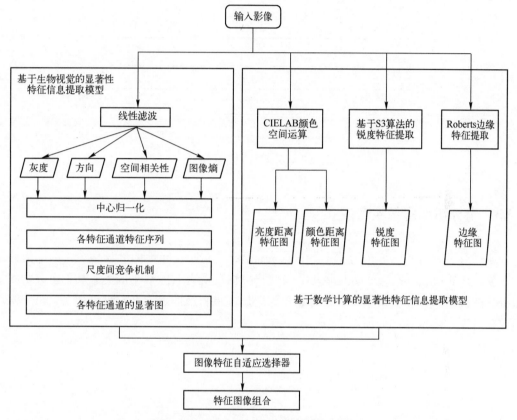

图 6-22 基于 Meanshift 算法的分割结果

Adaboost 算法和 CART 算法在对目标的提取中具有重要作用。Adaboost 算法是一种迭代算法，其核心思想是针对同一个分类集训练不同的弱提取器，然后把这些弱提取器结合起来形成一个强提取器，进而实现对目标进行提取。CART 采用一种二分递归分割的技术，将每次输入的样本集分为两个子样本集，使得生成的决策树的每个非叶子节点都有两个分支。因此，CART 算法生成的决策树是结构简洁的二叉树，具有更好的抗噪声性能。

基于 Adaboost 和 CART 的优化提取算法是基于以上两种算法的改进算法，在算法训练过程中，用 CART 算法生成的二叉树代替传统 Adaboost 算法中的弱提取器，然后级联成最终的强提取器。Adaboost 算法在每一轮的训练过程中都会判断某一单独特征对训练样本的提取能力，然后加大被错误提取样本的权重，减少被正确提取样本的权重。由于权重在每一轮训练完成之后都在改变，因此，每次选择的特征并不一定是最好特征，只是在当前权值条件下分类最好的特征。为了改善弱提取器对样本的提取能力，选择一棵具有 n 个节点的二叉树代替原来的弱提取器，即每轮训练都找出 n 个对提取最优的特征构成一棵树。弱提取器的分类结果由这 n 个特征共同决定。比起只用单独特征提取的弱提取器，它对样本的提取能力更高。因此，最终的强提取器的提取能力也将提高。提取优化算法模型如图 6-23 所示。

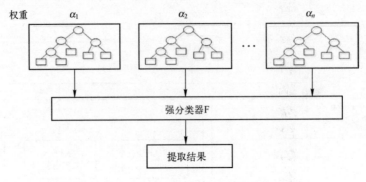

图 6-23　提取优化算法模型

6.3.3　全分辨率影像实时发布

通过对全分辨率的海量遥感卫星数据进行管理，实时发布地面处理系统生成的遥感卫星数据，并通过互联网、移动互联网等为用户提供直观有效的数据服务。基于全分辨率影像服务的快速检索和历史影像对比分析，为用户提供直观的遥感数据展示服务。全分辨率影像实时发布技术路线如图 6-24 所示。

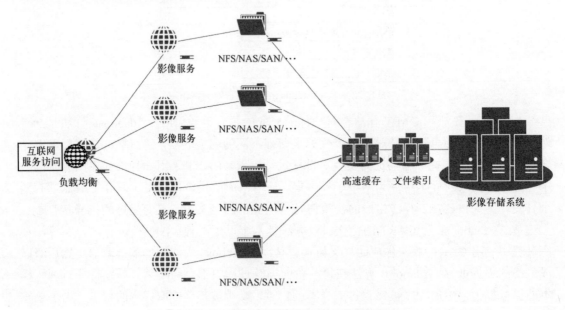

图 6-24　全分辨率影像实时发布技术路线图

1．影像自动化处理

影像自动处理是影像在管理发布之前做统一标准化的处理，通过自动化流程，对每日采集的图像进行正射、融合、匀色、拼接等处理，并自动构建数据影像金字塔与数据图层，形成在相同投影下，不同分辨率的标准像素卫星静态影像瓦片。

影像自动化处理实现影像自动融合功能、影像自动拼接功能、影像自动裁剪功能等影像一站式自动处理功能。

1）影像自动融合功能：支持不同空间分辨率的全色多光谱影像数据进行高精度全色多光谱融合，为全分辨率影像发布提供支撑。

2）影像自动拼接功能：对单个瓦片中含有多幅影像的部分，将多幅影像根据图层、影像的优先级，拼接一幅瓦片。

3）影像自动裁剪功能：根据输入的遥感数据影像文件（包括 RPC 文件），经纬度信息以及输出分辨率进行图像裁剪操作，输出对应分辨率的影像文件。

2．海量数据管理与发布

海量数据管理与发布技术用于管理统一标准化处理的图像资源，包括图层管理、服务管理、服务集管理等，支持 PB 级海量遥感卫星数据管理及动态发布功能。通过分级、分层、切片等管理模式，为客户端提供影像发布服务。

海量数据管理与发布包括海量影像动态切片功能、海量影像数据服务发布功能、海量影像数据管理一站式管理与发布功能。

海量影像动态切片对于遥感数据影像展示需求，可以采用原始影像动态切片的技术，实时将遥感影像裁剪至用户需求分辨率及标绘形状。

海量影像数据发布以 OGC（主要为 WMTS 和 WMS）标准协议的形式发布影像服务供用户调用。发布的服务主要为静态切片数据和动态切片数据。

海量影像数据管理采用分布式存储技术（HDFS）和实时计算框架（Hadoop）进行海量数据影像管理，支持 PB 级影像数据。

6.4 基于用户特性的卫星信息按需智能分发

对于用户需求特性的研究，主要针对用户行为日志进行分析，为用户的数据需求进行数据画像，实现对用户需求的标签化管理。根据用户画像和遥感数据语义分割模型，分析用户潜在数据需求，主动向用户推荐或分发遥感数据。

基于用户特性的卫星信息按需智能分发技术路线如图 6-25 所示，在不同终端部署数据探针，统一由日志收集框架进行日志收集，并进行日志数据缓存，由内容计算框架进行数据清洗、聚类以及标签构造后，存入用户数据库。再由内存计算框架驱动，将用户标签与遥感数据语义属性（林地、耕地）载入缓存，由计算框架进行协同过滤等计算实现数据推荐。

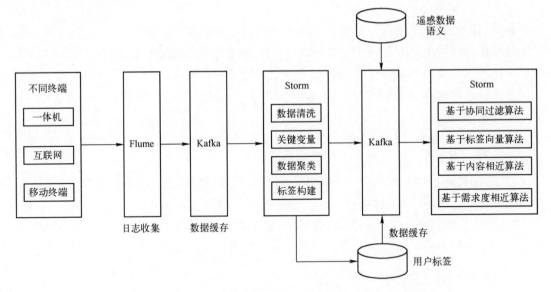

图 6-25　基于用户特性的卫星信息按需智能推送技术路线图

　　基于用户特性的卫星信息按需智能分发的技术难点在于针对用户行为的多维度聚类分析，包括用户的系统访问粘度、用户平台的浏览喜好等。维度过多有可能导致用户标签的过拟合现象，用户聚类算法无法收敛，本书提出的方法将选取特定维度（例如自身行业属性、遥感数据粘度）对用户进行行为画像，重点关注用户对遥感数据的需求画像。

　　（1）用户访问日志数据聚类与用户画像

　　对用户的应用需求推理首先需要海量的真实用户数据收集与清洗，确立数据属性目标，去除数据噪声，明确数据研究范围，针对性挖掘用户相关信息。

　　将用户在不同应用终端的访问日志通过数据探针的方式记录，发送至分布式的消息队列，由大数据平台读取并进行处理，通过定性和定量的方法获得用户行为数据信息，挖掘用户对目标数据/服务的相关行为产生差异的核心因素，即关键变量。

　　确定关键变量后，将每个变量作为一个核心维度去分析收集到的用户数据，将用户相关的行为数据化作一些"信息值"分布在这个维度上。

　　用户需求画像是对用户自身应用属性和遥感数据需求进行聚类分析的过程。

　　通过用户行为数据清洗获得关键变量数据，将其划分为静态信息数据、动态信息数据。静态信息数据是用户相对稳定的信息，主要包括用户属性、行业属性等方面数据。这类信息，自成标签。动态信息数据是用户不断变化的行为信息。

　　根据数据清洗得到的动态关键变量是用户聚类的主要数据来源，利用动态关键变量不同维度的分布特点，则可以连接分布在每个维度上的"信息值"，找出具有代表性的用户标签。

　　针对关键变量数据聚类完成后，根据用户行为种类形成用户标签，用户行为频率形成标签权重。标签与权重相结合即形成了用户的标签体系。

（2）遥感数据自动化推荐技术

遥感数据自动化推荐技术是根据用户自身的标签体系与遥感数据自身要素的应用属性进行匹配，准确定位用户当前所需数据，挖掘用户潜在数据需求。

推荐算法模型主要有：

1）基于遥感数据需求度（热度）的算法。数据需求度（热度）算法为用户推荐当前热点区域遥感数据。

2）基于协同过滤算法。为用户推荐与其背景和需求相似的其他用户订购的数据，或为用户推荐与历史数据需求相似的遥感数据。包括两类算法，一是基于用户的协同过滤推荐算法，二是基于数据产品的协同过滤算法。

6.5 本章小结

卫星遥感智能分发服务就是把有用的卫星遥感信息发送给用户的过程。随着卫星遥感应用的深入，"以最方便快捷的方式、给最需要的人、提供最需要的服务"的智能化服务方式成为人们日益迫切的需求。卫星遥感智能服务将大大改变传统的分发模式，提升卫星遥感数据的分发效能，促进卫星遥感数据的充分应用。

第7章 VRSS-1/2 地面系统

VRSS-1/2 地面系统是用来接收、处理、存档和分发 VRSS-1、VRSS-2 等遥感卫星数据的地面业务化运行技术系统,由遥感卫星跟踪与数据接收系统、对地观测处理中心两部分组成。前者主要任务是搜索、跟踪卫星,接收并记录卫星遥感数据、遥测数据及卫星姿态数据。后者由卫星影像处理系统和公共服务系统等组成,实现卫星遥感数据的处理、存档、分发和应用。

7.1 VRSS-1 地面应用系统

VRSS-1 地面应用系统经过现场部署试运行后,于 2013 年 9 月 22 日正式交付给用户,进入售后阶段。目前系统运行稳定,所生产的遥感卫星数据和产品,服务于环保、减灾、国土资源等行业,提升了委内瑞拉遥感应用水平。

7.1.1 系统功能

VRSS-1 地面应用系统包括位于巴马里的跟踪与数据接收分系统(TDRS)和位于加拉加斯的国家对地观测中心(NEOC)两个部分。

(1)跟踪与数据接收分系统(TDRS)

● 1 套固定地面接收站(FGS),主要用于遥感卫星数据接收。

● 1 套卫星数传模拟器(DTS-SS),主要用于模拟卫星数据格式,进行分系统闭环测试。

(2)国家对地观测中心(NEOC)

● 1 套图像处理分系统(IPS),主要用于 0~4 级遥感图像产品生产、调度和存储管理。

● 1 套公共服务分系统(PSS),主要用于数据分发服务。

● 1 套运行管理分系统(OMS),主要用于任务规划和调度、设备管理和监控。

● 1 套典型应用分系统(TAS),主要用于环保和减灾的专题产品生产。

7.1.2 系统性能

地面应用系统主要性能如下。

数据接收:单站接收 VRSS-1 全部过境轨道数据(仰角大于 5°)。

影像处理:0~2 级产品大于 500 景/天;3~4 级产品大于 40 景/天。

产品分发:200 人同时在线检索查询,50 人同时下载。

运行管理:日规划时长不大于 1 小时,预报和计划时间 1~7 天。

定位精度:全色多光谱相机优于 30m(有地面控制点和 DEM 库条件下);宽幅多光谱

相机优于 5 个像元（有地面控制点和 DEM 库条件下）。

数据管理：在线存储容量不小于 200TB。

专题产品生产：大于 50 景/天。

7.1.3 系统组成

地面应用系统技术上划分为数据接收系统、运行管理系统、图像处理系统和公共服务系统四个功能系统。其中对地观测中心位于加拉加斯，该中心部署有运行管理系统、图像处理系统和公共服务系统。数据接收系统固定站位于巴马里，两地采用光纤专线连接进行信息交互。

另外，巴马里还部署地面测控系统，主要包括测控主站和卫星控制中心。

VRSS-1 卫星地面应用系统组成如图 7-1 所示。

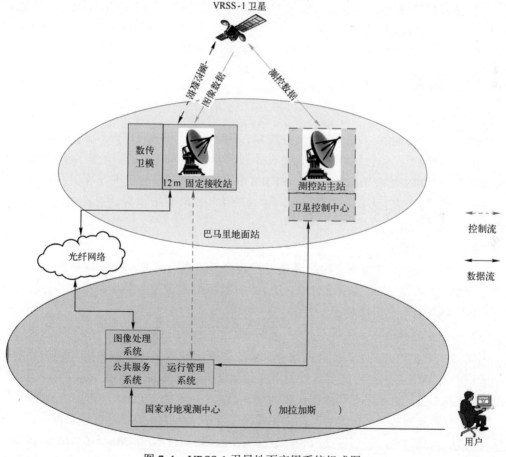

图 7-1　VRSS-1 卫星地面应用系统组成图

（1）运行管理系统

运行管理系统根据用户需求规划卫星的工作日程表，制定卫星工作计划、地面站的数据接收计划和数据产品的生产计划，调度星、地系统完成遥感数据的接收、处理、数据产品的生产和分发，同时监视整个地面应用系统的运行状态和设备状态。

（2）数据接收系统

数据接收系统由数据接收系统固定站及机动站组成。数据接收系统依据运行管理系统下达的数据接收任务的计划，完成卫星的捕获跟踪、卫星影像数据的接收、解调和记录，并实时完成数据记录的任务。

数据接收系统配置有地面测控系统的测控分系统设备，具备遥控上行和遥测接收能力，作为测控主站的有效备份。

（3）图像处理系统

图像处理系统根据运行管理系统发来的生产任务订单，接收来自数据接收系统的原始数据，对其进行帧格式化同步、解压缩和去格式处理，生产 Level-0～Level-4 级图像产品以及RPC 参数，对卫星数据进行三级存储及数据管理，将待分发的数据推送到公共服务系统。

（4）公共服务系统

公共服务系统提供用户与卫星影像的接口。用户通过公网查询感兴趣区域的地图影像，根据需要订购或定制卫星影像产品。公共服务系统把用户的需求转给运行管理系统，从而驱动图像处理系统进行影像产品生产，获得用户所需要的影像数据。

7.1.4　工作模式

（1）常规工作模式

OMS 定时（可配置）进行常规任务规划，制定载荷控制计划并分别分发给 SCC。同时，OMS 根据载荷工作计划制定数据接收计划，并向 TDRS 发送卫星轨道根数文件和数据接收计划。TDRS 接收数据完成后，向 IPS 传输原始数据。IPS 进行数据回放、数据编目、数据浏览图及元信息生成和数据存档管理等工作，并将数据元信息推送给 PSS。PSS负责对外遥感数据分发服务。

（2）产品订购模式

用户通过 PSS 提供的服务网站提交用户数据产品订购需求，PSS 将用户需求传送给OMS，OMS 向 IPS 发送订购生产订单，IPS 进行数据的查询及产品生产工作，并将数据推送给 PSS。PSS 为用户提供数据下载服务。

（3）数据定制模式

高级用户通过 PSS 提供的服务网站提交用户数据定制需求，并向 OMS 传送用户数据定制申请订单。OMS 根据用户需求进行卫星任务规划，并通过 SCC 发送卫星载荷控制指令。OMS 向 TDRS 发送轨道根数和数据接收计划。TDRS 接收数据完成后，向 IPS 传输原始数据。IPS 进行数据回放、数据编目、数据浏览图及元信息生成、数据存档管理等工作，并将数据元信息推送给 PSS。用户通过 PSS 提交产品生产确认订单，OMS 调动 IPS 进行生产后推送给 PSS，OMS 向 PSS 发送用户数据定制订单完成报告，PSS 负责对外数据分发服务。

7.1.5　系统架构

（1）数据接收系统

数据接收系统固定站的系统设备架构图如图 7-2 所示。

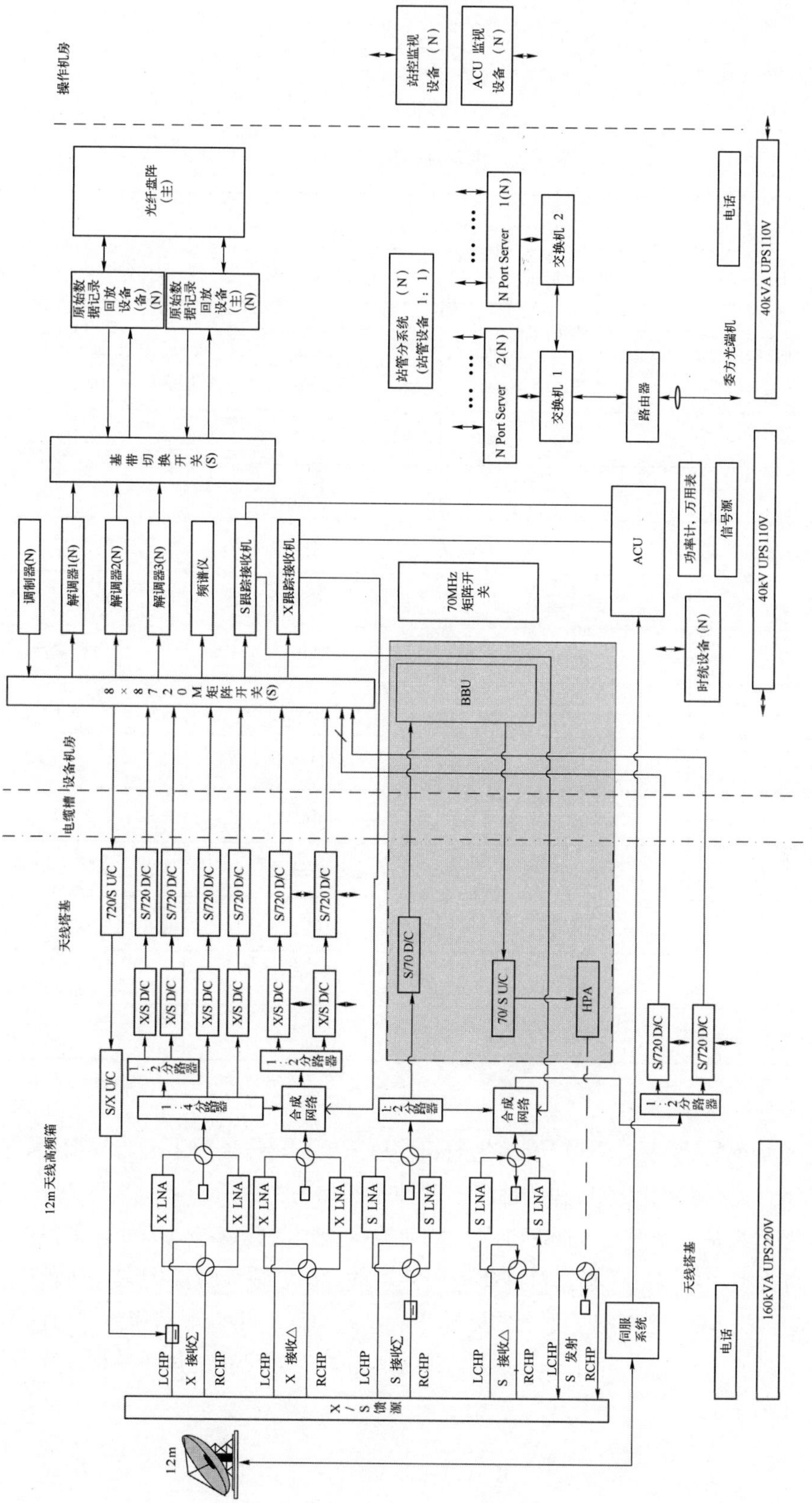

图 7-2　数据接收系统固定站设备架构图

图例说明见表 7-1。

表 7-1　设备连接图例说明

图　　例	输入端接口	输出端接口	信 号 名 称
 ——————	CPR112G(LNA)	CPR112P(天线)	波导
 ——→	SMA(M)	SMA(M)	射频信号
 ——⇒	N(M)	SMA(M)	射频信号
 ——→	N(M)	N(M)	射频信号
 ←→	LC	LC	存储光纤
 ↕…⋯↕	DB9P	RJ45	串口监控
 ⇒	大 SCSI 针	大 SCSI 针	68 针并行数据
 ←→	RJ45	RJ45	网络信号
 ←→	TBD	DB25P	多芯调相信号
 ➡	SMB(M)	SMA(M)	I+/−; CLK+/−
 ➡	SMA(M)	SMB(M)	I+/−; CLK+/−
→	小 SCSI 针	大 SCSI 针	68 针并行数据
◄◊►	TBD	SC	光纤网络
 ⇒	DB9P	TBD	AGC、锁定、方位、俯仰误差电压
 ——→	BNC(M)	BNC(M)	AGC、锁定、方位、俯仰误差电压

（2）图像处理系统

图像处理系统的软件架构基于层次化的软件体系架构，自顶向下分为界面层、业务控制层、功能组件层、数据服务层和数据层，软件架构如图 7-3 所示。

图像处理系统是一个面向 VRSS-1 卫星载荷数据处理的数据量大、处理密集、多任务并行和 I/O 密集型应用系统。根据对主要应用业务的分析，系统性能的主要瓶颈在于频繁的、大容量的数据 I/O，这决定了系统的硬件平台结构将是一个以存储和数据访问为中心，同时具有较高的计算密度和事务处理能力，具备客户端界面交互的体系结构，其硬件体系结构如图 7-4 所示。

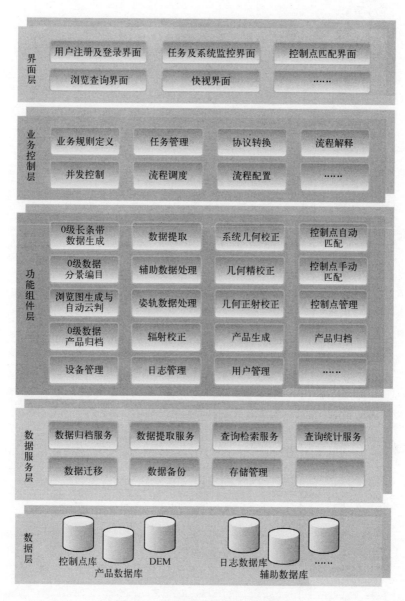

图 7-3　图像处理系统软件架构图

　　图像处理系统由生产调度分系统、记录快视分系统、产品生产分系统和存档管理分系统组成,以存储区域网（SAN）为数据存储与交换中心,通过高带宽的光纤通道交换机连接存储设备和外部处理设备,系统内的服务器通过光纤交换机以全交换的方式直接访问存储设备,从而保证了数据 I/O 享有充分的带宽且减少对主机资源的占用。图像处理系统内部的网络环境为千兆以太网,交互式客户端和快视显示客户端通过千兆网与服务器链接,进行数据和信息交互。

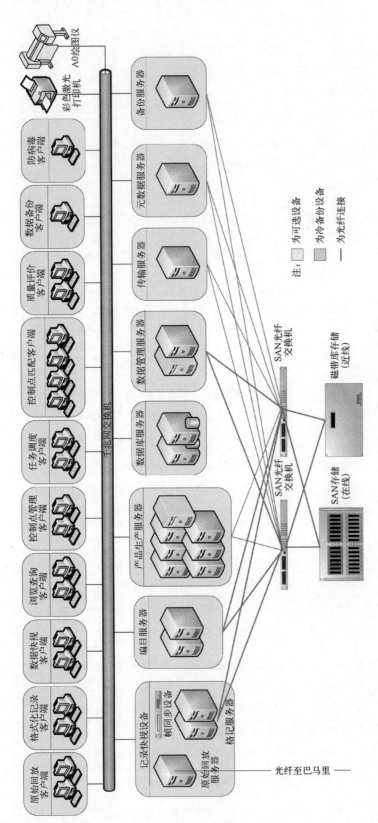

图7-4 图像处理系统硬件架构

（3）公共服务系统

在实现公共服务系统时，采用七层技术体系架构，包括：用户层、业务应用层、基础平台层、存储管理层、基础设施层、标准规范体系及安全管理认证体系。详细系统组成框架如图 7-5 所示。

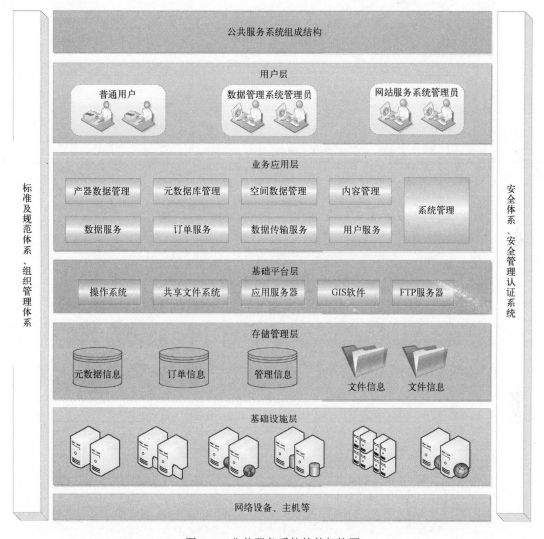

图 7-5　公共服务系统软件架构图

公共服务系统硬件组成如图 7-6 所示。

公共服务系统整个硬件系统由网络设备、服务器设备和存储设备组成，网络部分由 1 台路由器、1 台防火墙、1 台交换机和 1 台网闸组成；服务器部分由 4 台客户端、2 台数据库服务器、2 台 GIS 服务器、2 台应用服务器和 1 台 FTP 服务器组成；存储部分由 1 台磁盘阵列组成。

（4）运行管理系统

OMS 系统由四层组成，包括应用层、平台层、数据存储层和设备层。OMS 系统架构如图 7-7 所示。

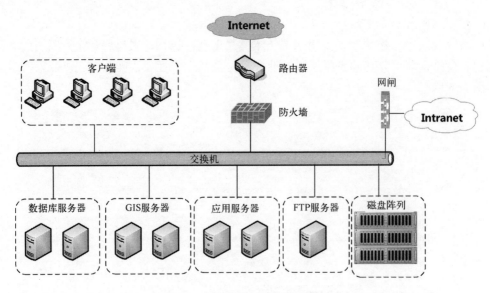

图 7-6　公共服务系统硬件组成图

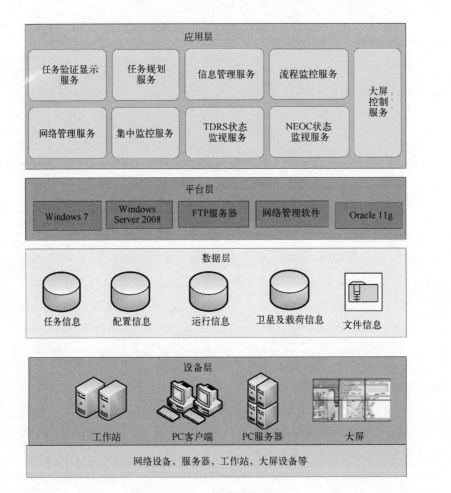

图 7-7　OMS 架构图

1）应用层。应用层为系统提供各种满足应用需求的服务。包括信息管理服务、流程监控服务、任务验证显示服务、任务规划服务、网络管理服务、集中监控服务、TDRS 系统状态监视服务、NEOC 系统状态监视服务和大屏集中显示服务等。

2）平台层。平台层为系统的业务运行提供一个运行的软件平台，包括操作系统、FTP服务器、网络管理软件、数据库管理软件等。

3）数据层。数据层为上层提供运行需要的数据，包括任务信息、系统信息、运行信息、文件信息、卫星及载荷信息等。

4）设备层。设备层为系统运行提供硬件设备，包括计算机、网络设备、工作站、服务器等。

运行管理系统的环境为千兆以太网，千兆以太网交换机提供对服务器主机和客户端设备的连接，运行管理系统的数据库服务器为 OMS 整个系统提供一个共享存储平台。

运行管理分系统由 PC、工作站、应用服务器、数据库服务器、报警器、交换机、大屏显示设备、UPS 及时统设备构成。其中的应用服务器采用统一型号产品，可以互为备份。具体组成如图 7-8 所示。

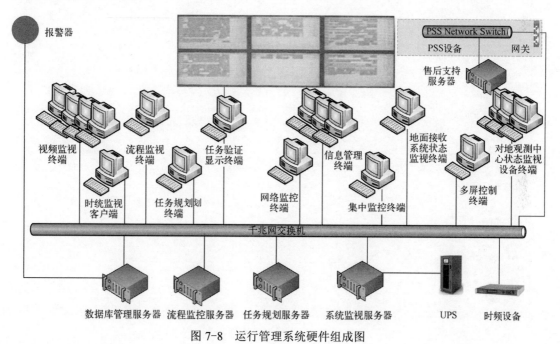

图 7-8　运行管理系统硬件组成图

7.1.6　业务流程

VRSS-1 地面应用系统工作流程主要包括：常规工作流程、产品订购工作流程和产品定制工作流程。

（1）常规工作流程

VRSS-1 地面应用系统常规工作流程如图 7-9 所示。

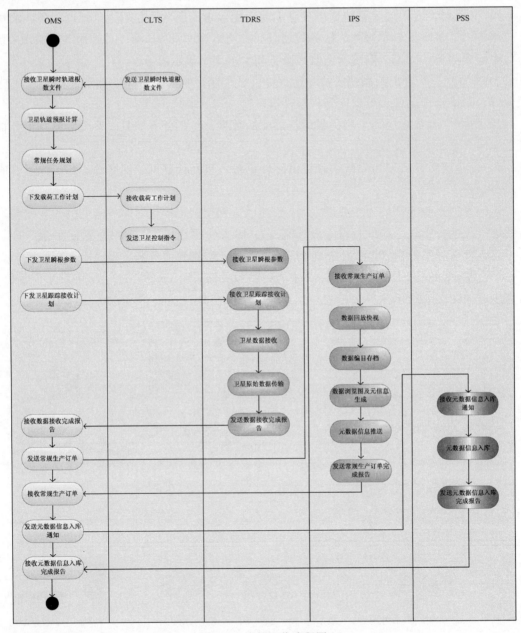

图 7-9 常规工作流程图

操作人员在 OMS 中根据 SSC 传输的卫星轨道根数文件，制定卫星接收计划及卫星载荷控制计划，并将卫星载荷控制计划发送给 SCC，由其上注卫星控制指令。OMS 将卫星数据接收计划发送给 TDRS，由 TDRS 根据接收计划指令控制相关设备完成卫星数据的接收、记录及快视等工作。TDRS 接收完成后，将数据传送给对地观测中心，并向 OMS 发送卫星数据接收完成报告。OMS 向 IPS 发送产品生产订单，IPS 完成原始数据的回放、数据记录快视、数据编目存档、数据逻辑分景及浏览图生成等工作。IPS 将生成的浏览图及数据元信息推送给 PSS，并将产品生产完成报告发送给 OMS。OMS 在收到 IPS 发送的完成报告后，向 PSS 发送元数据信息入库通知，PSS 在收到入库通知后，进行元信息入库管理及浏览图管理，并将元数据信息入库完成通知发送给 OMS，OMS 在收到该完成通知后，确认常规工作流程结束。

（2）产品订购工作流程

VRSS-1 地面应用系统产品订购工作流程如图 7-10 所示。

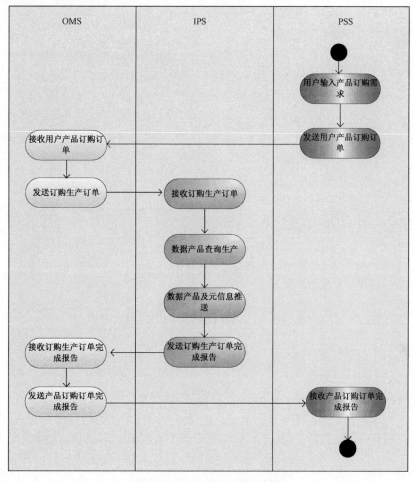

图 7-10　产品定购工作流程图

用户通过 PSS 系统的用户服务网站，对所需的数据进行浏览图和元信息的浏览查询，并选择所需的数据范围、产品级别等基本条件，提交给 PSS 系统。PSS 系统在接收到用户的产品订单后，传送给 OMS 系统。OMS 系统在接收到用户产品订单后，向 IPS 发送生产订单。IPS 在接收到生产订单后，根据该订单中的内容进行数据产品的查询及生成，在数据产品生产完成后将数据产品、数据浏览图及数据元信息推送给 PSS，推送完成后发送生产订单完成报告给 OMS。OMS 在接收到生产订单完成报告后向 PSS 发送产品订单完成报告。PSS 在接收到产品订单完成报告后，向用户分发数据产品。

（3）产品定制工作流程

VRSS-1 地面应用系统产品定制工作流程如图 7-11 所示。

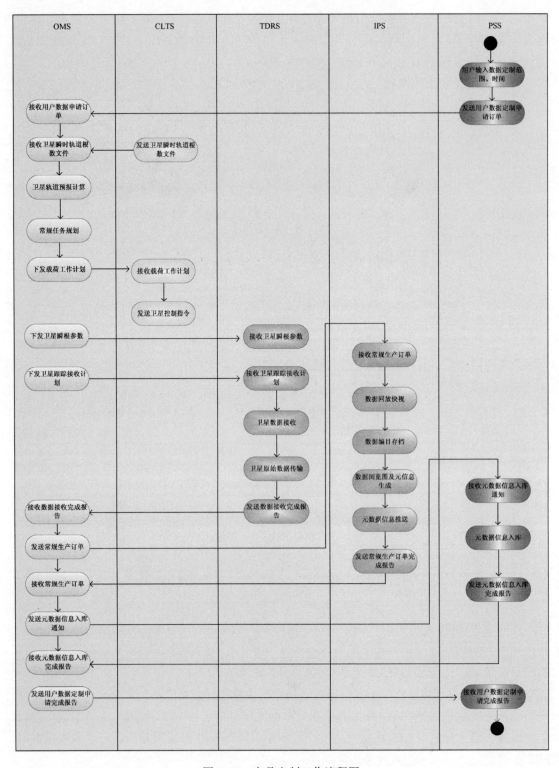

图 7-11　产品定制工作流程图

用户在 PSS 系统未查询到所需的数据时，可以通过 PSS 系统提交摄影地理范围、摄影时间范围等具体要求，生成用户数据定制申请订单，提交 OMS。OMS 在接收到用户数据申请订单后，进行订单信息的解析与任务规划。OMS 根据接收到的卫星瞬时轨道根数文件，进行数据接收任务的制定与下发。操作人员在 OMS 中根据 SCC 传输的卫星轨道根数文件，制定卫星接收计划及卫星载荷控制计划，并将卫星载荷控制计划发送给 SCC，由其上注卫星控制指令。OMS 将卫星数据接收计划发送给 TDRS，由 TDRS 根据接收计划指令控制相关设备完成卫星数据的接收、记录及快视等工作。TDRS 接收完成后，将数据传送给对地观测中心，并向 OMS 发送卫星数据接收完成报告。OMS 向 IPS 发送产品生产订单，IPS 完成原始数据的回放、数据记录快视、数据编目存档、数据逻辑分景及浏览图生成等工作。IPS 将生成的浏览图及数据元信息推送给 PSS，并将产品生产完成报告发送给 OMS。OMS 在收到 IPS 发送的完成报告后，向 PSS 发送元数据信息入库通知，PSS 在收到入库通知后，进行元信息入库管理及浏览图管理，并将元数据信息入库完成通知发送给 OMS。用户在 PSS 系统查询到所需的数据后，进行产品的订购生产，获取所需的数据产品。

7.2　VRSS-2 地面应用系统

根据系统设计目标与用户需求，对 VRSS-2 地面应用系统的具体功能与性能指标进行分析，将系统主要功能划分为直接复用与新增改造，将系统主要性能划分为新增性能、升级性能，并提出分系统主要功能和性能要求。

7.2.1　系统功能

VRSS-2 地面应用系统的主要功能见表 7-2。

表 7-2　VRSS-2 地面应用系统主要功能

	整体功能	直接复用	新增改造
跟踪与数据接收	升级捕获并跟踪、接收高分一、二号和 VRSS-2 卫星		√
	复用捕获并跟踪、接收 VRSS-1 卫星	√	
	升级接收 X 频段数据信号和遥测信号		√
	复用接收和发射 S 频段遥测遥控信号	√	
	复用支持高分一、二号、VRSS-1 和 VRSS-2 卫星下行数据变频	√	
	升级支持高分一号和 VRSS-2 卫星下行数据解调		√
	复用支持 VRSS-1 卫星下行数据解调	√	
	升级支持高分一号和 VRSS-2 原始数据记录		√
	复用支持 VRSS-1 卫星原始数据记录	√	
	升级监视传输网络状态，显示网络是否工作正常		√

（续）

整体功能	直接复用	新增改造
升级支持高分一、二号和 VRSS-2 轨道计算能力		√
升级支持监视和控制新增设备		√
升级 ACU 远程访问监视和控制能力，支持 ACU 远程访问功能		√
升级原始数据 FTP 服务，采用多线程传输方式提高传输速率，并显示传输速率和进度条		√
升级 UPS 参数监控，监视并显示实际的输入/输出电压和电流值		√
升级打印功能，支持打印记录计划完成报告和接收计划完成报告		√
升级站控子系统图形用户界面		√
升级支持 VRSS-1 卫星下行数据解调		√
升级支持 VRSS-1 卫星原始数据记录		√
支持本地 7 天存储		√
新增支持监视和控制新增设备		√
新增支持传输原始数据至加拉加斯		√
升级支持多线程原始数据传输回放		√
升级支持原始数据直接写入 SAN 盘阵		√
复用 VRSS-1 卫星数据解压缩设备	√	
新增满足 VRSS-2、GF-1/2 卫星数据 450Mbit/s 速率的解压缩设备及数据接收软件		√
复用 VRSS-1 卫星数据帧同步设备	√	
新增遥测数据提取解扰转发至 SCC 功能		√
复用 VRSS-1 卫星数据格式化记录功能	√	
新增满足 VRSS-2、GF-1/2 卫星数据 450Mbit/s 速率的格式化记录设备		√
升级快视客户端软件，提高显示效果		√
复用 VRSS-1 卫星数据编目	√	
升级 VRSS-2、GF-1/2 卫星数据编目		√
复用 VRSS-1 卫星数据浏览图生成与云判	√	
新增分景浏览图初步相对辐射校正和几何校正功能		√
新增与数据管理分系统的相关接口		√
新增 VRSS-2 红外波段配准与一致性校正		√
复用 VRSS-1 卫星数据传感器校正	√	
升级 VRSS-2、GF-1/2 卫星数据传感器校正		√
复用 VRSS-1 卫星 0~4 级产品生产功能	√	
升级 VRSS-2、GF-1/2 卫星 0~4 级产品生产功能		√
复用 VRSS-1 卫星数据生产调度功能	√	
升级 VRSS-2、GF-1/2 卫星数据生产调度功能		√
升级系统监控软件，界面重新设计		√
复用 VRSS-1 卫星数据在轨几何检校	√	
新增 VRSS-2、GF-1/2 卫星数据在轨几何检校		√
复用 VRSS-1 卫星数据在轨相对辐射定标	√	
新增 VRSS-2、GF-1/2 卫星数据在轨相对辐射定标		√

（续）

整体功能	直接复用	新增改造
复用 VRSS-1 卫星辅助数据处理	√	
新增 VRSS-2、GF-1/2 卫星辅助数据处理		√
复用 VRSS-1 卫星姿轨数据处理	√	
新增 VRSS-2、GF-1/2 卫星姿轨数据处理		√
复用 VRSS-1 卫星数据 MTF 提取与补偿处理	√	
新增 VRSS-2、GF-1/2 卫星数据 MTF 提取与补偿处理		√
升级高分辨率 GCPs 匹配与 GCPs 管理软件		√
新增 IPS 离线工具软件，提供控制点管理、DEM 管理功能的统一入口		√
升级日志功能，可实现多类型多层次的日志管理功能，可集中显示、查询与管理、日志打包、错误日志长期保存		√
新增图像质量评价功能，实现自动与手动两种模式		√
建立新的元数据标准规范		√
0 级条带数据归档功能		√
0 级景元数据和浏览图归档		√
原始数据归档（VRSS-1/2，GF-1/2）		√
产品数据归档（1～4 级）		√
数据浏览查询功能		√
2D 地图服务		√
3D 地图服务		√
数据提取功能		√
数据推送功能		√
数据版本管理功能		√
设备监控功能		√
文件 I/O 功能		√
系统维护功能		√
存储管理功能		√
外部通信功能		√
日志管理功能		√
数据类别动态扩展功能		√
配置管理功能		√
数据分布展示功能		√
任务管理功能		√
支持上传附件功能	√	
支持对接收归档的 VRSS-1、VRSS-2、GF-1/2 四颗卫星元数据信息的空间化功能		√
支持对信息共享门户系统的状态进行监测，将状态信息上报到 OMS 系统		√
将信息共享门户系统产生的错误日志上报到 OMS 系统		√
支持 VRSS-1、VRSS-2、GF-1/2 四颗卫星遥感数据产品的分发服务		√
按照用户体验界面的设计原则和方法对原网站服务软件中 UI 页面的风格进行升级和改造		√

左侧分组标签（自上而下）：图像处理、数据管理、公共服务

（续）

整体功能	直接复用	新增改造
改造原有 3D 地图查询功能，对不同权限用户应是可选功能		√
改造查询结果与地图交互功能，主要包括结果信息在地图上的直接展示以及地图矢量数据与结果数据保持一致		√
改造订单处理状态显示功能，对订单状态进行细化，并且支持对每个订单状态能以图形（处理流程图）的形式进行展示，以可视化的形式显示订单的处理过程及在该流程中所处的步骤，让用户能够清晰地看到每一景数据的准备情况		√
改造原有地图显示功能，根据不同用户权限，显示不同地图范围		√
改造原有用户权限功能，对用户权限的划分进行细化，例如：用户能对某功能项的权限的配置		√
改造原有用户角色功能		√
对用户提交订单的数量进行限制		√
新增用户填写数据使用用途的功能		√
新增卫星传感器过滤功能将现有多星多传感器按照卫星进行拆分，按照每颗卫星设计单独的查询入口，并根据每颗卫星自身特有的属性来进行定制，避免不必要的参数堆砌造成的混乱		√
新增查询参数提示功能		√
新增查询模式添加功能		√
采集流程中的一些用户不太关心的专业查询参数应是可选参数		√
改造原有用户注册功能（增加法律条文同意、增加用户所属公司的属性信息，如国企还是私企，增加管理员可以随时要求用户提交更多注册信息的功能、用户注册后默认是普通用户）		√
根据新增模块或功能，改造原有系统配置管理功能		√
支持对新增的专题产品订购信息传输、变更后的采集单接口信息的传输，变更后的订单接口信息的传输功能		√
提供新闻、网站评论、用户建议等共享信息的展示和管理功能		√
新增网站评论、用户建议的互动功能		√
新增基于模板的网站个性化定制服务功能		√
新增全站检索功能		√
新增网站栏目管理功能，主要是对新闻栏目的操作，添加的新闻栏目，会在新闻的展示页面进行新闻归类		√
新增网站模板管理功能		√
新增敏感信息过滤功能		√
新增对共享信息的统计分析功能		√
新增 TAS 专题产品查询、浏览、订购、定制及数据同步的功能		√
新增订单拆分功能		√
新增订单覆盖度显示功能		√
新增订单批量下载功能		√
新增个人中心功能，包括个人信息编辑功能、个人订购信息及相关产品推荐的功能		√
新增邮件功能（含用户注册邮件提醒、订单状态变更邮件提醒、密码找回邮件提醒、网上支付信息邮件提醒等）		√
新增 VIP 服务功能		√
新增根据地名进行数据产品查询功能		√
当查询某景数据时，应同时给出由不同传感器拍摄得到的相同区域的其他数据，供用户选择		√

（左侧合并单元格：公共服务）

（续）

整体功能	直接复用	新增改造
新增订购影像产品的计费功能		√
当网站出现异常情况时，应主动给出类似"网站正在维护中"等错误提示页面		√
新增站点地图（SITE MAP）功能		√
针对网站地图空间信息查询添加进度条功能		√
新增注册用户数量的统计（按每日、每周、每月）		√
新增按用户类型进行统计		√
新增按数据级别、国家名称、公司名称进行订单处理状态的统计		√
新增按公司名称、用户名进行数据下载量的统计		√
考虑到 GCP 分布，支持查询结果仅显示用户可以得到 3 级和 4 级产品的数据覆盖		√
支持 VRSS-1、VRSS-2、GF-1/2 四颗卫星的元数据信息、产品数据信息、专题产品数据信息的接收、归档、管理和维护的功能		√
支持对 VRSS-1、VRSS-2、GF-1/2 四颗卫星的元数据信息、产品数据信息、专题产品数据信息的离线分发功能		√
运行管理分系统中的任务流程进行自动化调度	√	
运行管理分系统中各流程的执行状态进行跟踪监视	√	
根据轨道预报和观测需求、卫星资源和地面站资源等条件，进行任务规划	√	
对采集任务单、卫星工作计划、跟踪接收计划以及过程的业务信息进行存储管理功能	√	
根据规划结果制定卫星工作计划和地面站接收计划	√	
对各计划及订单进行调度控制	√	
流程执行过程中出现故障的时候，根据预定义的故障处理策略进行相应故障的自动处理或人工处理	√	
根据卫星轨道数据（分别支持瞬根、两行和 GPS 数据）、数据采集单要求和配置信息进行轨道预报	√	
对卫星的轨道进行计算与预报并将轨道计算结果归档	√	
具有二维和三维世界地图的显示及联动功能	√	
对卫星工作计划和跟踪接收计划进行二三维任务验证显示	√	
结合卫星空间轨迹数据，对卫星运行情况进行模拟	√	
增加接收 VRSS-2 卫星成像请求的功能		√
增加对 VRSS-2 卫星的任务规划		√
增加支持 5.4m 站的接收资源规划		√
增加 VRSS-2 卫星的卫星工作计划编制功能		√
增加 5.4m 站的跟踪接收计划编制功能		√
增加观测区域拆分，VRSS-1 卫星和 VRSS-2 卫星联合观测初步规划功能		√
修改卫星工作计划下发功能，使其能够向卫星控制中心发送 VRSS-2 卫星的卫星工作计划		√
修改跟踪接收计划下发功能，使其能够向 5.4m 站发送跟踪接收计划		√
增加 VRSS-2 卫星的成像任务以及 5.4m 站的数据接收任务的流程监控功能		√
增加 VRSS-2 卫星以及 GF-1/2 卫星的产品生产流程		√
增加计算 VRSS-2 卫星和 GF-1 卫星数传天线遮挡时间段		√

注：左侧纵向合并单元格分别标注"公共服务"（前 11 行）和"运行管理"（其余行）。

（续）

整体功能	直接复用	新增改造
修改卫星轨道仿真功能，需支持 VRSS-2 卫星以及 GF-1/2 卫星的仿真显示		√
接收对地观测中心上报的系统状态信息（包括 PSS、IPS 以及 OMS 的设备状态），解析并显示系统状态	√	
监视软件接收地面站上报的系统状态信息，进行解析处理，显示地面接收设备的状态，当地面系统出现故障时，进行报警提示	√	
用户管理：提供系统用户的注册、登录、退出功能	√	
日志管理：日志信息内容包括系统运行日志及设备故障日志等，具体操作包括日志的记录、查询和删除	√	
监控网络运行状态	√	
对远程计算机进行集中监控显示	√	
增加 5.4m 站和机动站的系统状态监视功能		√
增加对 OMS、IPS 和 PSS 新增设备的状态监视功能		√
增加对 DMS 设备的状态监视功能		√
支持对相关业务信息的入库、访问、查询浏览以及统计分析	√	
提供用户注册、登录及权限管理控制的功能	√	
提供对系统运行过程中产生的各类日志进行查询的功能	√	
对业务运行过程中产生的各类故障信息进行存储、查询，供远程维护软件使用	√	
支持对故障信息、远程维护方案的管理功能	√	
支持对卫星轨道数据、卫星参数、地面站参数以及测控计划等信息的管理功能	√	
增加 VRSS-2 和 GF-1/2 卫星参数和轨道数据的管理功能		√
增加 5.4m 接收站的信息管理功能		√
增加 VRSS-2 卫星相关业务信息的查询和统计功能		√
增加 GF-1/2 卫星相关产品生产业务信息的查询和统计功能		√
UI 控制		√
栅格数据控制		√
矢量数据控制		√
图层控制		√
多国语言包		√
帮助文档		√
用户权限管理		√
异常处理		√
日志管理		√
许可管理		√
组件增加、删除、更新		√
组件封装接口、二次开发接口		√
可视化流程配置		√
产品向导引擎		√
批处理		√
系统监控		√

（续）

整体功能		直接复用	新增改造
	任务调度		√
	专题产品入库		√
	控制点数据入库		√
	控制点数据查询		√
	数据导出		√
	波谱数据入库		√
	波谱数据查询		√
	元数据推送		√
	数据提取		√
	数据推送		√
	元数据同步		√
	专题产品查询	√	
	数据删除	√	
	用户权限管理	√	
	数据编辑	√	
典型应用	格式转换工具		√
	ROI 工具		√
	基于手工交互的影像裁剪		√
	基于 ROI 的影像裁剪		√
	基于基准数据的影像裁剪		√
	数字图像处理（亮度增强、对比度增强等）		√
	噪声去除		√
	辐射定标		√
	CCD 大气校正		√
	近红外大气校正		√
	HIS 融合		√
	PCA 融合		√
	Brovey 融合		√
	SSVR 融合		√
	多项式校正		√
	RPC 参数校正		√
	控制点匹配		√
	控制影像匹配		√
	影像镶嵌		√
	匀光匀色		√
	神经网络分类		√
	面向对象分类		√
	控制点管理		√

（续）

整体功能	直接复用	新增改造
纹理分析		√
降维处理		√
缓冲区分析		√
坡度分析		√
坡向分析		√
高程分析		√
地形阴影图生成		√
栅格等高线生成		√
三维分析		√
栅格计算工具		√
红外大气校正		√
红外影像融合		√
Gram-Schmidt Spectal 融合		√
Wavelet 融合		√
严格几何校正模型		√
投影转换工具	√	
重采样工具	√	
波段合成工具	√	
MODIS 数据预处理	√	
最大似然分类	√	
ISODATA 非监督分类	√	
k-means 非监督分类	√	
决策树分类	√	
波谱角分类	√	
二进制编码分类	√	
控制影像管理	√	
端元提取	√	
混合像元分解	√	
几何精度分析	√	
分类精度评价	√	
气溶胶反演		√
能见度分析		√
水体提取		√
水体遥感反射率反演		√
叶绿素 a 提取		√
水体悬浮物监测		√
水体透明度分析		√
水表温度监测		√

（行首纵排）典型应用

（续）

整体功能		直接复用	新增改造
典型应用	水体富营养化监测		√
	水体工业热污染监测		√
	大气校正地表反射率		√
	海岸线监测		√
	火点分析		√
	过火面积评估		√
	洪水面积监测		√
	洪水深度监测		√
	泥石流线路监测		√
	泥石流区域监测		√
	地表比辐射率监测		√
	地表真实温度监测		√
	地表亮温值监测		√
	城市热岛监测		√
	波谱曲线绘制		√
	波谱曲线文本导出		√
	波谱数据列表显示		√
	波谱数据重采样		√
	沙尘暴监测	√	
	归一化植被指数	√	
	增强植被指数	√	
	生理反射植被指数	√	
	植被覆盖度	√	
	叶面积指数	√	
	土地生态利用分类	√	
	制图整编工具	√	
	专题图生产	√	
	专题产品输出	√	
	环境产品分析	√	

7.2.2 系统性能

与委内瑞拉遥感卫星一号地面应用系统主要性能对比，委内瑞拉遥感卫星二号地面应用系统的主要性能见表 7-3。

表 7-3　地面应用系统技术指标对比表

序号	指标分类	委遥一号地面应用系统	委遥二号地面应用系统
1	跟踪与数据接收	a. 极化方式：X/S 频段极化切换 b. 信道带宽：250MHz c. 中频路由通道：8×8 d. 解调速率：2×190Mbit/s e. 记录速率：2×190Mbit/s	a. 极化方式：X 频段极化复用，S 频段极化切换 b. 信道带宽：500MHz c. 中频路由通道：16×16 d. 解调速率：2×450Mbit/s e. 记录速率：2×450Mbit/s
2	5.4m 站数据接收	/	a. 极化方式：X/S 频段极化切换 b. 信道带宽：250MHz c. 解调速率：2×190Mbit/s d. 解调方式：BPSK、QPSK、O/SQPSK 和 DQPSK e. 译码方式：RS、卷积、RS+卷积和 LDPC f. 记录速率：2×190Mbit/s
3	图像处理	a. 数据编目性能：单轨 0 级条带数据编目处理速度小于 60min b. 标准产品生产效率：辐射校正以及系统几何产品（0～2 级）日生产能力 500 景以上；几何精校正产品以及正射校正产品日生产能力 40 景以上（3/4 级产品） c. 全色/多光谱相机产品几何定位精度（使用地面控制点和 DEM 库）小于 30m（取决于控制点库的精度和分辨率） d. 宽幅多光谱相机产品几何定位精度（使用地面控制点和 DEM 库）小于 5 个像元（取决于控制点库的精度和分辨率）	a. 数据编目性能：单轨 0 级条带数据编目处理速度<60min b. 标准产品生产效率：辐射校正以及系统几何产品（0～2 级）日生产能力为 800 景以上；几何精校正产品以及正射校正产品日生产能力 60 景以上（3/4 级产品） c. 相对辐射校正精度：优于 3% d. 有控几何定位精度：使用地面控制点和 DEM 数据以后，几何定位精度优于 3 个像元（依赖于 DEM 库、控制点精度）
4	数据管理	a. 支持一颗卫星产品数据的实时存取需求 b. 可支持不少于 30 个在线数据库并发访问 c. 图形界面操作平均响应时间小于 5s d. 支持在线存储容量 200TB e. 支持近线存储容量 200TB f. 在线存储 100 天	a. 支持不少于 30 个在线数据库连接 b. 操作响应延迟<5s c. 数据查询响应 d. 100000 条记录查询响应<3s e. 1000000 条记录查询响应<8s f. 数据存储容量进行了升级，由一期的在线存储容量 200TB 升级到在线存储容量达 400TB，近线存储容量也由一期的 120TB 升级到 600TB g. 由支持一星升级到支持 VRSS-1、VRSS-2 和 GF-1 三颗星 h. 故障警告延迟不超过 3s
5	公共服务	a. 支持 VRSS-1 卫星遥感数据的分发 b. 至少支持 200 个用户同时在线 c. 至少支持 50 个用户同时下载数据产品 d. 页面自适应客户端分辨率 e. 存储容量≥30TB f. 可靠性指标：99.7%	a. 至少支持 VRSS-1、VRSS-2、GF-1 三颗卫星遥感数据的分发 b. 至少支持 300 个用户同时在线 c. 至少支持 100 个用户同时下载数据产品 d. 页面自适应客户端分辨率 e. 存储容量≥50TB f. 可靠性指标：99.9% g. 系统登录时间<3s h. 用户访问页面平均等待时间<5s i. 跳转页面时间<5s

（续）

序号	指标分类	委遥一号地面应用系统	委遥二号地面应用系统
6	运行管理	a. 设备监视信息刷新时间：≤5s b. 设备故障报警时间：≤20s c. 可靠性指标：99.7% d. 硬件配置： PC：CPU，2核、3GHz；内存，2GB 通用服务器：CPU，4核、2.13GHz；内存，4GB	a. 任务规划阶段：支持未来1～7天 b. 支持最少两颗卫星的任务规划：VRSS-1，VRSS-2 c. 支持至少2个接收站的任务规划：12m站、5.4m站 d. 日任务规划时间：≤15min（基于50个规划任务）周任务规划时间：≤40min（基于500个规划任务） f. 支持至少三颗卫星的模拟演示：VRSS-1，VRSS-2、GF-1 g. 支持至少两个接收站的模拟演示：12m站，5.4m站，并具有动态扩展能力 h. 任务列表和流程信息刷新时间≤10s i. 系统状态监控信息刷新时间间隔≤5s j. 系统故障报警延迟时间≤20s k. 支持至少30个用户同时在线查询
7	典型应用	a. 存储总容量≥30TB b. 控制点数据的存储空间≥10GB c. 控制影像存储空间≥50GB d. 数据入库时间≤10s e. 数据查询响应时间≤2s f. 专题产品生产能力：50景/天	a. 存储总容量≥50TB（包含现有的30TB） b. 控制点数据的存储空间≥10GB c. 控制影像存储空间≥50GB d. 数据入库时间≤10s e. 数据查询响应时间≤3s f. 专题产品生产能力：70景/天 g. 波长范围：0.4～14μm h. 波长精度：≥4nm i. 用户登录响应时间≤5s j. 在线检索反应时间≤10s k. 在线用户数≥200个（浏览） l. 统计响应时间≤10s m. 在线生成报表≤10s n. 导出报表响应时间≤20s

7.2.3 系统组成

委遥二号卫星地面应用系统组成如图7-12所示。

1. 跟踪与数据接收分系统

跟踪与数据接收分系统（TDRS）由天线子系统、跟踪接收与传输信道子系统、数据记录子系统、高速数据记录子系统、站控子系统、遥测遥控子系统（由测通所负责）和技术支持子系统组成。其中，遥测遥控子系统保持原有功能，可继续沿用；天线子系统、跟踪接收与传输信道子系统、数据记录子系统和技术支持子系统需根据合同需求进行适应性升级改造；新增高速数据记录子系统用于记录高分一号和委遥二号卫星数据。跟踪与数据接收分系统组成如图7-13所示。

2. 5.4m接收站分系统

5.4m接收站分系统（SiRGIS）由天线子系统、数据接收信道子系统、数据记录子系统、高速数据记录子系统和技术支持分系统组成。其中，天线子系统和数据记录子系统保持原有功能，可继续沿用；数据接收信道子系统和技术支持子系统需根据合同需求进行适应性升级改造；新增高速数据记录子系统用于记录委遥一号卫星数据。5.4m 接收站组成如图 7-14 所示。

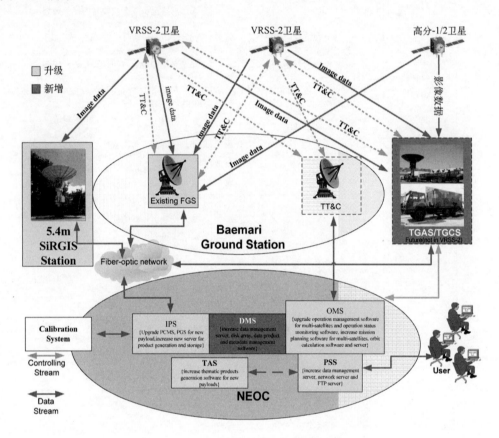

图 7-12　VRSS-2 卫星地面应用系统组成结构

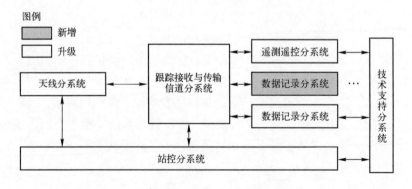

图 7-13　跟踪与数据接收分系统组成图

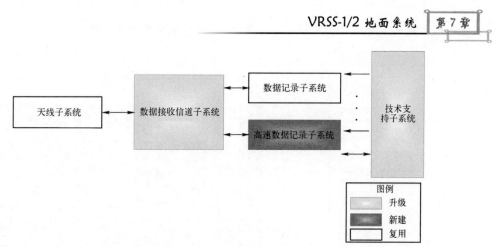

图 7-14　5.4m 接收站组成图

3．运行管理分系统

运行管理分系统由任务管理子系统、运行状态监控子系统、运行信息管理子系统和多屏集中显示子系统组成，总共包括 15 个软件配置项。其中，网管软件、集中监控软件、多屏控制软件和售后服务软件四个软件保持原有功能，可以继续沿用，其余软件均需要根据委遥二号地面应用系统 OMS 需求进行适应性的升级改造，另外新增初步规划软件、卫星天线遮挡计算软件和接收资源综合规划服务软件，运行管理分系统的组成如图 7-15 所示。

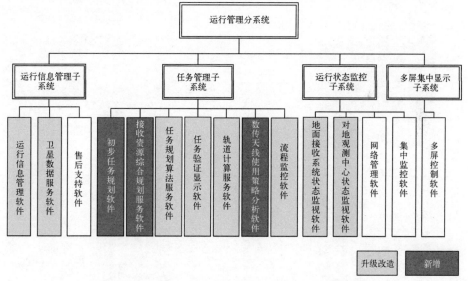

图 7-15　委遥二号地面应用系统 OMS 软件组成图

4．图像处理分系统

图像处理分系统由生产调度子系统、记录快视子系统、产品生产子系统、存档管理子系统组成。在委遥二号地面应用系统中，图像处理分系统将保持架构不变，保留针对 VRSS-1 卫星数据处理的硬件与软件，升级新增相应软件模块满足 GF-1 和 VRSS-2 两颗卫星的处理要求。升级后的图像处理分系统由生产调度子系统、记录快视子系统、编目处理子系统、产品生产子系统、质量评价子系统组成，如图 7-16 所示。

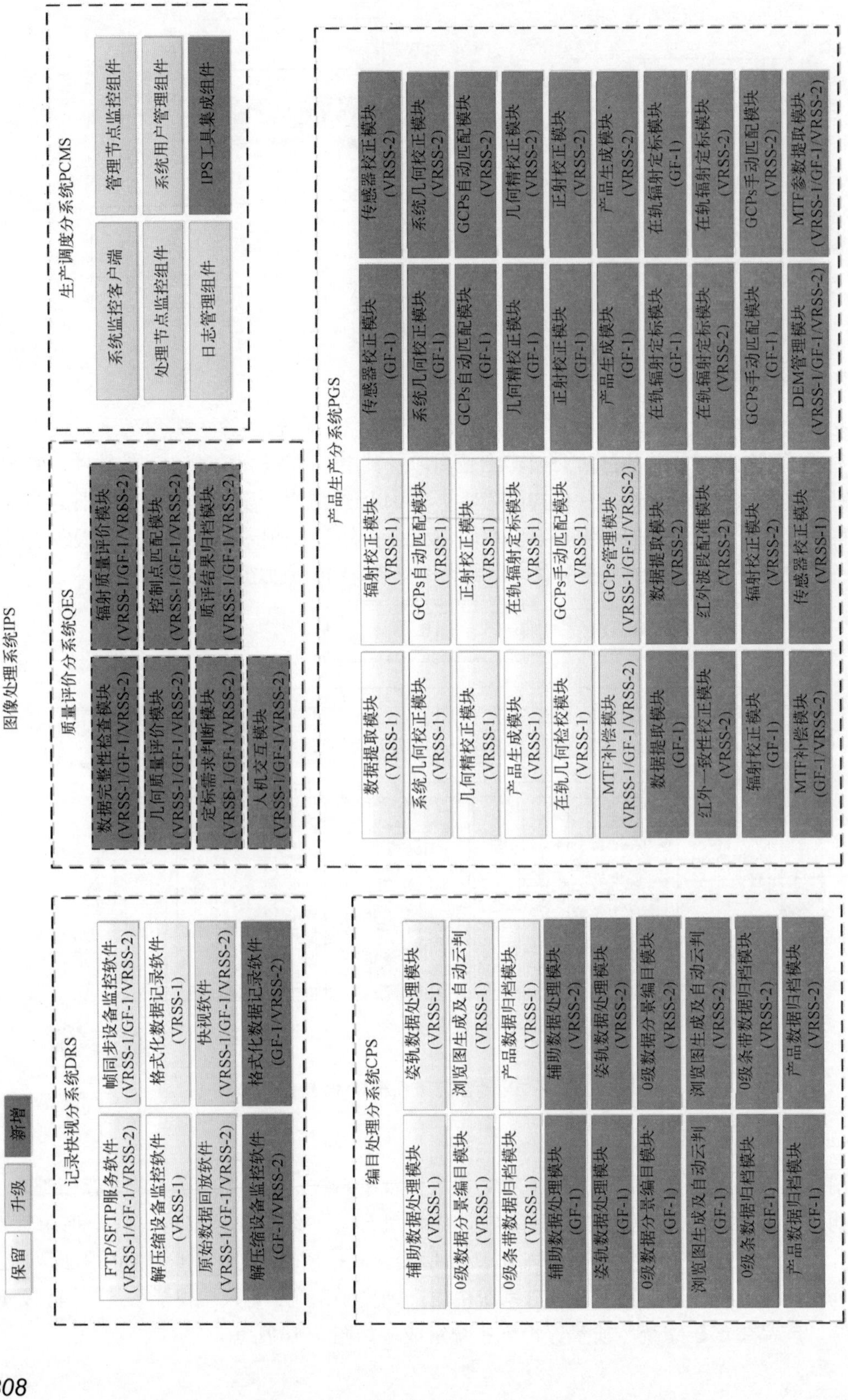

图7-16　图像处理分系统软件组成

5. 数据管理分系统

数据管理分系统由委遥一号卫星地面应用系统的存档管理子系统升级而来。在委遥一号地面应用系统中，存档管理子系统（AMS）作为 IPS 的子系统，提供数据提取、数据归档、数据查询和简单数据展示，支持 IPS 的数据生产。在委遥二号地面应用系统中，数据管理分系统主要包含数据存取子系统和数据管理子系统，具体软件组成如图 7-17 所示。

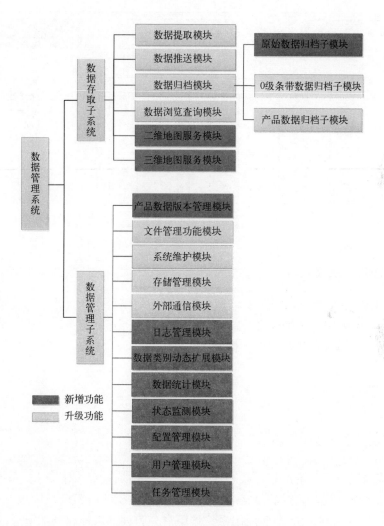

图 7-17 DMS 软件组成图

6. 公共服务分系统

公共服务分系统主要包括数据服务 Web 端子系统、数据服务桌面端子系统、信息共享门户服务子系统三个子系统，数据分发服务软件、接口控制服务软件、数据传输服务软件、数据分发管理软件、数据空间化软件、系统运行服务软件、信息共享门户软件七个软件。其中信息共享门户服务子系统是新增的子系统，数据服务 Web 端子系统、数据服务桌面端子系统是在委遥一期的基础上进行改造。公共服务分系统组成如图 7-18 所示。

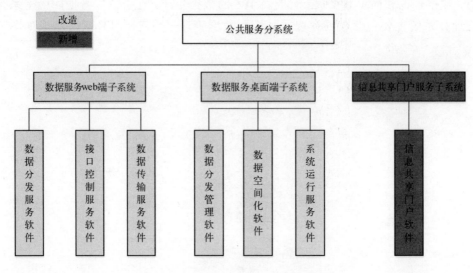

图 7-18　公共服务分系统组成

7. 典型应用分系统

VRSS-2 TAS 由 7 个子系统组成，分别为管理与显示分系统、生产调度子系统、组件管理分系统、影像处理与分析分系统、专题产品生产分系统、数据产品管理分系统和专题产品分发分系统。TAS 系统组成图如图 7-19 所示。

7.2.4　工作模式

1. 用户分类

由于系统局域网内部用户和互联网外部用户均对系统具有操作需求，系统需要满足内网用户使用和系统管理，同时满足互联网外部用户对系统使用需求。

针对上述需求，VRSS-2 地面应用系统将用户分为内部用户和外部用户两类。

内部用户定义：委航天局内部的用户定义为内部授权用户，这类用户可以通过 DMS 系统提供的统一接口，录入数据采集信息、数据订购订单、数据定制订单。

外部用户定义：航天局以外的国内和国际用户定义为外部用户，这类用户通过登录 PSS 网站，注册用户信息，经过管理员审批，根据权限，录入数据采集信息、数据订购订单、数据定制订单。

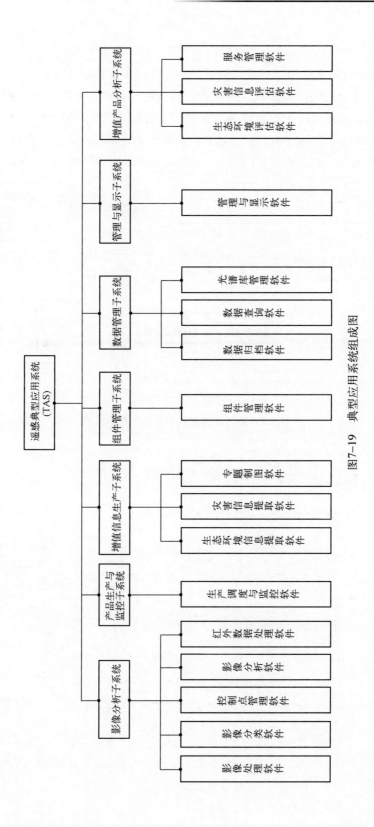

图7-19 典型应用系统组成图

遥感典型应用系统（TAS）
- 影像分析子系统
  - 影像处理软件
  - 影像分类软件
  - 控制点管理软件
  - 影像分析软件
  - 红外数据处理软件
- 产品生产与监控子系统
  - 生产调度与监控软件
- 增值信息生产子系统
  - 生态环境信息提取软件
  - 灾害信息提取软件
  - 专题制图软件
- 组件管理子系统
  - 组件管理软件
- 数据管理子系统
  - 数据归档软件
  - 数据查询软件
  - 光谱库管理软件
- 管理与显示子系统
  - 管理与显示软件
- 增值产品分析子系统
  - 生态环境评估软件
  - 灾害信息评估软件
  - 服务管理软件

2. 流程分析

VRSS-1 地面应用系统中运行管理分系统制定卫星工作计划、生成卫星成像计划和数据接收计划，接收系统运行状态和设备状态，转发用户订单，系统工作流程图如图 7-20 所示。运行管理分系统实际主要负责制定卫星轨道仿真、卫星成像计划、上注接收计划。由于兼负接收系统状态、转发用户订单功能，在订单转发和流程状态交互过程中出现故障将会导致系统大流程中断，VRSS-2 地面应用系统工作流程图如图 7-21 所示。

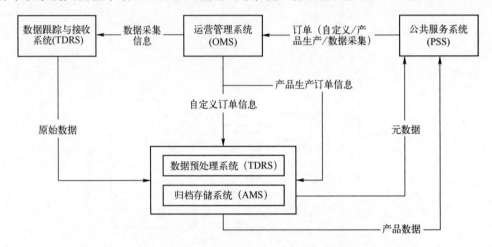

图 7-20　VRSS-1 地面应用系统工作流程图

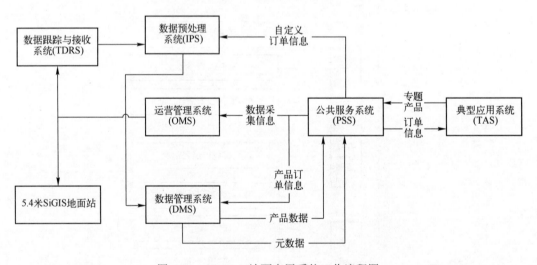

图 7-21　VRSS-2 地面应用系统工作流程图

委遥一期中，所有流程都由 OMS 转发及驱动，除采集订单外，订购和定制 OMS 除了转发未做任何处理。委遥二期中，缩短流程路径，去掉定制和订购的 OMS 订单转发机制，直接由 IPS 和 DMS 接收订单进行业务流转。

删除 OMS 转发订单功能，避免 OMS 在转发订单和状态监控过程中造成系统流程中断。采用由 PSS 系统直接发送订单到相应分系统，完成相应订单处理和流程监控任务。流程集中监控方式由状态信息交互方式变为状态信息读取方式，避免由于流程监控信息交互带来的系统流程中断。各种订单任务管理由相应分系统独立执行和状态监控，流程监控采用既独立监控又集中管理的模式，全面解决由于订单执行流程和监控带来的系统流程中断的问题。

在流程设计中加入了专题产品的在线订购和定制流程。在专题产品对外提供用户发布和应用服务，同时使典型应用分系统与升级后的地面应用系统成为有机整体。

划分内部（航天局内部工作人员）和外部用户（航天局以外的外网用户），内部用户由 DMS 终端进入系统完成各种订单的下达和数据管理任务，外部用户由外网登录 PSS 进行数据查询浏览和订单制定。

7.2.5　系统架构

VRSS-2 地面应用系统（VRSS-2 GAS）可以实现 VRSS-1、VRSS-2、GF-1 和 GF-2 四颗卫星的数据接收、运行管理、数据处理、数据管理、数据分发以及专题产品应用分发。包括跟踪与数据接收分系统（TDRS）、5.4m 接收站（SiRGIS）、图像处理分系统（IPS）、数据管理分系统（DMS）、公共服务分系统（PSS）、运行管理分系统（OMS）、典型应用分系统（TAS），以及支撑系统稳定运行的网络安全、运维服务和标准规范，如图 7-22 所示。

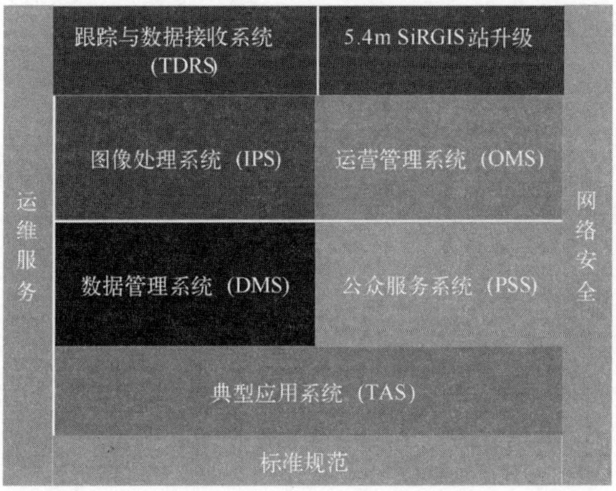

图 7-22　系统总体架构

跟踪与数据接收分系统（TDRS）主要用于捕获和跟踪 VRSS-1、VRSS-2、GF-1 和 GF-2 卫星，接收、解调并记录卫星下传的数据信号和遥测信号，具备 VRSS-1 和 VRSS-2 测控能力，并将记录的卫星数据传送至国家对地观测中心（NEOC）。

5.4m 接收站（SiRGIS）主要用于捕获和跟踪 VRSS-1 卫星，接收、解调并记录卫星下传的数据信号，并传输原始数据至国家对地观测中心。

图像处理分系统（IPS）主要完成 VRSS-1、VRSS-2、GF-1 和 GF-2 四颗卫星图像的处理，对来自跟踪与数据接收分系统（TDRS）的原始数据进行帧同步、解压缩和格式化编目处理，生产 0~4 级图像产品以及 RPC 参数，将数据产品推送到数据管理分系统。

数据管理分系统（DMS）通过执行三级存储策略，主要完成 VRSS-1、VRSS-2、GF-1 和 GF-2 四颗卫星原始数据、0 级条带数据和 Level-0~Level-4 级产品数据的存储管理，并提供访问入口，支持内部用户生成订单任务。

运行管理分系统（OMS）主要完成采集订单接收、任务计划和规划制定，并下发采集任务计划到地面应用系统（GAS）的 TDRS、IPS、SCC 等分系统，监控任务计划的执行状态。同时接收地面应用系统上报的设备状态信息，监视 GAS 的各系统状态，通过大屏集中显示 OMS 系统内的重要信息。

公共服务分系统（PSS）主要为用户提供统一影像产品和专题产品分发服务平台，实现用户统一的数据检索、数据浏览、数据订购、数据下载等服务。同时为外网用户提供信息共享、信息管理、用户订单管理、产品数据统计分析等功能。

典型应用分系统主要完成专题产品生产和高级图像处理，包括环保、减灾、国土、水利、生态等领域的 26 种增值图像产品的生产。支持 VRSS-1、VRSS-2、GF-1 和 GF-2 及其他指定卫星高级图像产品和红外专题产品的生产。支持波谱库管理，增强对已有增值产品的验证。

标准规范建设主要包括系统建设和遥感应用的管理和技术规范，按照国内外通用的技术标准和规范进行系统建设，制定遥感数据生产的数据标准和技术标准，使之符合各类数据共享与交换服务的要求。

运维服务平台建设主要包括系统软、硬件运行状态监控和售后服务支持，以提高系统运行的维护性。

网络安全设计主要包括从系统物理安全、网络防入侵和黑客攻击、网络传输、系统安全升级、身份认证与授权、网页防篡改、数据存储与容灾备份和日志审计为系统运行提供安全保障。

7.2.6　业务流程

VRSS-2 地面应用系统工作流程主要包括：数据采集流程、数据产品订购流程和产品定制工作流程、专题产品订购流程和专题产品定制流程等。

（1）数据采集流程如图 7-23 所示。

委遥二期数据采集流程说明如下：

OMS 系统根据数据采集任务判断星源类型，如果星源为 GF-1/2，则进行数据接收过程处理；如果星源为 VRSS-1/2，则根据数据采集内容进行星地任务规划。

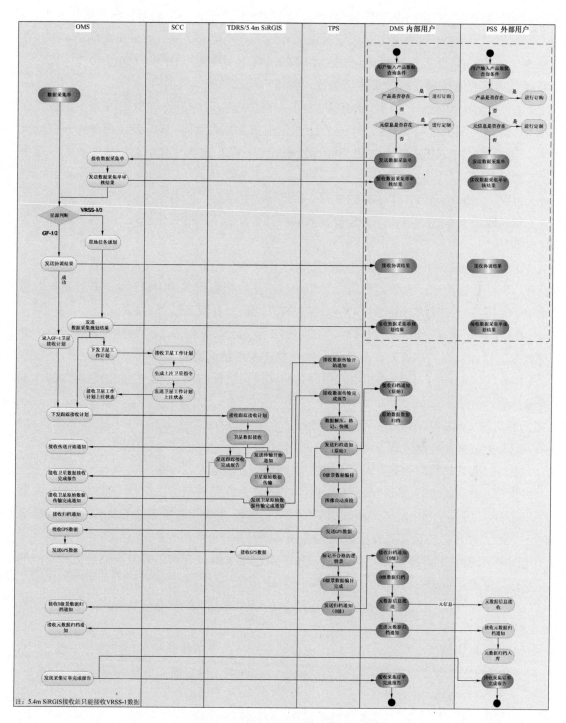

图 7-23　委遥二期数据采集流程图

如果 OMS 进入 GF-1/2 数据接收流程，此时 OMS 操作人员会根据数据采集任务内容，登录全球运营网站申请协调卫星采集数据或者线下方式申请协调。如果协调成功，则会在 OMS 中生成 GF-1/2 卫星接收计划。然后 OMS 下发该计划给 TDRS，TDRS 接收完成后向 OMS 发送接收完成报告；如果协调失败，向用户反馈协调结果。

如果星源为 VRSS-1/2，则 OMS 执行卫星任务规划，OMS 会向 SCC 发送卫星工作计划，由 SCC 控制卫星完成数据采集，在上注卫星指令完成后向 OMS 发送命令注入完成报告。OMS 同时向 TDRS/5.4m 站发送跟踪接收计划，跟踪接收完成后会生成接收完成报告并发送给 OMS。

TDRS/5.4m 站向 IPS 传送原始数据，数据传输完成后，给 IPS 发送传输完成通知，并将各自完成状态发送给 OMS。IPS 接收数据后开始解压缩、格式化记录、快视处理和 0 级数据编目。

IPS 编目完成后，质检模块自动对数据进行完整性检查（包括文件名检查、丢帧误码检查、辅助数据检查、元数据检查）并生成自动质检报告，并向 DMS 发送 0 级数据归档通知，并将各自完成状态发送给 OMS，DMS 开始进行 0 级景数据归档。

DMS 将 0 级景数据归档完成后，会向 PSS 推送元数据信息。元数据推送完成后，会向 PSS 发送元数据归档通知，并将各自完成状态发送给 OMS。

PSS 收到 DMS 的归档通知后，将收到的元数据进行归档处理，将元信息存入到本地的数据库。

DMS 向 OMS 发送常规生产完成报告。

（2）数据产品订购流程，如图 7-24 所示。

委遥二期外部用户数据产品订购流程说明如下：

外部用户通过 PSS 发送产品订购单到 DMS，并将完成状态发送给 OMS，DMS 收到产品订购单之后向 PSS 发送产品订购单的回执，并将完成状态发送给 OMS；如果订购数据在 PSS 上存在，则直接建立下载链接完成订购订单。

DMS 根据订单内容执行数据查询，DMS 在进行了数据查询之后将产品数据和对应的元数据信息推送给 PSS。

DMS 向 PSS 发送数据推送完成通知，并将发送完成通知的完成状态发送给 OMS。

PSS 在收到该数据及元信息之后，元信息入库及建立下载链接供用户进行下载。

PSS 向 DMS 发送产品订购订单完成报告，并将完成报告的完成状态发送给 OMS。

（3）数据产品定制流程

面向内部用户的数据产品定制流程如图 7-25 所示。

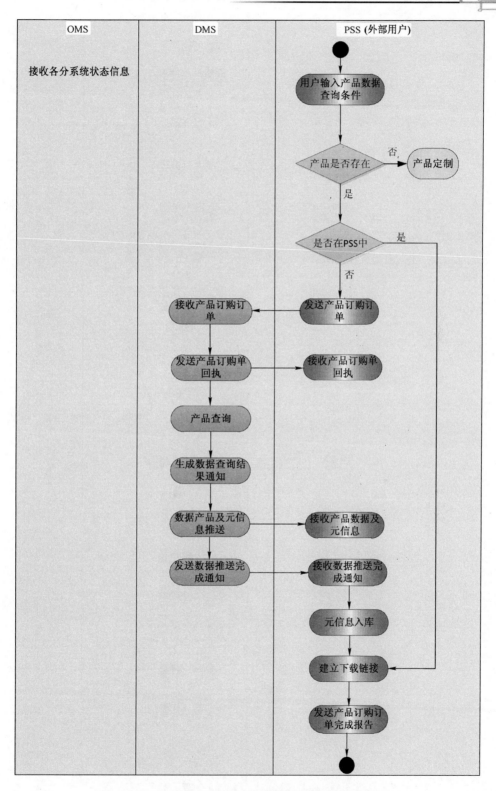

图 7-24　委遥二期外部用户数据产品订购流程图

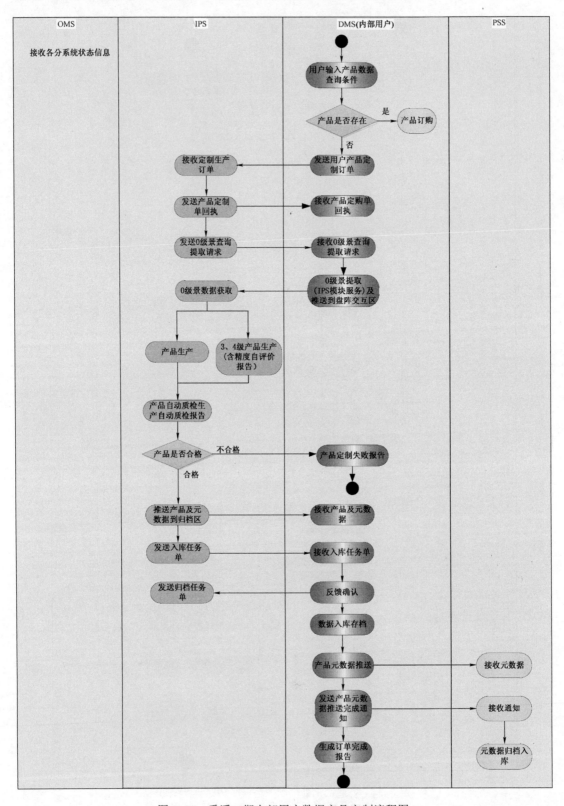

图 7-25 委遥二期内部用户数据产品定制流程图

委遥二期内部用户数据产品定制流程说明如下：

内部用户通过 DMS 发送产品定制单 IPS，并将订单的完成状态发送给 OMS。IPS 收到 DMS 的产品定制单后向 DMS 发送产品定制单的回执，并将回执的完成状态发送给 OMS。

IPS 向 DMS 发送 0 级景数据查询提取请求，并将请求的完成状态发送给 OMS。

DMS 根据查询提取请求将所需要的 0 级景数据从 0 级条带数据中提取到盘阵交互区。

IPS 将盘阵交互区中的数据转移到数据生产区中进行各级别产品生产，对于 3～4 级产品生产，在人工生产完成后，含有精度自评价报告，生产过程中出现错误导致生产无法完成，IPS 给 DMS 返回订单失败报告，DMS 将失败报告发送给 OMS。

IPS 自动质检模块将对产品进行数据完整性检查（包括文件名检查、丢帧误码检查、辅助数据检查、元数据检查）并生成产品自动质检报告。

IPS 将产品及元数据推送到归档区，并向 DMS 发送入库任务单，将任务单的完成状态发送给 OMS。

DMS 收到入库通知后对其进行归档处理，完成后将产品元信息推送到 PSS。

DMS 发送元信息归档通知给 PSS，并将归档通知的完成状态发送给 OMS。

PSS 对产品元信息进行元数据归档入库。

DMS 生成订单完成报告，并发送给 OMS。

面向外部用户的数据产品定制流程如图 7-26 所示。

委遥二期外部用户数据产品定制流程说明如下：

外部用户通过 PSS 发送产品定制单 IPS，并将订单的完成状态发送给 OMS。IPS 收到 PSS 的产品定制单后向 PSS 发送产品定制单的回执，并将回执的完成状态发送给 OMS。

IPS 向 DMS 发送 0 级景数据查询提取请求，并将请求的完成状态发送给 OMS。

DMS 根据查询提取请求将所需要的 0 级景数据从 0 级条带数据中提取到盘阵交互区。

IPS 将盘阵交互区中的数据转移到数据生产区中进行各级别产品生产，对于 3～4 级产品生产，在人工生产完成后，生成精度自评价报告，生产过程中出现错误导致生产无法完成，IPS 给 PSS 返回订单失败报告，PSS 将失败报告发送给 OMS。

IPS 自动质检模块将对产品进行数据完整性检查（包括文件名检查、丢帧误码检查、辅助数据检查、元数据检查）并生成产品自动质检报告。

IPS 将产品及元数据推送到归档区，并向 DMS 发送入库任务单，将任务单的"发送-接收"状态发送给 OMS。

DMS 收到入库通知后对其进行归档处理，完成后将产品压缩包和元信息推送到 PSS。

DMS 发送元信息归档通知给 PSS，并将归档通知的完成状态发送给 OMS。

PSS 对产品元信息进行元数据归档入库，并建立数据下载链接后，生成定制订单完成报告并发送给 OMS。

（4）数据产品元信息同步删除流程如图 7-27 所示。

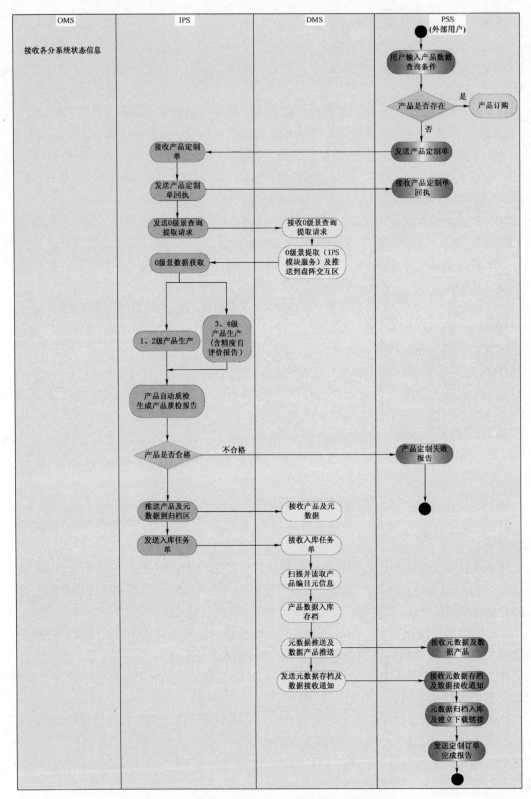

图 7-26　委遥二期外部用户数据产品定制流程图

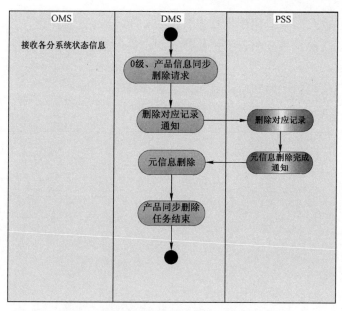

图 7-27　数据产品元信息同步删除流程图

委遥二期数据产品元信息同步删除流程说明如下：

DMS 收到数据元信息同步删除通知后，给 PSS 发送同步删除记录通知。

PSS 接收到 DMS 发送的删除通知后，对相关数据进行同步删除。

PSS 在进行元信息删除结束后，向 DMS 发送元信息同步完成报告，并将报告的完成状态发送给 OMS。

DMS 在进行同步删除以后上报给 OMS，显示同步删除流程结束。

（5）专题产品元信息同步增加流程如图 7-28 所示。

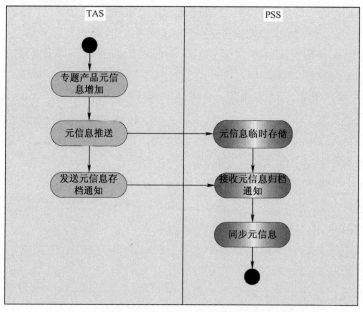

图 7-28　委遥二期专题产品元信息同步增加流程图

委遥二期专题产品元信息同步增加流程说明如下：

当专题产品元信息发生变更，主要包括专题产品的增加、修改、删除等，TAS 推送元信息向 PSS 指定的交换区，并发送元信息归档通知到 PSS。

PSS 接收到元信息归档通知后，对元信息进行同步。

（6）专题产品元信息同步删除流程如图 7-29 所示。

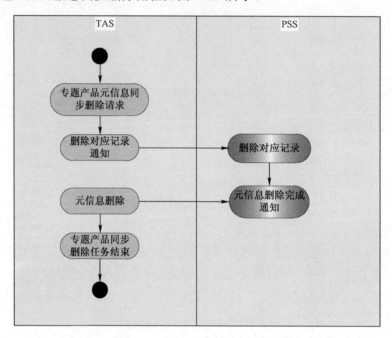

图 7-29　委遥二期专题产品元信息同步删除流程图

委遥二期专题产品元信息同步删除流程说明如下：

TAS 对专题产品进行删除，需要先向 PSS 发送元信息同步删除请求。

PSS 收到专题产品数据同步删除通知后，对相关数据进行同步删除。

PSS 在进行元信息删除结束后，向 TAS 发送元信息同步完成通知。

DMS 进行专题产品数据同步删除，同步删除流程结束。

（7）专题产品订购流程

VRSS-2 TAS 的 TPAS 支持对专题产品的检索、浏览、数据订购、下载和产品分析结果在线展示。专题产品订购业务流程图如图 7-30 所示。

VRSS-2 TAS 专题产品订购流程如下：

外部用户通过 PSS 进行专题产品查询，如果专题产品不存在，则进入专题产品定制流程，如果专题产品存在，在 PSS 中提交订购订单。

PSS 对订单进行分析。

TAS 根据订单信息进行专题产品提取。

TAS 完成专题产品提取后，将专题产品推送至 PSS 数据交换区，并发送专题产品推送通知单。

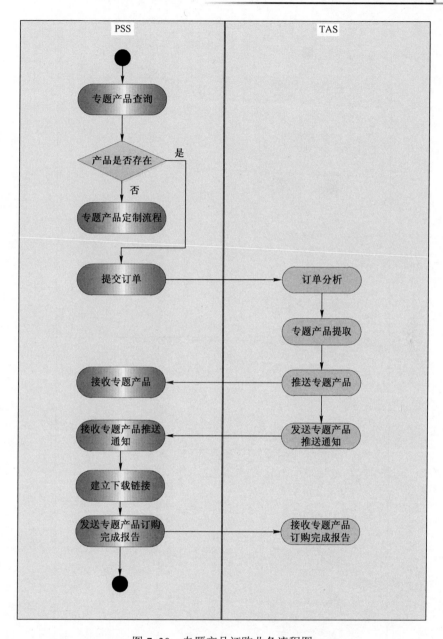

图 7-30　专题产品订购业务流程图

PSS 成功接收专题产品后，发送专题产品接收完成报告至 TAS。

（8）专题产品定制流程

VRSS-2 TAS 的专题产品定制业务流程如图 7-31 所示。

VRSS-2 TAS 专题产品定制流程如下：

外部用户通过 PSS 进行专题产品查询，PSS 中如果专题产品存在，则进入专题产品订购流程，如果成果不存在，用户选择是否进行定制流程。

用户填写专题产品定制订单，PSS 通过网络完成订单的发送和接收。

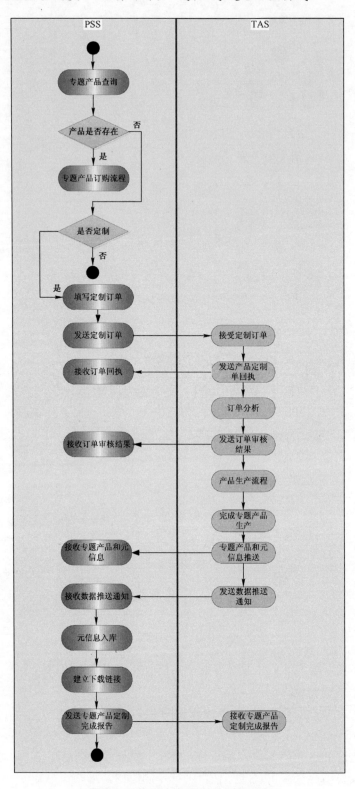

图 7-31 专题产品定制业务流程图

PSS 对订单进行分析，如果不能通过网络反馈给用户，则结束定制流程；如果能够完成，则进入专题产品生产流程。

专题产品生产结束后，TAS 向 PSS 推送专题产品和元信息，并发送专题产品和元信息推送报告。

PSS 成功接收专题产品后，发送专题产品接收完成报告至 TAS。

（9）精轨数据获取流程

该流程用于 SCC 将精轨数据发送至 IPS，流程如图 7-32 所示。

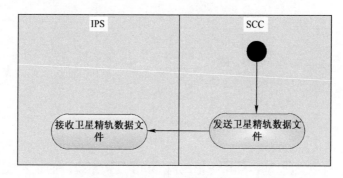

图 7-32　委遥二期精轨数据获取流程图

委遥二期精轨瞬根数据获取说明如下：

接口用途：SCC 向 IPS 发送卫星精轨数据文件。

处理流程：SCC 每天定时（例如：UTC 时间 13 点，即委内瑞拉当地时间早上早 9 点）将卫星精轨数据文件传输到 IPS 指定的 FTP 服务器的固定文件夹下。

（10）瞬根数据获取流程

该流程用于 SCC 将瞬根数据发送至 OMS，流程如图 7-33 所示。

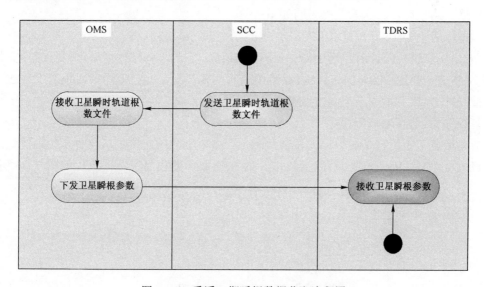

图 7-33　委遥二期瞬根数据获取流程图

委遥二期瞬根数据获取说明如下：

SCC 每天将卫星瞬时轨道根数文件发送给 OMS。

OMS 将卫星瞬时轨道根数参数发送给 TDRS。

（11）两行数据转发流程

该流程用于 OMS 将两行收据转发至 TDRS 和 5.4m 站，流程如图 7-34 所示。

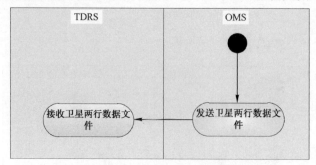

图 7-34　委遥二期两行数据转发流程图

（12）系统设备状态上报流程

系统设备状态上报流程是各分系统定时向 OMS 发送系统内的设备状态，通过 UDP 方式定时发送，流程如图 7-35 所示。

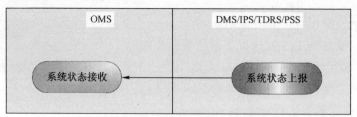

图 7-35　系统设备状态上报流程

委遥二期系统设备状态上报说明如下：

本接口用于 DMS/IPS/TDRS/PSS 向 OMS 发送系统设备状态。

OMS 需要进行统计时，对 DMS/IPS/TDRS/PSS 发送运行统计请求。运行统计文件上传到 DMS/IPS/TDRS/PSS 的 FTP 服务器设定的文件夹下，并在发送后对报告文件进行确认。接收方 OMS 接收文件后，负责将文件移走。

（13）故障信息上报流程

故障信息上报流程是各分系统发现故障后，将用于故障定位的各文件（传输的故障文件、日志文件）压缩后，立即发送到 OMS 的 FTP 服务器根目录下，流程如图 7-36 所示。

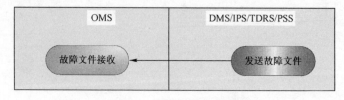

图 7-36　故障信息上报流程

委遥二期系统设备状态上报说明如下：

本接口用于 DMS/IPS/TDRS/PSS 向 OMS 系统发送故障信息。

各分系统发现故障后，将用于故障定位的各文件（传输的故障文件、日志文件）压缩后，立即发送到 OMS 的 FTP 服务器指定目录下。

（14）状态查询流程

流程如图 7-37 所示。

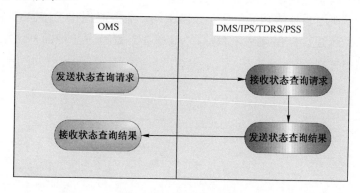

图 7-37　状态查询流程

委遥二期状态查询流程说明如下：

本接口用于 OMS 系统向 DMS/IPS/TDRS/PSS 发送状态查询及 PSS 查询 OMS 状态。

OMS 需要进行统计时，向 DMS/IPS/TDRS/PSS 发送状态查询。状态查询文件上传到 DMS/IPS/TDRS/PSS 的 FTP 服务器设定的文件夹下，并在发送后对报告文件进行确认。接收方接收文件后，负责将文件移走。

（15）运行统计流程如图 7-38 所示。

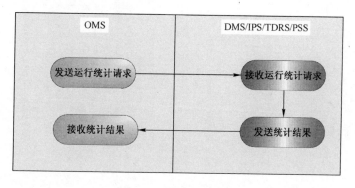

图 7-38　运行统计流程

委遥二期运行统计说明如下：

本接口用于 OMS 系统向 DMS/IPS/TDRS/PSS 运行统计请求。

OMS 需要进行统计时，向 DMS/IPS/TDRS/PSS 发送运行统计请求。运行统计文件上传到 DMS/IPS/TDRS/PSS 的 FTP 服务器设定的文件夹下，并在发送后对报告文件进行确认。接收方接收文件后，负责将文件移走。

7.3 本章小结

遥感卫星地面系统是用来接收、处理、存档和分发卫星遥感数据的地面业务化运行技术系统，也是卫星遥感数据落地应用的关键系统。本章结合 VRSS-1/2 遥感卫星地面系统建设需求，阐述了地面系统的功能组成，系统架构，业务流程和工作模式等内容，可为其他遥感卫星地面系统建设提供参考。目前，VRSS-1/2 遥感卫星地面系统运行状态稳定，持续为用户提供多种服务。

第8章 委内瑞拉遥感项目建设成果

VRSS-1/VRSS-2 遥感卫星是在我国"一带一路"倡议背景下，实施遥感卫星"走出去"战略的新突破，也是我国实现在轨交付给委内瑞拉的两颗遥感卫星，包括提供配套的地面测控、数据接收、数据处理和应用设备以及相关的培训。目前，这两颗遥感卫星都已成功发射并稳定在轨运行和应用，取得了丰硕的成果，将进一步带动我国遥感卫星、运载火箭、遥感地面应用、遥感数据和图像服务等国际化产业联动发展。同时，中委双方深度合作的方式也为中国航天创新合作模式提供了良好借鉴。

8.1 系统建设成果

1. 巴马里地面站

数据跟踪与接收分系统（TDRS），效果如图 8-1 所示。

图 8-1 数据跟踪与接收分系统（TDRS）

2. 加拉加斯的国家对地观测中心（NEOC）

工作台位和机房建设效果如图 8-2 所示。

图 8-2 工作台位和机房建设

UPS 和展示大屏效果如图 8-3 所示。

图 8-3 UPS 和展示大屏

8.2 遥感图像处理成果

1. 1 级产品

VRSS-1 的 L1 级全色影像图效果如图 8-4 所示。

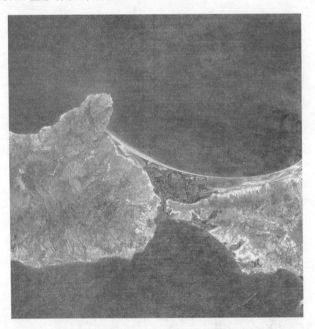

图 8-4 VRSS-1 的 L1 级全色影像图

2. 2A 级产品

VRSS-1 的 L2A 级多光谱影像图效果如图 8-5 所示。

图 8-5　VRSS-1 的 L2A 级多光谱影像图

3．2B 级产品

VRSS-1 的 L2B 级全色影像图效果如图 8-6 所示。

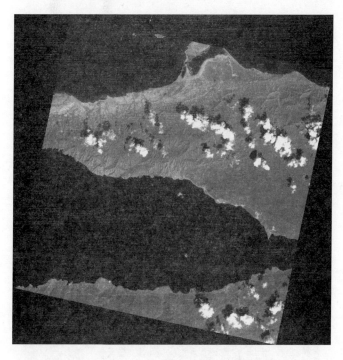

图 8-6　VRSS-1 的 L2B 级全色影像图

4．3A 级产品

VRSS-1 的 L3A 级宽幅影像图，效果如图 8-7 所示。

图 8-7　VRSS-1 的 L3A 级宽幅影像图

5．4 级产品

VRSS-1 的 L4 级全色影像图，效果如图 8-8 所示。

图 8-8　VRSS-1 的 L4 级全色影像图

8.3 遥感业务应用成果

1. 融合成果

美国珍珠港基地融合产品（真彩色），效果如图 8-9 所示。

Pearl Harbor(America) Fusion Product(true color)
美国珍珠港基地融合产品(真彩色)
Sensor: MSS   Imaging Time(成像时间): 2012-10-06   Resolution(分辨率) :2.5 m

图 8-9 美国珍珠港基地融合产品（真彩色）

中国北京首都国际机场融合产品（真彩色），效果如图 8-10 所示。

Beijing International Airport(China) Fusion Product(true color)
中国北京首都国际机场融合产品(真彩色)
Sensor: MSS   Imaging Time(成像时间): 2013-06-18   Resolution(分辨率) :2.5m

图 8-10 中国北京首都国际机场融合产品（真彩色）

中国南京长江大桥融合产品（真彩色），效果如图 8-11 所示。

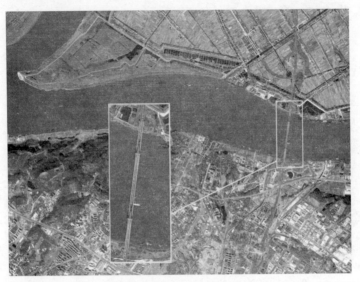

Nanjing Yangtze River Bridge(China) Fusion Product(true color)
中国南京长江大桥融合产品(真彩色)
Sensor: MSS   Imaging Time(成像时间): 2013-03-02   Resolution(分辨率) :2.5 m

图 8-11　中国南京长江大桥融合产品（真彩色）

2. 镶嵌成果

中国天津地区多光谱镶嵌产品（真彩色），效果如图 8-12 所示。

4 scenes image mosaic

Tianjin(China) MSS Mosaic Product(true color)
中国天津地区多光谱镶嵌产品(真彩色)
Sensor: MSS   Imaging Time(成像时间): 2013-07-05   Resolution(分辨率) :10m

图 8-12　中国天津地区多光谱镶嵌产品（真彩色）

中国西安地区全色波段镶嵌产品，效果如图 8-13 所示。

Xi'an(China) Pan Mosaic Product
中国西安地区全色波段镶嵌产品
Sensor: PAN   Imaging Time(成像时间): 2013-08-14   Resolution(分辨率):2.5 m

图 8-13 中国西安地区全色波段镶嵌产品

3. 各类行业应用的专题

委内瑞拉埃斯皮诺地区归一化植被指数产品，效果如图 8-14 所示。

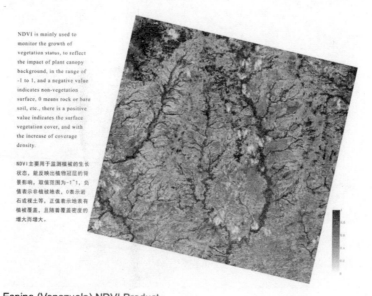

Espino (Venezuela) NDVI Product
委内瑞拉埃斯皮诺地区归一化植被指数产品
Sensor:MSS   Imaging Time(成像时间): 2013-05-24   Resolution(分辨率) :10m

图 8-14 委内瑞拉埃斯皮诺地区归一化植被指数产品

委内瑞拉埃斯皮诺地区植被覆盖度产品，效果如图 8-15 所示。

Espino(Venezuela) Vegetation Coverage Product
委内瑞拉埃斯皮诺地区植被覆盖度产品
Sensor:MSS   Imaging Time(成像时间): 2013-05-24   Resolution(分辨率) :10m

图 8-15   委内瑞拉埃斯皮诺地区植被覆盖度产品

委内瑞拉湾水体叶绿素 a 浓度产品，效果如图 8-16 所示。

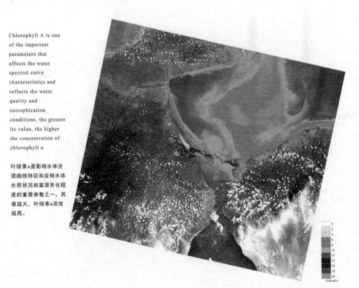

Venezuela Bay(Venezuela) Water Chlorophyll a Product
委内瑞拉湾水体叶绿素 a 浓度产品
Sensor:MSS   Imaging Time(成像时间): 2013-04-21   Resolution(分辨率) :10m

图 8-16   委内瑞拉湾水体叶绿素 a 浓度产品

委内瑞拉湾水体悬浮物产品，效果如图 8-17 所示。

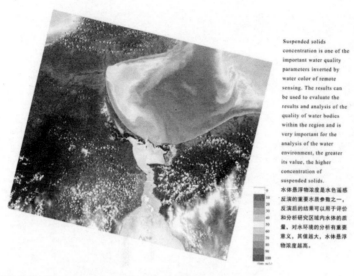

Suspended solids concentration is one of the important water quality parameters inverted by water color of remote sensing. The results can be used to evaluate the results and analysis of the quality of water bodies within the region and is very important for the analysis of the water environment, the greater its value, the higher concentration of suspended solids.

水体悬浮物浓度是水色遥感反演的重要水质参数之一，反演后的结果可以用于评价和分析研究区域内水体的质量，对水环境的分析有重要意义，其值越大，水体悬浮物浓度越高。

Venezuela Bay(Venezuela) Water Suspended Matter Product
委内瑞拉湾水体悬浮物产品
Sensor:WMC   Imaging Time(成像时间): 2013-04-21   Resolution(分辨率) :10m

图 8-17　委内瑞拉湾水体悬浮物产品

委内瑞拉湾水体透明度产品，效果如图 8-18 所示。

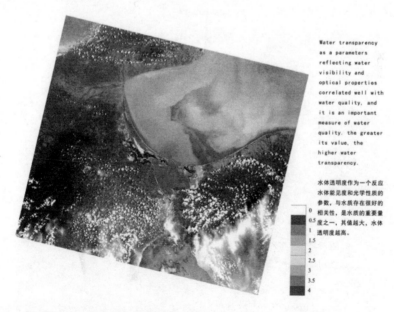

Water transparency as a parameters reflecting water visibility and optical properties correlated well with water quality, and it is an important measure of water quality. the greater its value, the higher water transparency.

水体透明度作为一个反应水体能见度和光学性质的参数，与水质存在很好的相关性，是水质的重要量度之一，其值越大，水体透明度越高。

Venezuela Bay(Venezuela) Water Transparency Product
委内瑞拉湾水体透明度产品
Sensor:MSS   Imaging Time(成像时间): 2013-04-21   Resolution(分辨率) :10m

图 8-18　委内瑞拉湾水体透明度产品

俄罗斯外贝加尔亮度温度产品，效果如图 8-19 所示。

Transbaikal(Russia) Brightness Temperature Product
俄罗斯外贝加尔亮度温度产品
Sensor:MODIS　　Imaging Time(成像时间): 2010-06-27　　Resolution(分辨率) :1000m

图 8-19　俄罗斯外贝加尔亮度温度产品

中国安徽地区水体提取产品，效果如图 8-20 所示。

Anhui(China) Water Extract Product
中国安徽地区水体提取产品
Sensor:MSS　　Imaging Time(成像时间): 2013-01-01　　Resolution(分辨率) :10m

图 8-20　中国安徽地区水体提取产品

澳大利亚火点提取产品，效果如图 8-21 所示。

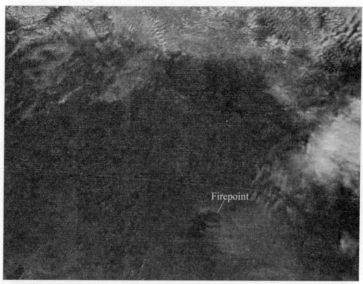

Australia Fire Point Interface Product
澳大利亚火点提取产品
Sensor: MODIS   Imaging Time(成像时间): 2003-01-01   Resolution(分辨率):10 m

图 8-21　澳大利亚火点提取产品

中国内蒙古沙尘暴产品，效果如图 8-22 所示。

Inner Mongolia(China) Sandstorm Product
中国内蒙古沙尘暴产品
Sensor: MODIS   Imaging Time(成像时间): 2004-03-27   Resolution(分辨率):1000 m

图 8-22　中国内蒙古沙尘暴产品

附录　术语/缩略语

术语/缩略语	定义/描述
AC	Atmosphere Correction 大气校正
AOD	气溶胶光学厚度
B 样条法	等高线会以每四个控制点为单位进行光滑，经过第一个和第四个控制点，在第二个和第三个控制点附近拟合
BP	反向传播（Back-Propogation）算法的简写，一种神经网络的训练算法
BPNN	BP 神经网络（Back-Propogation Neural Network）
BP 神经网络	采用 BP 训练算法的神经网络
CAMP	海岸面积监测产品
Canny 算子	高斯函数的一阶导数，是对信噪比与定位精度乘积的最优化逼近算子
CCD	电荷耦合器件（Charge Coupled Device）
Chl-a	叶绿素 a
DEM	数字高程模型
DOM	数字正射影像
DSI	差值沙尘指数
DTC	决策树分类
EVI	增强型植被指数
Fast	一种角点检测算子
Forstner	一种角点检测算子
GCP	地面控制点（Ground Control Point）
GDAL	一个读写遥感图像的程序库
GeoTIFF	带有地理信息的影像格式
GIS	地理信息系统
GPS	全球定位系统
Harris	一种角点检测算子
HIS	色度、亮度、饱和度色彩空间
IE	增强
IF	影像融合
ISODATA	一种动态聚类算法名称
Kappa 系数	混淆矩阵的对角线和行列总数给出的概率一致性
kmeans	一种动态聚类算法名称
LAI	叶面积指数

术语/缩略语	定义/描述
LBV	LBV 变换
LUT	查找表
MLC	Maximum Likelihood Classification 最大似然分类
MODIS	中分辨率成像光谱仪
MODIS 数据预处理	对 MODIS L1B 数据做预处理，包括辐射定标和几何投影信息添加
Moravec	一种角点检测算子
Multiscale segmentation	多尺度分割
NDSI	归一化沙尘指数
NDVI	归一化植被指数
NIR	近红外
Object-oriented classification	面向对象分类
PCA	主成分分析
PRI	生理反射植被指数
PS	Pansharpening 融合
RGB	红绿蓝颜色空间
RMS	均方根误差
RPC	有理多项式系数
RS	遥感
rule classification	规则分类
SAC	光谱角分类
SBTM	地表亮温监测
Sift	一种特征点监测描述算子
SMP	沙尘暴监测产品
SR	地表反射率
STDEV	标准差
SU	混合像元分解
SUSAN	一种角点检测算子
SVI	沙尘暴信息指数
TA	纹理分析
TAS	典型应用系统
TSI	卡尔森营养状态指数
UC	匀色匀光
VAP	能见度产品
Voronoi 图	图论中的一种数据结构，处理多边形的覆盖唯一性

（续）

术语/缩略语	定义/描述
VPPS	专题产品生产分系统
WTSM	水体透明度
边缘检测	检测出图像中的边缘点，然后再按一定策略连接成边线轮廓
波谱分析	基于统计学模型平场域法的反射率反演
端元提取	对遥感影像数据进行端元提取
多分误差	在混淆矩阵中，有多少其他类别的元素被错误地分到此类中
多项式	本书中指拟合的多项式系数
二进制编码分类	基于波段值与波谱均值的关系分为 0、1
光滑系数	即光滑度，用于设置提取的等值线上锯齿处的光滑程度，此数值越大越光滑
海岸线	包括大陆海岸线和岛屿海岸线，海岸线指多年大潮平均高潮位时海陆分界线
红外大气校正	对 VRSS-1、TM 红外波段数据做大气校正
灰度共生矩阵	图像中某一区域中两个位置的像素灰度值的联合概率密度，反映出图像灰度关于方向、相邻间隔、变化幅度的综合信息
混淆矩阵	用来评价 K 种地物类的分类精度，主体是一个 $K \times K$ 的方阵
基岩海岸	由岩石组成，波浪作用是使其形成的主要动力，基岩海岸初期岸线非常曲折，在波浪作用下，岬角全部被侵蚀，残留宽广的岩滩，海蚀崖在宽广岩滩的保护下形成平直立陡的基岩海岸
几何校正	修正影像几何畸变的过程
监督分类	指需要预先通过已知类别的样本训练分类器，再对未知类别数据进行分类的分类方法
监督分类	需要事先带标签样本进行训练，然后再分类的一种机器学习方法，与之对应的是非监督分类
降维处理	对高光谱遥感影像数据进行噪声去除处理
聚类	又称为非监督分类
控制点	指在基准影像上找到的具有特征的控制点
控制影像	指基准影像通过标准分幅后生成的控制影像
控制影像库	指通过存储策略存储控制影像的数据库
漏分误差	在混淆矩阵中，某类的元素有多少被错误地分到了其他类别
磨角法	等值线会经过每一个控制点
人工海岸	是为了满足人类日常活动而用石块、混凝土、砖石等材料，在海陆交界处修筑的具有生产或生活功能的海岸
砂质海岸	粒级指由 ≥0.1mm 的砂组成的海岸
数字高程模型	是用一组有序数值阵列形式表示地面高程的一种实体地面模型
水体悬浮物	指水体中各类矿物微粒，含铝、铁、硅、水合氧化物等无机物质和腐殖质、蛋白质等有机大分子物质
投影转换	将遥感影像从一种投影方式转换到另一种投影方式
纹理	纹理是物体表面的固有特征之一，可认为是灰度（颜色）在空间以一定的形式变化而产生的图案（模式）
无值数据	栅格数据集中像元值为此设定值的单元格被视为无值数据，不参与矢量化过程。默认值为栅格数据集的空值的值

（续）

术语/缩略语	定义/描述
镶嵌	将两幅或两幅以上影像拼接为一幅大区域的影像
遥感反射率	地物在不同光谱波段上的反射率
淤泥质海岸	由粒级<0.05mm 的粉砂与淤泥组成的海岸，主要分布在泥砂供应丰富而又比较隐蔽的堆积海岸段

参考文献

[1] D R Zhang，H K Zhang，L Yu, et al. Multi Remote Sensing Image Mosaic Based on Valid Area[J]. Remote Sensing for Land & Resources, 2010(1): 39-43.

[2] Gonzalez R C，Woods R E. Digital Image Processing[M]. 2nd ed. Beijing: Publishing House of Electronics Industry, 2003.

[3] J Pan, M Wang, D R Li, et al. Automatic Generation of Seamline Network Using Area Voronoi Diagrams With Overlap[J]. IEEE Transactions on Geoscience and Remote Sensing, 2009,47(6): 1737-1744.

[4] NARGESS MEMARSADEGHI, DAVID M. MOUNT, NATHAN S. NETANYAHU, et al. A Fast Implementation of the ISODATA Clustering Algorithm[J]. International Journal of Computational Geometry & Applications, IJCGA, 2007, 17(1): 71-103.

[5] Richard J Radke, Srinivas Andra. Image Change Detection Algorithms: A Systematic Survey[J]. IEEE, 2005, 14(3): 294-304.

[6] S.L. Zhu, Z.B Qian. The Seam-line Removal under Mosaicing of Remotely Sensed Images[J]. Journal of Remote Sensing, 2002, 6(3): 183-187.

[7] W.J. Yang and X.J. Liu. Techniques of Mosaicking Multi-scenes of Remote Sensing Images Acquired In Different Temporal[J]. Remote Sensing for Land & Resources, 1994, 46-51.

[8] 丁一帆，尤红建，陈双军，等. 一种面向红外摆扫成像的几何校正方法[J]. 遥感信息，2018，15: 21-27.

[9] 赵仕美，李景山，李雨航. 通用遥感图像系统几何校正算法设计与实现[J]. 遥感信息，2016，3: 56～59.

[10] 孙伟健，林军，阮宁娟，等. 国外光学遥感成像系统仿真软件发展综述与思考[J]. 航天返回与遥感，2010，3: 16～20.

[11] 刘兆军，周峰，阮宁娟，等. 一种光学遥感成像系统优化设计新方法研究[J]. 航天返回与遥感，2011，2: 82～86.

[12] 张钊. 大口径、宽视场光学遥感器像元级辐射定标与校正方法研究[D]. 长春：中国科学院长春光学精密机械与物理研究所. 2017.

[13] 闵士权. 我国智能天基综合信息网构想：2018 软件定义卫星高峰论坛会议摘要集[C]. 2018.

[14] 陈卫荣，曾湧，黄树松，等. 我国陆地观测卫星服务模式研究[J]. 电子测量技术，2018，9.

[15] 边肇祺，张学工，等. 模式识别[M]. 2 版. 北京：清华大学出版社，2000.

[16] 曹亚乔，曾志远，曹建洲，等. 常用卫星图像数据多光谱变换新方法[J]，遥感技术，2009，10(3): 17-19.

[17] 曾福年. 图像控制点库的建立及应用方法探讨：土地信息技术的创新与土地科学技术发展——2006 年中国土地学会学术年会论文集[C]. 2006.

[18] 曾志远. 卫星遥感图像计算机分类及地学应用研究[M]. 北京：科学出版社，2004.

[19] 陈晋，唐艳鸿，陈学泓，等. 利用光化学反射植被指数估算光能利用率研究的进展[J]. 2009，4.

[20] 邓书斌. ENVI 遥感图像处理方法[M]. 北京：科学出版社，2010.

[21] 杜培军. 高光谱遥感影像分类与支持向量机应用研究[M]. 北京：科学出版社，2012.

[22] 冈萨雷斯. 数字图像处理[M]. 阮秋琦译. 北京：电子工业出版社，2011.

[23] 高懋芳，覃志豪. MODIS 反演地表温度的传感器视角校正研究[J]. 遥感技术与应用，2007，22(3).

[24] 何立名，王华，阎广建，等. 气溶胶光学厚度与水平气象视距相互转换的经验公式及其应用[J]. 遥感学报，2003，7(5).

[25] 李姗姗，田庆久. 高光谱遥感图像的端元递进提取算法[J]. 遥感学报，2009，1.

[26] 刘春艳. 基于 GCP 图像片匹配的遥感图像几何精校正研究[D]. 合肥：中国科学技术大学，2006.

[27] 刘晓龙. 基于影像匹配接边纠正的数字正射影像的镶嵌技术[J]. 遥感学报，2001，5(2).

[28] 刘勇奎，高云，黄有群. 一个有效的多边形裁剪算法[J]. 软件学报，2003，14(4).

[29] 禄丰年. 多源遥感影像匹配技术[J]. 测绘科学技术学报，2007，24(4).

[30] 罗文斐，钟亮，刘翔，等. 基于零空间最大距离的高光谱图像端元提取算法[J]. 自然科学进展，2008，11.

[31] 马莉. 纹理图像分析[M]. 北京：科学出版社，2009.

[32] 梅君智. BP 神经网络的结构优化及应用[D]. 广东：中山大学，2010.

[33] 莫华，董成松，秦志远. 遥感影像纠正中控制点库建立相关技术[J]. 测绘科学技术学报，2007，24(1).

[34] 潘俊. 自动化的航空影像色彩一致性处理及接缝线网络生成方法研究[D]. 2008.

[35] 孙家抦. 遥感原理与应用[M]. 2 版. 武汉：武汉大学出版社，2011.

[36] 田金鑫. 高分辨率遥感影像几何精纠正方法研究[D]. 武汉：中国地质大学，2009.

[37] 童庆禧，张兵，郑兰芬. 高光谱遥感[M]. 北京：高等教育出版社，2008.

[38] 王增林，朱大明. 基于遥感影像的最大似然分类算法的探讨[J]. 河南科学，2010，28(11).

[39] 王中挺，厉青，陶金花，等. 环境一号卫星 CCD 相机应用于陆地气溶胶的监测[J]. 中国环境科学，2009，29(9).

[40] 谢凤英，赵丹培. Visual C++数字图像处理[M]. 北京：电子工业出版社，2008.

[41] 徐建斌，洪文，吴一戎. 基于遗传算法的遥感影像匹配定位的研究[J]. 测试技术学报，2004，18(4).

[42] 徐永明，覃志豪，陈爱军. 基于查找表的 MODIS 逐像元大气校正方法研究[J]. 武汉大学学报（信息科学版），2010，35(8).

[43] 许华，顾行发，李正强，等. 基于辐射传输模型的环境一号卫星 CCD 相机的水体大气校正方法研究[J]. 光谱学与光谱分析，2011，10.

[44] 张登荣，张汉奎，俞乐，等. 基于有效区域自动判断的多幅遥感图像镶嵌方法[J]. 国土资源遥感，2010，1.

[45] 张永生，刘军. 高分辨率遥感卫星立体影像 RPC 模型定位的算法及其优化[J]. 测绘工程，2004，13(1).

[46] 张宇坤. 多源控制点影像匹配策略及控制点影像库设计研究[D]. 西安：西北大学，2008.

[47] 章智儒. 纹理特征提取算法及其在面向对象分类技术中的应用研究[M]. 成都：电子科技大学出版社，2008.

[48] 赵春江，宋晓宇，王纪华，等. 基于 6S 模型的遥感影像逐像元大气纠正算法[J]. 光学技术，2007，33(1).

[49] 赵英时. 遥感应用分析原理与方法[M]. 北京：科学出版社，2004.

[50] 朱忠敏，龚威，余娟，等. 水平能见度与气溶胶光学厚度转换模型的实用性分析[J]. 武汉大学学报信息科学版，2010，35(9).